スプーンと元素周期表

「最も簡潔な人類史」への手引き

サム・キーン
Sam Kean

松井信彦訳
Nobuhiko Matsui

THE DISAPPEARING SPOON:
And Other True Tales of Madness, Love, and the History of the World from the Periodic Table of the Elements

早川書房

スプーンと元素周期表

――「最も簡潔な人類史」への手引き

THE DISAPPEARING SPOON

And Other True Tales of Madness, Love, and the History of the World from the Periodic Table of the Elements

by

Sam Kean

Translated by
Nobuhiko Matsui
First published 2011 in Japan by
Hayakawa Publishing, Inc.
This book is published in Japan by
arrangement with
Little, Brown and Company, New York, New York, USA.
through Tuttle-Mori Agency, Inc., Tokyo.

装幀／坂野公一（welle design）

目次

第5部　元素の科学、今日(こんにち)とこれから

								2 He 4.003
			5 B 10.811	6 C 12.011	7 N 14.007	8 O 15.999	9 F 18.998	10 Ne 20.180
			13 Al 26.982	14 Si 28.086	15 P 30.974	16 S 32.065	17 Cl 35.453	18 Ar 39.948
28 Ni 58.693	29 Cu 63.546	30 Zn 65.38	31 Ga 69.723	32 Ge 72.64	33 As 74.922	34 Se 78.96	35 Br 79.904	36 Kr 83.798
46 Pd 106.42	47 Ag 107.868	48 Cd 112.411	49 In 114.818	50 Sn 118.710	51 Sb 121.760	52 Te 127.60	53 I 126.904	54 Xe 131.293
78 Pt 195.084	79 Au 196.967	80 Hg 200.59	81 Tl 204.383	82 Pb 207.2	83 Bi 208.980	84 Po (210)	85 At (210)	86 Rn (222)
110 Ds (281)	111 Rg (280)	112 Cn (285)	113 Uut (284)	114 Uuq (289)	115 Uup (288)	116 Uuh (293)	117 Uus (294)	118 Uuo (294)

64 Gd 157.25	65 Tb 158.925	66 Dy 162.500	67 Ho 164.930	68 Er 167.259	69 Tm 168.934	70 Yb 173.054	71 Lu 174.967
96 Cm (247)	97 Bk (247)	98 Cf (252)	99 Es (252)	100 Fm (257)	101 Md (258)	102 No (259)	103 Lr (262)

元素周期表

1 H 1.008								
3 Li 6.941	4 Be 9.012							
11 Na 22.990	12 Mg 24.305							
19 K 39.098	20 Ca 40.078	21 Sc 44.956	22 Ti 47.867	23 V 50.942	24 Cr 51.996	25 Mn 54.938	26 Fe 55.845	27 Co 58.933
37 Rb 85.468	38 Sr 87.62	39 Y 88.906	40 Zr 91.224	41 Nb 92.906	42 Mo 95.96	43 Tc (99)	44 Ru 101.07	45 Rh 102.906
55 Cs 132.905	56 Ba 137.327	57-71	72 Hf 178.49	73 Ta 180.948	74 W 183.84	75 Re 186.207	76 Os 190.23	77 Ir 192.217
87 Fr (223)	88 Ra (226)	89-103	104 Rf (267)	105 Db (268)	106 Sg (271)	107 Bh (272)	108 Hs (277)	109 Mt (276)

57 La 138.905	58 Ce 140.116	59 Pr 140.908	60 Nd 144.242	61 Pm (145)	62 Sm 150.36	63 Eu 151.964
89 Ac (227)	90 Th 232.038	91 Pa 231.036	92 U 238.029	93 Np (237)	94 Pu (239)	95 Am (243)

はじめに

Hg 80

子どもの頃、一九八〇年代前半のことだが、私は口にものを含んだまま——何かを食べているとき、歯医者で口に管を突っ込まれているとき、風船を膨らましているときなど、いつでも——しゃべったばかりか、まわりに誰もいなくてもかまわずしゃべる癖があった。そして体温計を舌の下に挟んだままひとりきりになった初めてのとき、この癖がもとで周期表の虜（とりこ）になった。小学二、三年生ぐらいの頃、私は連鎖球菌性（れんさきゅうきんせい）の咽頭炎（いんとうえん）にそれこそ一〇回以上かかっている。ものを飲み込むときの痛みが何日も続くのだが、学校を休んでいやがりもせず家に閉じこもり、薬と称してバニラアイスにチョコレートソースをかけて食べたものだ。そしてこの病気にかかると必ず、昔風の水銀体温計を壊す機会が巡ってきた。

　体温計の先っぽを舌の下に挟んで横になったまま、一人二役で問うては答えていると、体温計が口からすべり落ちて硬材の床で派手に割れ、先端にたまっていた水銀がボールベアリングのボールのようになって飛び散る。しばらくすると、母が股関節の痛みをおして床にかがみ込み、水銀ボールを集めにかかる。つまようじをホッケースティックのように使って、柔らかなボールをどんどんかき寄せるのだ。このとき、ボールを別のボールに触れるか触れないかのところまで近寄せると、突然、片方のボールがもう片方を飲み込んでしまう。さっきまで二つあったところには、継ぎ目もなく一体となった小刻みに震えるボールが一つ。こうして大きいほうが相手を飲み込み、銀色のレンズマメみたいなものができるまで、母はこの手品を床のあちこちで繰り返す。

水銀を一粒残らず集めると、母は台所の小物棚から緑色のラベルが貼られたプラスチックの錠剤ビンを持ってくる。釣り竿を持ったテディベアと、一九八五年に一族が集まったときに作った陶磁器の青いマグのあいだにしまっていたやつだ。そして、水銀のボールを転がして封筒にのせると、買い直してまもない体温計一個分の水銀を、ビンの中のペカンナッツほどの玉の上へ慎重に落とし込む。母はときどきそのビンをしまう前に、水銀の玉を蓋にあけ、その奇妙な金属が分裂してはまたきれいにくっつきながら動きまわるところを、私たちきょうだいに眺めさせてくれた。マグロを食べさせようとしないほど水銀を恐れる母親を持つ友だちがかわいそうでならなかった。中世の錬金術師も、喉から手が出るほどほしがっていたのは黄金だったが、水銀を宇宙で最も作用が強く詩的なまでに美しい物質と見なしていた。子どもの頃の私なら賛同していただろう。そして、水銀は液体か固体か、金属か水か、天国か地獄かといった凡庸な分類を超越しているとか、水銀はあの世の魂を宿しているとか、そういった話さえ彼らと同じように信じたに違いない。

あとで知ったことだが、水銀があのようにふるまうのは元素の単体だからだ。水（H_2O）や二酸化炭素（CO_2）など、あなたが日々出くわすほとんどあらゆるものと違って、水銀をもっと小さな単位に化学的な反応で分解することはできない。水銀はカルト信者のような元素の一つでもある。水銀の原子はほかの水銀原子とだけつきあいたがり、身をかがめて玉になって外界との接触をできるだけ避ける。子どもだったときにこぼした液体はたいていそうはふるまわなかった。こぼれた水は広がるし、油も、酢も、固まる前のゼリーもしかり。しかし水銀はしみ一つ残さなかった。体温計を落として割ると、両親は靴を履くよう注意した。目に見えないガラスの破片が足に入らないようにするためだ。しかし、はぐれた水銀に気をつけるよう言われた記憶はない。

　あれから長いこと、幼なじみの名前を新聞で探すかのように、私はこの八〇番元素を学校や本のなかに探した。私の出身地は「グレートプレーンズ」と呼ばれる北米大陸の大平原に属していて、歴史の授業では、一九世紀にメリウェザー・ルイスとウイリアム・クラークがサウスダコタなどの旧ルイジアナ準州内を探検したことを習ったのだが、それによると、探検隊は顕微鏡、羅針儀、六分儀、水銀温度計といった器具を持っていた。あとから知ったことだが、大きさがアスピリン錠剤の四倍ほどもある水銀剤を六〇〇錠携(たずさ)えてもいる。「ラッシュ医師の胆汁質丸薬」と呼ばれていたこの下剤の「ラッシュ」とは、アメリカ独立宣言の署名者の一人で、一七九三年に黄熱病が流行した時にフィラデルフィアにとどまるというヒロイックな活躍で知られる医師、ベンジャミン・ラッシュのことだ。その彼がどんな病気にも好んで用いたのが、塩化水銀（I）（甘汞(かんこう)、カロメルとも）を使った薬の経口摂取だった。一五世紀から一九世紀にかけて医療全般は進歩していたが、当時の医者は医師というより祈禱師に近かった。彼らは共感呪術(じゅじゅつ)［訳注　ある物事が離れたほかの物事に非物理的な結びつきによって影響を及ぼしうるという信仰による呪術］のような考え方をもとに、あの美しく魅惑的な水銀で患者の身体に醜い争い——毒と毒の戦い——を引き起こせば病気が治りうると推測していたのである。これを投薬され続けた患者はよだれを垂らし始め、治療を始めて数週間なり数カ月後に歯や髪が抜け落ちることが少なくなかった。黄熱病が命を奪わなかったかもしれない大勢の患者を、彼の「治療法」は中毒させたか即刻死に至らしめたに違いない。にもかかわらず、フィラデルフィアで治療法を完成させていたラッシュは、一〇年後にルイスとクラークを送り出すときに、あれを小分けにしたものを持たせていたのだった。その効果には思わぬ活用法があって、現代の考古学者は探検隊の野営地を簡単にたどることができる。未開の地で出くわす怪しい食べ物や安心して飲めない水のせいで、いつも隊員の誰かがおなかをこわしており、隊員が便所を掘ったとおぼしき多くの場所の土壌には、目印となる水銀の残留物が今なお含まれているのである。「霹靂丸（サンダークラッパー）」とあだ名されたあの丸薬のなかに、少々効きすぎのものがあったということか。

　水銀は理科の授業にも姿を現した。初めてあのごちゃごちゃした周期表の一部として見せられたときは、探しても見つけられなかった。もちろん、あそこにある——同じく密度が高くて柔らかい金と、同じく毒性を持つタリウムとのあいだに。だが、記号Hgの二文字は水銀（mercury）という単語に使われてもいない。この謎——Hgはラテン語で「水のような銀」を意味するhydragyrumに由来する——を解き明かすことを通じて、私は周期表が古代の言語や神話の影響をいかに受けているのかを理解できるようになった。このことは、超重元素と呼ばれる最下行の新しい元素のラテン語名にも見て取れる。

　水銀は国語の授業にも出てきた。昔の帽子職人は、生皮から毛を剥がすのに水銀化合物の入った明るいオレンジ色の洗浄液を使ったもので、湯気立つ大桶の底を浚っていた巷の帽子屋たちは、『不思議の国のアリス』に登場するあの帽子屋のように、頭髪と正気を徐々に失った。ついに私は、水銀の毒性の強さを知るに至ったのである。ラッシュ博士の胆汁質丸薬で通じがよくなるのもこれで見事に説明がつく。身体は毒性があるものをなんでも排除しようとするが、水銀もその対象なのだ。水銀を飲むのが身体に毒なのは当然として、水銀蒸気はもっとたちが悪い。進行したアルツハイマー病のように、中枢神経系の「配線」をぼろぼろにし、脳みそに穴をあけるのである。

だというのに、水銀の危険性を知るほど、――虎の均斉美をたたえたウイリアム・ブレイクの詩を読んだときと同じように――その危険な美しさに惹かれていった。時は過ぎて、両親は台所を改装し、テディベアとマグが置かれていた小物棚を外したが、収まっていた小物はまとめて段ボール箱に保管していた。先日実家に寄ったとき、緑色のラベルが貼られたあの錠剤ビンを探し出して、蓋を開けてみた。右へ左へと傾けると、あの重みが底の円形の溝に沿って滑るように動くのが感じ取れ、なかを覗いたときは、溝から外れて側面にぶつかっては散る小さな玉に目が釘付けになった。水銀はただそこにあって、妖しく光っていた。空想の世界でしかお目にかかれないような完璧な水玉のように。子どもの頃はずっと、こぼれた水銀は高熱と結びついていた。だがこのときは、あの小さな玉たちの恐るべき均斉美の意味を知っていたので、なんだか寒気がした。

あのたった一つの元素から、歴史、語源、錬金術、神話、文学、毒の科学捜査、心理学を学んだわけだが*、聞き集めた元素の話はこれだけにとどまらない。特に、大学に入って科学研究にどっぷり浸かるなかで、自分の研究を脇に置いて科学絡みのちょっとした裏話を嬉々として披露する教授を何人か見つけてからは。

　大学で物理学を専攻したにもかかわらず、実験室を逃げ出して物書きになることばかり考えていた私は、同級の真面目で才能に恵まれた若き科学者のなかで惨めな思いをした。彼らは実験につきものの試行錯誤を私にはとうてい真似できそうにない流儀で愛していた。ミネソタの凍てつく冬を五回過ごして、私は物理学で優等学位を取りはしたが、実験室で何百時間も過ごしたのに、式を何千も覚えたのに、摩擦のない滑車や斜面の図を何万回も描いたのに……本当に身についたのは教授たちがしてくれた物語だった。ガンディーにゴジラに、ゲルマニウムを使ってノーベル賞を横取りしようとした優性主義者の話。爆発性のあるナトリウムの塊を川に投げ込んで魚を殺す話。人がスペースシャトルのなかで窒素ガスによっていつのまにか窒息する話。プルトニウムを動力源とする自分の胸に埋め込まれたペースメーカーの実験をするのに、巨大な磁気コイルの脇に立ってあれこれ操作してペースを上げ下げしていた、母校に以前いた教授の話。

　こうしたことばかりよく覚えているところへ、最近、朝食を食べながら水銀の思い出にふけっているうち、面白いか、奇妙か、はたまた背筋の凍るような話が、どの元素にも何かしらあることに気がついた。もちろん、周期表は人類の知的偉業の一つでもある。つまり、科学上の成果であっておとぎ話集でもあり、私がこの本を書いたのは、解剖学の教科書においてひとつの事柄がさまざまなレベルで語られるように、周期表に潜むレイヤーを一枚一枚めくっていくことにある。最もシンプルなレイヤーでは、周期表とはこの宇宙に存在するありとあらゆる物質の一覧だ。そこに居並ぶ一〇〇余りのキャラクターの強烈な個性が、私たちが見たり触れたりするあらゆるものを生み出している。ここでは周期表の形状そのものが、こうした個性が大勢集まったときに互いにどう接するかについて科学的な手がかりを与える。もう少し込み入ったレイヤーを見ると、周期表には、あの多様な原子がどこでつくられたのか、どの原子が分解あるいは変化して別の原子になるか、などにかんするあらゆる類（たぐい）の捜査情報が記号化されていることがわかる。原子は化学的な反応で結びついてたとえば生物という動的な系を作りもするのだが、周期表を見ればそのやり方が予測できるし、さらには、どんな非道な元素の面々が生物を困らせるか、あるいは死に至らしめるかさえ予測できる。

さらに言えば、周期表は人類学上の奇跡でもある。人間の手によるこの周期表という成果には、素晴らしくて巧みで醜い人間のあらゆる側面が、そして人間と物理世界とのやりとりが反映されている――コンパクトでエレガントな表記法で書かれた人類史なのである。周期表は、最も基本的なところから複雑さの階段を上った先のほうまで、どのレイヤーも研究に値する。そして、それにまつわる物語は、私たちを単に楽しませるにとどまらず、教科書や実験マニュアルには絶対に載らない理解のしかたを教えてくれる。私たちは周期表を食べ、呼吸し、それに大金を賭けては擦（す）る。哲学者は周期表を使って科学の意味を探る。周期表は人を毒し、戦争を引き起こす。左上の水素から最下行に並ぶ人工でしかありえない物質までのあいだから、詐欺、爆弾、通貨、錬金術、料簡（りょうけん）の狭い政治、歴史、毒、

＊これと以降のアステリスクは「原注」に記述があることを示している。原注は四四三ページから始まり、さまざまな興味深い点の議論が続けられている。周期表を見たくなったら本書六・七ページを参照されたい。

犯罪、愛を読み取れるのだ。そして科学のことも。

第1部

オリエンテーション——行ごとに、列ごとに

訳注　周期表では慣例的に、縦の列を「族」、横の行を「周期」と呼ぶが、著者は本書であえてそれを使わずに通している。

第1章

位置こそさだめ

He 2　B 5　Sb 51　Tm 69　O 8　Ho 67

周期表と言われて多くの人が思い浮かべるのは、高校の化学教室で黒板の横に貼られていた表ではないだろうか。いびつに並ぶ行と列が、前に立つ教師の肩にのしかかるように見えたあれだ。たいていかなり大きくて、一・八×一・二メートルくらいあるが、化学における重要性を思うと、威圧感があってふさわしいサイズと言える。授業では新学年が始まって早々に取り上げられてから学年末近くになっても使われ続け、ノートや教科書と違って試験中に見ることが奨励された唯一の科学情報だった。この周期表をめぐってあなたが苦い思い出をお持ちなら、その理由の一つには、好きなだけ見てよかったあの巨大な公認カンニングペーパーをぜんぜん活用できなかったから、ということがあるかもしれない。

　一見して、無駄のそぎ落とされた、整然とした印象を与える表である。科学上の使い勝手を最大限にすべくドイツ人が創ったかのように。だがその一方で、何桁もある数字に略語、さらにはコンピューターのエラーメッセージとしか思えないもの（$[Xe]6s^2 4f^1 5d^1$）だらけで、見ているだけ

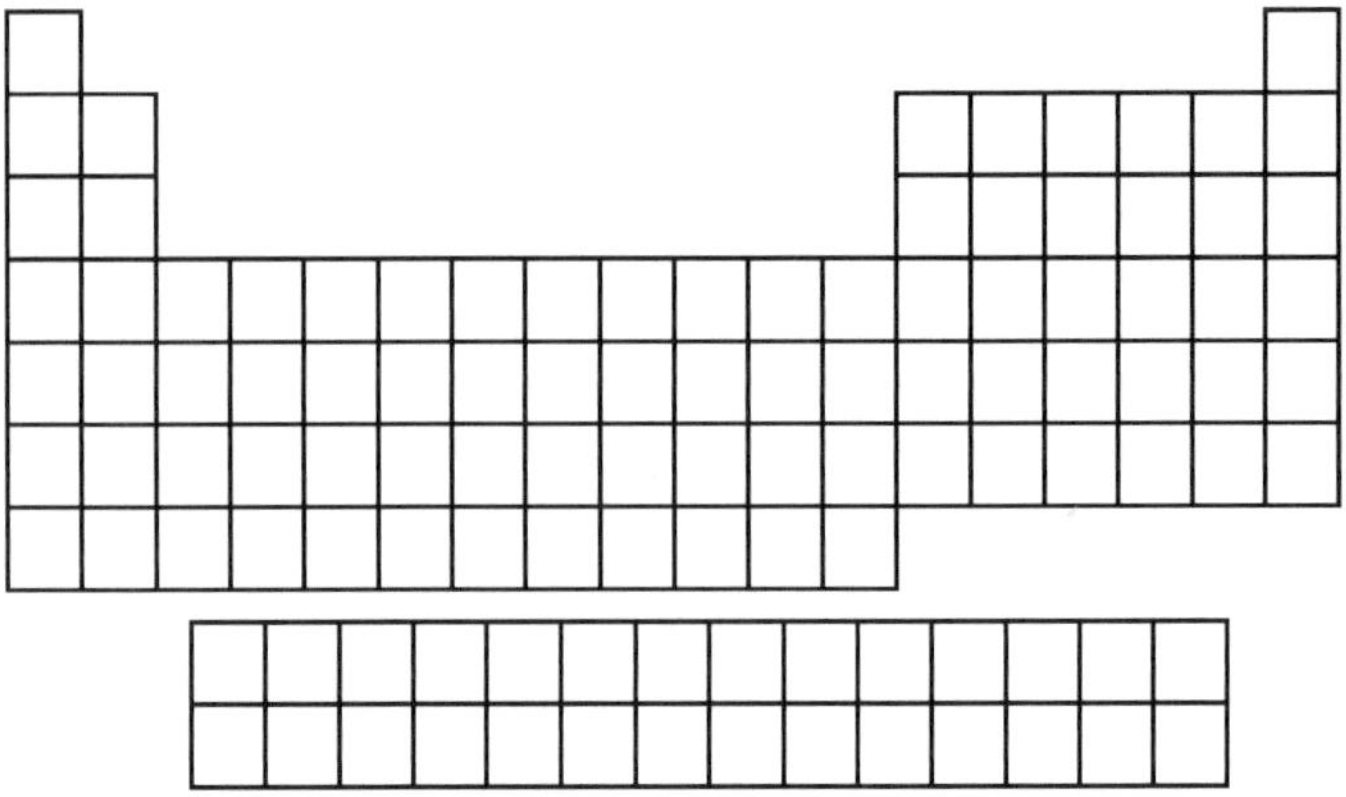

でどうもそわそわさせられた。周期表が生物や物理などの、化学以外の理科と関係していることは明らかなのに、具体的にどう関係しているのかよくわからなかったということもある。そしてなにより、周期表をものにしているヤツ、そこに書かれている内容を本当の意味で読み解ける者がいて、この表から膨大な量の事実を何の苦もなく引き出していることに、多くの方が苛立ったに違いない。色覚障碍（しょうがい）者の方々は、まだら模様の検査チャートに浮かび上がる7や9の文字を読み取る人を見て、同じようなもどかしさを感じるのではなかろうか——一つの意味に収束することが決してない、重要だが隠された情報。周期表を巡る思い出には、興味と親しみに無力感と嫌悪感がないまぜになっている。

　そうしたこの周期表を生徒に見せる前に、先生方はごちゃごちゃした内容をすっかり取り払った、まっさらな表を眺めさせてはどうだろう。

　上の図は何に見えるだろうか？　西洋の城？　高さが不揃いの外壁は左半分の建築が終わっていない王の居城のよ

うであり、両端は防御目的の高い小塔を思わせる。縦は段差のある一八列、横は七行で、その下にもう二行の「滑走路」つきだ。この城は「レンガ」造りだが、見ただけではわからない事実をまず一つ明かせば、これらのレンガは入れ替えが効かない。それぞれが「元素」、すなわち物質の種類であり（本書の執筆時点では一一二種類の元素と認定待ちのいくつかが載っている）、どれか一つでも今現在の位置に収まらないとなると城全体がもろくも崩れ去る。誇張ではない。別の位置に収まるものがあるとか、入れ替えが効く二つがあるとか明らかにされた日には、すっかり倒壊するのである。

もう一つ構造的に変わっている点は、この城の建材が場所によって違うことだ。言い換えると、レンガはどれ一つとして同じ物質でないばかりか、すべてに共通する性質もない。レンガの七五パーセントは金属である――つまり、少なくとも私たちが慣れ親しんでいる温度においてはほとんどの元素が灰色の冷たい固体だ。右手の何列かには気体が含まれている。室温で液体なのは水銀と臭素の二つだけ。金属と気体のあいだ、アメリカの地図に喩えてケンタッキー州のあたりには、説明するのが難しい元素がいくつかある。これらは結晶性を持たないことに起因する面白い性質を備えていて、たとえば化学薬品庫で厳重に保管されているどんなものより一〇億倍強い酸を作れたりする。各レンガが各々の位置を占める物質でできているとすると、かの城は言ってみれば、時代様式がまちまちの増築部分や翼壁を持つキマイラ、もっと穏やかな喩えで言えば、一見不釣り合いな素材の組み合わせからエレガントな総体が立ち現れるダニエル・リベスキンド〔訳注　ニューヨークの世界貿易センター跡地再建コンペの当選者としても有名〕の建築といったところだ。

「城壁」の構造的な骨組みにこだわるのは、元素にかんする科学的に興味深いほとんどすべての性質が表での位置で決まるからだ。地政学のような話だが、どの元素についても地理的条件が運命を定めているのである。では、表の形がだいたい摑めたところで、もっと便利な喩えに切り換えよう。すなわち、ここからは周期表を地図に見立て、この地図を東から西へ、有名なところもへんぴなところも含めて、もう少し細かく説明していくことにする。

まずは左から数えて一八番め、すなわち右端で縦の列をなす元素、これらは貴ガス（希ガス）と呼ばれている。「貴」という言葉は古めかしく場違いな感じで、化学というより倫理学や哲学を思わせる。それもそのはず、「貴ガス」という用語の由来は、西洋哲学誕生の地、古代ギリシャにまでさかのぼる。レウキッポスとデモクリトスが原子というアイデアを唱えたのち、プラトンは物質を構成するさまざまな小さい粒の総称として「元素」（ギリシャ語でストイケイア）という言葉をつくった。もちろん、プラトン――師のソクラテスが紀元前四〇〇年頃に死んだのち、身の安全を考えてアテナイを離れ、哲学について書き継ぎながら長らく各地を遍歴した――には、元素とはいったい何かについて、現代の化学で扱うような知識はなかった。だがあったとしたら、表の右端の元素、特にヘリウムをひいきにしたことだろう。

プラトンは、愛とエロスにかんする対話篇『饗宴』（久保勉訳、岩波書店など）で、あらゆる存在はそれを補完するもの――失われた片割れ――を焦がれて探し求めると言った。人間の場合は、愛欲とセックス、そして愛欲とセックスが絡むあらゆるトラブルが伴うが。また、プラトンは書き残した数々の対話篇において、抽象かつ不変のものは、具現している物を探し回って交わるものより本質的に高貴だと力説した。プラトンが幾何学を崇めたのもうなずける。幾何学では、理想的な円や立方体など、理性でしか捉えられない対象を扱うのだから。数学的対象以外について、プラトンは「イデア」の理論を考え出した。それによると、あらゆるものは唯一存在する理想のイデアが落とす影だ。たとえば、木はどれも理想的な木のどこか不備のあるコピーであり、それらは理想的な木の完璧な「木らしさ」に憧れている。魚と「魚らしさ」、さらにはカップと「カップらしさ」についても同じことが言える。プラトンはこうしたイデアを架空のものではなく実在のものだと考えていた。ただし、人間には直接認知できない最高天に漂っているのだが。そんな理想のイデアを科学者がヘリウムを使って地上に召喚できるようにふたを開いたら、プラトンは誰にも増して驚いたことだろう。

一九一一年、オランダで生まれてドイツで学んだある科学者が、液体ヘリウムを使って水銀を冷やしているうち、約マイナス二六九℃を下回ると電気抵抗がすっかりなくなり、理想的な導体になることを発見した。iPodをマイナス二百数十度まで冷やしてみたら、音楽をどれだけ長くどんな大音量で再生し続けても、ヘリウムで回路が冷やされている限りバッテリー残量がいつまでも一向に減らない、という状況にあたると言えば、どういうことかおわかりいただけるだろうか。一九三七年には、ロシアとカナダのチームが純ヘリウムを使ってもっとすごい芸当をやってのけた。ヘリウムを約マイナス二七〇℃まで冷やしたところ、超流動状態になって粘性(ねんせい)が完全にゼロになり、容器から流れ出すのを止(と)める抵抗がなくなったのだ——完璧な流動性を示したのである。超流動ヘリウムは重力をものともせず、壁を登って乗り越える。当時、これはびっくり仰天の発見だった。科学者は摩擦をゼロと仮定する、といったごまかしをよくやるが、それは計算を簡略化するためでしかない。プラトン本人さえ、自分が説く理想のイデアの一つを誰かがいつか発見するとは予想していなかった。

ヘリウムは、「元素らしさ」――ふつうの化学的な手段では壊すことも変えることもできない物質――の最たる例でもある。科学者が元素とは何たるかを理解するのに、紀元前五世紀の古代ギリシャから紀元後一八世紀のヨーロッパまで足かけ二二〇〇年かかったわけだが、その理由はほとんどの元素がかなり移り気なことにある。何が炭素を炭素たらしめているのかを見極めようにも、炭素は何千という化合物に含まれているうえ、それぞれ性質が異なっていて、なかなか見極められなかったのだ。今ではこう説明される。たとえば、二酸化炭素は、一個の分子を炭素と酸素に分離できるので元素ではない。しかし炭素と酸素は、壊さない限りはそれ以上細かくできないから元素である。『饗宴』のテーマである、失われた片割れを焦がれ求めるというプラトンの理論に戻ると、事実上どの元素も、結合をつくる相手として別の原子を探し求める。結合をつくって本性を隠すためだ。結合の形は化合物とは限らず、いくつかの「純」元素は、空気中の酸素分子（O_2）のように、自然な性質としていつも結合した形でいる。それを思うと、ほかの物質と反応したところを見られたことがなく、いまだに単体としての存在しか知られていない*ヘリウムというものを科学者が知っていたら、元素のなんたるかをもっと早く突き止められていたかもしれない。

ヘリウムがこんなふるまいをするのには理由がある。原子は必ず電子と呼ばれる負電荷の粒子を持っていて、原子のなかでいくつかの階層あるいはエネルギー準位に存在している。エネルギー準位は同心球状に入れ子をなしており、原子がそれぞれの準位をいっぱいにして満足するには決まった数の電子が要る。最も内側の準位でその数は二個、ほかの準位では八個のことが多い。元素ではふつう負電荷を持つ電子と正電荷の粒子である陽子との数が等しく、電気的に中性だ。ところが、電子は原子間で自由にやりとりでき、原子が電子を得るか失うかすると、イオンと呼ばれる電荷を帯びた原子となる。

押さえておきたい重要なこととして、原子は手持ちの電子をエネルギー準位（レベル）の低い内側から先に埋めたうえで、電子を手放すなり、共有するなり、盗むなりして、最も外側の準位（レベル）にしかるべき数の電子を確保する。電子をそつなく共有ないし交換する原子もあれば、かなり汚いやり口を使う原子もある。このことが、化学が解明した事柄の半分であり、それはこんな一文にまとめられよう。すなわち、最も外側の準位（レベル）に電子が足りていない原子は、戦ったり、交換したり、施しを求めたり、同盟を組んだり解消したりするなど、必要なことはなんでもやって、しかるべき数の電子を確保するのだ。

二番元素であるヘリウムは、ただ一つ備わった準位（レベル）をちょうど満たす、二個の電子を持っている。電子のこの「閉じた」配置がヘリウムに大きな独立性を与える。ほかの原子とのやりとりは不要だし、不足を補うために電子を共有したり盗んだりする必要もないからだ。ヘリウムは焦がれる片割れを自分のなかに見出したのである。さらに、一八列めでヘリウムの下に並ぶ元素――ネオン、アルゴン、クリプトン、キセノン、ラドンといった気体――では、同じような方針で電子が配置されている。これらの元素のどの準位（レベル）も電子で満杯になって閉じており、日常的な条件下では何とも反応しない。だからこそ、元素を見つけて分類しようという試みが――周期表そのものの考案も含めて――一九世紀に精力的に行われたにもかかわらず、一八列めの気体をどれか一つでも単離できた者は一八九五年になるまでいなかったのだ。これらの元素の、理想の球や三角形と同じように日常経験を超越しているところは、プラトンを魅了したことだろう。そして、ヘリウムやその仲間をこの世で発見した科学者が「貴ガス」の呼び名を用いたのも、そういったふくみを持たせたかったからにほかならない。プラトン風に言えばこうなるだろうか。「完璧と不変を崇め、墜落と下劣を拒む者は、いかなる元素より断固として貴ガスを好むであろう。なんとなれば、貴ガスは決して変わらず、決して揺るがず、市場で衣服を安値で差し出す大衆がごとく他の原子に取り入ることも決してない。貴ガスは清廉潔白、理想的なのである」

とはいえ、貴ガスが安らいでいられることはほとんどない。一列西にはハロゲンと総称される、周期表のなかで最もエネルギッシュで反応性の高い気体がずらりと並んでいる。そして、この表をメルカトル図法の地図よろしく丸め、東の端と西の端、一八列めと一列めをくっつけると、西の端のもっと過激な元素、アルカリ金属が姿を見せる。平和主義者の貴ガスはさしずめ、政情不安定な隣国に挟まれた非武装中立地帯といったところだ。

アルカリ金属は、ある面ではふつうの金属だが、錆びたり腐食したりはせず、空気中や水中で自然発火する。また、ハロゲン気体と互恵的な同盟を結ぶ。つまり、ハロゲンの最も外側の階層にある電子は七個と、八個に一個足りないところへ、アルカリ金属の最も外側の階層にある電子は一個、その一つ下の階層は八個の電子で満たされている。それゆえ、後者が一個余った電子を前者に放出し、その結果できる正のイオンと負のイオンが強固な結合を作るのは自然なことなのである。

こうした類の結合は絶えず行われており、それゆえ電子は原子の最も重要な構成要素だ。電子は、原子のコンパクトな芯——核——の周りを渦巻く雲のように、原子の事実上ほとんどの空間を占めている。核を構成する陽子と中性子のほうが個々の電子よりはるかに大きいのにそうなのだ。原子をスポーツスタジアムほどに膨らませたとしても、陽子をたくさん持つ核さえフィールド中央に置かれたテニスボールほどの大きさにすぎず、電子にいたっては周囲を飛び回る針の頭ほどでしかない——だが、飛び回るのがあまりに速く、毎秒数え切れないほど何度もあなたに当たるので、あなたはスタジアムに入れないだろう。針の頭どころか固い壁のように感じるはずだ。そのため、原子どうしがぶつかっても、なかの核は口を出さず、電子だけが反応にかかわる。*

ここでちょっとした警告を。電子とは硬い芯のまわりを飛び回る針の頭だというイメージにとらわれないようにされたい。おきまりの喩えで言うと、電子のことを、惑星が太陽の周りを回るように核の周りを回っている、などと思い込まないほうがいい。惑星を用いた類推は便利だが、どんな類推もそうであるように行き過ぎに陥りやすく、何人かの有名な科学者が苦い思いをしている。

塩化ナトリウム（食塩）のような、ハロゲンとアルカリ金属の組み合わせがよく見られることは、イオンどうしが結合するのだと考えるとうなずける。同じように、電子を二個余らせている列の元素（カルシウムなど）と電子が二個不足している列の元素（酸素など）はよく同盟を結ぶ。双方のニーズを満たす最も簡単な方法なのだ。数的に対等ではない列の元素どうしも同じ法則に従って結びつく。たとえば、ナトリウムイオン（Na^{+}）二個は酸素イオン（O^{2-}）一個を相手に酸化ナトリウム Na_2O を作り、塩化カルシウム $CaCl_2$ も同じ理屈で結びついている。このように、列の番号を見て電荷を確認すれば、どの元素が組み合わさるのか一目でわかる。こうしたパターンはどれも、周期表の魅力的な左右対称性がつくりあげているのだ。

残念ながら、周期表がどこもかしこもきれいなわけではないが、いくつかの元素は逆に荒れているおかげで興味深い訪問先になっている。

昔から知られたこんなジョークがある。ある朝、実験助手が上司である科学者の部屋へ飛び込んできた。前の晩は不眠不休で仕事をしていたのにもかかわらず、歓びのあまり興奮している。コルクで栓をされたビンのなかには、泡立ち蒸気を上げる緑色の液体。助手はビンを掲げながら万能溶媒を発見したと大声を上げた。脳天気な科学者はビンの中身をのぞき込みながら尋ねた。「万能溶媒と言うと?」すると助手はつばを飛ばしてこう答えた。「あらゆる物質を溶かす酸です!」

この胸躍る知らせについてひとしきり思いを巡らせると——この万能溶媒は科学の奇跡であるばかりか、われわれ二人を億万長者にしてくれるかもしれない——、科学者は訊いた。「だったら、ガラスビンにはどうやって入れておけるのかね?」

いいオチだ。かのギルバート・ルイスも笑みを浮かべたに違いない——おそらく皮肉っぽく。周期表について要（かなめ）とも言える役割をになう電子が、原子のなかでどうふるまって結合をつくるのか、ルイス以上に明快に解き明かした人物はいない。電子にかんする彼の仕事は酸と塩基にかんしてとみに啓発的だったので、彼なら先のジョークの助手のばかげた主張にまともに取り合っただろう。ただ、彼自身のことにかんしては、科学における栄光がどれほど気まぐれなものかを思い起こしたかもしれない。

さすらいの人、ルイスはネブラスカで育ち、一九〇〇年ごろまでマサチューセッツの大学と大学院に通い、ドイツに渡って化学者ヴァルター・ネルンストのもとで研究した。ネルンストのもとでの生活は、あまり知られていないそれなりの理由で不愉快なものとなり、数カ月後にはマサチューセッツに戻って大学での職を得た。それも不幸に終わると、新たに占領されたフィリピンに逃げるように赴いてアメリカ政府のために働いたのだが、そのとき持っていった本はただ一冊、ネルンストの『理論化学』だけだった。彼は何年もかけてありとあらゆる些細な間違いを執拗に探しては、それらにかんする論文を取り憑かれたように発表し続けた。*

やがてホームシックが強くなってアメリカ本土に戻り、カリフォルニア大学バークレー校に落ち着くと、四〇年以上かけて世界最高の化学科をつくりあげた。ハッピーエンドに聞こえるかもしれないが、そうではなかった。ルイスにまつわる奇妙な事実がある。自分はノーベル賞の受賞がかなわない最高の科学者だと自覚していたことだ。彼ほど何度も候補に挙がった科学者はいないが、むき出しの野心と世界中に残る論争の跡が災いして必要な票を集めることがなかった。彼はまもなく抗議の意を込めて名誉ある地位を辞任し始め（あるいは辞任を強制され）、辛辣な世捨て人になった。

その人柄を別にすれば、ルイスがノーベル賞に手が届かなかったのは、彼の仕事が広く浅くを旨とするものだったからだ。彼は結局、誰もが思わず嘆声を上げるような驚異の事実を、これといって発見することがなかった。その代わりに生涯をかけて、原子がもつ電子がさまざまな状況下でどう働くかを、特に酸や塩基と呼ばれる分子にかんして詳しく研究した。一般に、原子が電子を交換して結合を壊すか作るかした場合、科学者はそれを「反応」したと表現するが、酸や塩基の反応はこの電子交換のあからさまで、往々にして激しい一例にほかならない。酸と塩基にかんするルイスの仕事は、電子のやりとりの意味を超微小レベルで示すという点では、ほかのどの科学者も及ぶところではなかった。

一八九〇年ごろまで、科学者は酸か塩基かを判断するのに、舐めたり指を突っ込んだりという、安全でもなければ確実とも言えない方法に頼っていたが、それから数十年もしないうちに、酸とは要するに陽子ドナーなのだと気がついた。多くの酸には、水素という、陽子一個（水素の核にはこれしかない）の周りを電子一個が回るというシンプルな元素が含まれている。塩酸（HCl）の場合なら、水に溶かすとH^+とCl^-に分裂する。負電荷を持つ電子を水素から取り去ると丸裸の陽子H^+が残って単独で泳ぎ回る。酢などの弱酸は溶液中に陽子をそれなりの数だけ放出する一方、硫酸のような強酸は陽子を大量に放出する。

ルイスは、酸にかんするこの定義は科学者を縛りすぎていると考えた。水素に頼らず酸のようにふるまう物質があるからだ。そこでルイスは発想を大きく転換した。H^+が分離したと言うかわりに、Cl^-が電子を持ち逃げしたという言い方をしたのである。こうなると、酸とは陽子ドナーと言うより、むしろ電子泥棒と言ったほうがいい。対照的に、漂白剤やアルカリ洗剤など、酸とは逆の塩基のほうを電子ドナーと呼ぶべきかもしれない。この定義は、より一般的という利点があるのに加え、電子のふるまいに注目するという観点からは、電子が決め手の周期表の化学によりふさわしい。

ルイスがこの理論を展開したのは一九二〇～三〇年代のことだが、科学者はいまでも彼のアイデアを用いて、どこまで強い酸を作れるかの限界に挑んでいる。酸の強さはpHスケールで表され、値が小さいほど強いのだが、二〇〇五年に発表された論文によると、ニュージーランド出身の化学者がつくったカルボラン酸と呼ばれるホウ素系の酸がpHマイナス18を記録している。参考までに、水の

pHは7、私たちの胃のなかの濃塩酸のpHは1だ。ここで補足しておくと、pHスケールの計算は変則的で、数字が一単位下がると（4から3とか）酸の強さは一〇倍になる。つまり、pHが1の胃酸とpHがマイナス18のホウ素系の酸とを比べると、後者のほうが一〇の一〇億倍の一〇億倍強い。原子を一〇の一〇億倍の一〇億倍個積み上げると、おおざっぱに言って月まで届く。それくらい違うのである。

アンチモン系のさらに強い酸もある。アンチモンは周期表のなかでもとりわけ多彩な歴史を持つ元素と言ってよさそうだ。* 紀元前六世紀にバビロンの空中庭園を造営した王、ネブカドネザルは、アンチモンと鉛を含む有害な混合物で王宮の壁を黄色に塗った。王はまもなく気が狂って野で寝たり牛のように草を食べたりしたと言われているが、それも偶然ではなかろう。同じ頃、エジプトの女性はある鉱物の形で存在したアンチモンをマスカラとして用いていたが、これは化粧であると同時に、敵対者を「凶眼」でやっつける、魔女さながらの力をみずからに与えるためでもあった。時は過ぎて中世の修道士たちは——さらにはアイザック・ニュートンも——、アンチモンのもつ「ふたなり」的な性質の虜（とりこ）になり、なかば金属でなかば絶縁体というどちらとも決めつけられないこの物質を両性具有（ヘルマフロディット）と呼んだ。アンチモンの丸薬は下剤としても重宝された。現代の錠剤とは違って、硬いアンチモン丸薬は腸で消化されなかったのだが、この丸薬はひじょうに価値が高いと見なされていて、当時の人は便をひっかきまわして回収しては再利用している。運のいい一族になると、下剤を父から子へと代々伝えまでしていた。どうやらこの効能のせいで、アンチモンは本当は毒なのに薬として多用された。モーツァルトの死因は高熱との闘病にあたってアンチモンを飲み過ぎたことに違いない。

やがて科学者はアンチモンの扱いがうまくなった。そして一九七〇年代になると、電子に貪欲な元素をみずからのまわりに貯め込めるというアンチモンの性質が、オーダーメイドの酸をつくるのにこのうえなく適していることに気がついた。その成果はヘリウムの超流動性に負けないほど驚異的だった。五フッ化アンチモン（SbF_5）にフッ化水素酸（HF）を混ぜるとpHがマイナス31という物質ができるのである。この超酸は胃酸より一〇万の一〇億倍の一〇億倍の一〇億倍強く、水が新聞紙に穴を開けるように容赦なくガラスに穴を開ける。それが入ったビンを手で持つわけにはいかない。ガラスに穴を開けたら今度はあなたの手にも穴を開けにかかるのだから。先ほどのジョークに出てきた科学者の問いに答えると、この溶液の保管にはテフロン加工された特別な容器を使う。

ただ、実を言うと、このアンチモン混合液を世界最強の酸と呼ぶのはちょっといかさまっぽい。SbF_5（電子泥棒）もHF（電子ドナー）も単独で十分危ないのだが、混合されて相補的なパワーによる相乗効果を発揮して初めて超酸と認められるからだ。最強なのは人為的な環境下でだけなのである。実際のところ、単独で最も強い酸はやはりホウ素系のカルボラン酸（$HCB_{11}Cl_{11}$）ということになる。そしてこのホウ素系の酸は、けっこう笑える性質の持ち主だ。というのも、世界最強の酸でありながら、最も温和な酸でもあるというのだから。話についていけなくなったあなたには、酸が負電荷の部分と正電荷の部分に分離することを思い出していただきたい。カルボラン酸の場合はH^+と、残り全部でできた手の込んだ籠のような構造体（$CB_{11}Cl_{11}^-$）に分かれるわけだ。ほとんどの酸で、腐食性や苛性があって皮膚に穴を開けるのは負電荷の部分である。ところが、このホウ素の籠は、人工物としては最も安定な部類に入る分子を形作る。酸が引き起こす修羅場は、概して電子が略奪されることで生じるが、この籠に含まれているホウ素原子は寛大にも電子を共有して実質的にヘリウムと化し、ほかの原子から電子を略奪しようとしないのである。

さて、カルボラン酸はガラスビンを溶かさず、銀行の金庫室に穴を開けないことはわかったが、何か役に立つのだろうか？　ガソリンのオクタン価を上げられるのが一つ、ほかにもビタミンの消化を助けたりできる。そしてもっと重要なのが、化学的な「架台」としての用途だ。陽子が絡む多くの化学反応において、陽子はきれいすんなりとは交換されない。複数の段階を経ることが必要で、かつ、一秒の一〇〇万分の一の一〇億分の一という時間内に陽子がやりとりされる――あまりに速くて、科学者は実際に何が起こったのかがわからない。一方、カルボラン酸はきわめて安定で反応性が低いので、溶液を陽子で溢れさせると、分子を反応の中間段階で固定し、この中間体分子を柔らかくて安全なクッションの上に保持する。そこへいくと、アンチモンの超酸は架台としては最悪だ。なにしろ、科学者がいちばん見たいと思っている分子を切り刻んでしまう。電子や酸にかんする自分の仕事のこうした応用を見て、ルイスは喜んだことだろう。もしかすると暗かった後半生が少しは明るくなったかもしれない。彼は第一次大戦中に政府の仕事をし、六十歳代になるまで化学に貴重な貢献をしたが、第二次大戦中のマンハッタン計画には呼ばれなかった。このことを彼は苦々しく思った。自分がバークレー校に引き抜いた何人もの科学者が、史上初の原爆の製造で重要な役割を担い、国の英雄になったからだ。対照的に、彼は戦時中とりたてて何もせず、思い出にふけったり、兵士が主人公の哀愁漂う大衆小説を書いたりした。そして一九四六年、実験室に一人でいるときに亡くなった。

世間では、毎日二十数本の葉巻を四〇年以上吸い続けた末に心臓発作で亡くなったということになっている。ところが、亡くなった日の午後、彼の実験室にアーモンド臭——シアン化物の気体が存在するしるし——が漂っていたことが注目されずにはいなかった。ルイスは研究でシアン化物を使っており、それが入った缶を心肺停止後に落としたという可能性はある。しかしまた、ルイスは同じ日の亡くなる前に、ノーベル賞受賞者であり、マンハッタン計画で特別なコンサルタントを務めた、自分より若くてカリスマがあるライバル化学者と昼食を——最初は断っていたのに——共にしていた。それゆえ、名誉を与えられていた同業者のせいでルイスが取り乱したのではないかと疑う者は決してなくならない。その疑いが正しいとすると、ルイスの化学の才能は吉でも凶でもあったのかもしれない。

反応性の高い金属が西海岸に並び、ハロゲンと貴ガスが東海岸にあるだけでなく、周期表にはど真ん中に「グレートプレーンズ」が広がっている——左から三〜一二列めまでの遷移（せんい）金属のことだ。正直言って、遷移金属の性質にはイライラさせられ、冷静にこうだとは言うのが難しい——気をつけろ、ということ以外は。なにしろ、遷移金属のような重い元素の原子は、電子の収納の仕方がほかの原子より柔軟だ。もちろん、さまざまなエネルギー準位（レベル）を持っているし（1、2、3……のような添え字で示されることもある）、低い準位（レベル）が高い準位（レベル）に覆われているし、高いほうのエネルギー準位（レベル）に八個の電子を確保しようとほかの原子と戦いもするのは、ほかの原子と同様だ。ところが、最も外側の準位（レベル）がどれかという話がややこしい。

周期表を横に見ていくと、各元素は左隣の元素より電子を一個余計に持っているのがわかる。一一番元素であるナトリウムはふつう一一個の電子を持ち、一二番元素であるマグネシウムはふつう一二個の電子を持つ、という具合だ。サイズが大きくなるにつれ、電子はエネルギー準位（レベル）の低いほうから順に配られたうえ、電子軌道と呼ばれるいろいろな形をした寝棚に収められる〔訳注　エネルギー準位（レベル）ごとにまとめた電子軌道の一団が電子殻と呼ばれる〕。だが、原子は想像力に乏しく大勢になびきがちで、表を横に見ていくときと同じ順序でエネルギー準位（レベル）と軌道を埋めていく。表の左端の元素は、一個めの電子を球の形をしたｓ軌道に入れる。ｓ軌道は小さくて、電子を二個しか持っていられない——周期表で左端の二列が上に飛び出しているのはこのためだ。ここに最初の二個の電子が入ると、原子はもっと広いところを探す。表の凹んでいるところを飛び越えた右側の列にある元素は、新しい電子を一個ずつ、ひしゃげた肺のような形をしたｐ軌道に詰めていく。ｐ軌道は電子を六個持っていられるので、表の右側では六列が上に飛び出しているわけだ。どの行を見ても右端にある貴ガスは、二個のｓ軌道電子と六個のｐ軌道電子の合計八個という、たいていの原子が最も外側の殻に欲しがる数の電子を持っている。また、そうして充足した状態にある貴ガスを除くどの元素も、最も外側の殻にある電子を放出したり、ほかの原子との反応に使ったりできる。元素のふるまいは論理的で、新しい電子が一個加わると原子のふるまいが変わる。反応に加わるために使える電子が増えるからだ。

ここから話がややこしくなる。遷移金属は四～七行めの三～一二列めにあって、電子を一〇個保持できるｄ軌道と呼ばれるところに電子をしまい込む（ｄ軌道は、よく言って風船のチューブをひねってつくった動物のできそこないみたいな形状だ）。ここまで見てきた元素がそろって軌道をどう扱っているかを考えれば、遷移金属もｄ軌道に増えた電子を、反応に使いやすい外側の階層に置くと思いたくなる。だがさにあらず、遷移金属は増えた電子をため込み、むしろ内側の階層に隠すのだ。自分勝手にd軌道電子をしまい込むという遷移金属の態度は見苦しいし、直観的にも納得がいかない——プラトンは嫌ったことだろう。しかしこれが自然の摂理なので、これればかりはほとんどどうしようもない。

しかし、このプロセスは頭を悩ませるだけの価値のあるものだ。ふつう、周期表を横に見ていくと、表のほかの部分の元素の場合と同じように、どの遷移金属も電子が一個増えればふるまいを変える。ところが、遷移金属はd軌道の電子をいわば二重底の抽斗（ひきだし）にしまうので、なかの電子はかくまわれることになる。遷移金属と反応しようとするほかの原子からは手が届かず、その結果、同じ行に属するいくつもの遷移金属でむき出しの電子の数が同じになり、そのため化学的に同じようにふるまう。だからこそ、見た目もふるまいも科学的にほとんど区別がつかない金属が少なからずあるのだ。どれも冷たい灰色の塊（かたまり）なのは、最も外側の電子の数からいってそうならざるを得ないのである（そして、物事を混乱させるためだけに、しまい込まれていた電子が表に出てきて反応することがある。これこそが、遷移金属どうしで性質に微妙な差が生じる理由であり、遷移金属の化学的性質にイライラさせられる理由でもある）。

f軌道の電子の場合も同じように面倒だ。f軌道は、周期表の下で宙ぶらりんになっている二行の金属元素の上のほう、ランタニド（ランタノイド）と呼ばれるグループから登場し始める（「希土（きど）類（るい）」や「レアアース」とも呼ばれている。五七〜七一番を占めることからわかるように、本当は六行めに属しているのだが、表を使いやすく、スリムなままに保つため、表の下に追い出された）。ランタニドは、増えた電子を遷移金属よりさらに深いところ、たいていエネルギー準位（レベル）にして二段下にしまい込む。つまり、このグループの金属どうしは遷移金属どうしよりさらによく似ており、互いにほとんど見分けがつかない。この行を横に見ていくことは、ネブラスカからサウスダコタへドライブするようなものだ。州境を越えてもそれと気づかない。

ランタニド元素の純粋な試料を自然界で見つけることはかなわない。必ず兄弟分が不純物として混じって「汚染」されているからだ。有名な事例を一つ紹介しよう。ニューハンプシャー州の化学者が六九番元素であるツリウムを単離しようとした。彼はツリウムが豊富に含まれた鉱石を巨大なキャセロール鍋いっぱい用意して、化学薬品で処理しては煮るというプロセスを繰り返した。これにより毎回わずかずつではあるがツリウムが精錬されていく。融解にはずいぶん時間がかかって、最初は一日に一サイクルか二サイクルしかまわせなかった。それでも、彼はこの単調なプロセスを一万五〇〇〇回、手作業で繰り返し、何十キログラムもあった鉱石をわずか数十グラムにまでより分けて、ようやく満足できる純度を得た。それでもなお、ほかのランタニド元素による二次汚染が若干残っていた。これらの元素の電子はそれほど奥深くしまい込まれていて、化学的なやっとこばさみで摑んで引き出すという処理ではやはり不十分だったのである。

周期表を左右しているのは電子のふるまいだ。しかし、元素を本当に理解するには、質量の九九パーセント以上を占める部分を無視するわけにはいかない――原子核のことである。そして、電子が従うのがノーベル賞を受賞することの決してかなわなかった最高の科学者による法則なら、核が従うのはこれまでで最もノーベル賞を受賞しそうになかった受賞者の言うことである。この女性は、ルイスに輪をかけたさすらいの人生を送った人物であった。

マリア・ゲッペルトは一九〇六年にドイツで生まれた。六世代続く大学教授の家に生まれながら、当時女性が大学に進学するのは容易なことではなく、生地を離れた見知らぬハノーファーの学校でようやく大学入学資格を得て、生まれ育った故郷のゲッティンゲン大学へ入学、マックス・ボルンらの薫陶を受け、理論物理学の博士号を取得した。当然ながら、推薦状もコネもない彼女を卒業と同時に雇おうという大学はなく、彼女はドイツを訪問していたアメリカ人化学教授の夫、ジョセフ・メイヤーを通じて、間接的に科学界と接触することしかできなかった。一九三〇年、夫についてアメリカのボルチモアに渡ると、新たにゲッパート＝メイヤーと名乗った彼女は、夫についてまわって職場や会議に出入りした。運悪く、夫は大恐慌のさなかに職を何度か失い、一家はニューヨークの大学を転々としたのちシカゴに移った。

ほとんどの大学はゲッパート＝メイヤーが科学の話をしようとうろうろするのを黙認した。一部の大学は仕事を与えまでしたが、給料の支払いは拒み、与えたテーマも色が生じる原因を突き止めるといった、「女性的」という固定観念の枠を出ないものだった。大恐慌がおさまったのち、彼女の何百人という知的盟友たちが、科学史上最も活発にアイデアが交換された場だったかもしれないマンハッタン計画に招集された。ゲッパート＝メイヤーも呼ばれたが、光を当ててウランの同位体分離を行うという、本筋から離れた無用の周辺プロジェクトの担当だった。内心は苛立っていたに違いないが、そんな立場でも仕事を続けるほど彼女は科学に飢えていた。第二次大戦が終わると、シカゴ大学がようやく彼女をまともに扱って物理学の教授に採用した。彼女は居場所を得たが、大学当局は相変わらず給料の支払を拒んだ。

にもかかわらず、こうして登用されたことに意を強くした彼女は一九四八年、原子の中心かつ本質である核に取り組み始めた。核の内部では、正電荷を持つ陽子の数――すなわち原子番号――が原子のアイデンティティを決めている。言い換えると、原子はほかの元素にならない限り陽子を得たり失ったりすることはない。原子はふつう中性子も失わないが、元素の原子には中性子の数が異なるものがありえる――同位体と呼ばれる亜種のことだ。たとえば、鉛二〇四と鉛二〇六という同位体は、原子番号は同じ（八二）だが、中性子の数が違う（一二二と一二四）。原子番号に中性子の数を加えたものが、おおまかには原子の重さと言っていい。科学者が原子番号と原子の重さ（正確には原子量）の関係を突き止めるまでには長い年月がかかったが、ひとたび突き止められると、周期表の科学の見通しがはるかに開けた。

ゲッパート＝メイヤーも当然こうした事実をすべて知っていたが、彼女が研究していたのは、一見素朴だが、これらの問題よりもっと難しい謎だった。宇宙で最もシンプルな元素である水素は、宇宙で最も豊富でもある。二番めにシンプルな元素であるヘリウムは、二番めに豊富だ。すっきりと美しく形作られた宇宙なら、三番元素であるリチウムが三番めに豊富、という具合に続くはず。しかし、われらが宇宙はそうはなっていない。三番めに豊富なのは八番元素、酸素なのである。でもなぜ？科学者なら、酸素はひじょうに安定した核を持っていて、ばらばらになること、すなわち「崩壊」することがないからだと答えるかもしれない。だが、それならすぐさまこう問い返される――なぜ酸素などの特定の元素の核はそんなに安定なのか？

ゲッパート＝メイヤーはここに、同時代のほとんどの科学者が気づかなかった貴ガスの驚異的な安定性との対比を見て取ると、核内の陽子や中性子も電子と同じように殻に収容されており、核の殻を満たすことが安定につながるのではないかと主張した。門外漢には筋の通ったいい類推に思える。しかし、ノーベル賞は予想には与えられない。無給の女性教授によるものならなおさらである。また、このアイデアは核科学者を逆撫でした。化学反応と核反応は別物だからだ。家にいたがる頼もしい中性子と陽子が、家を飛び出し魅力的な隣人のもとへ走る小さくて気まぐれな電子と同じようにふるまわなければいけない理由はどこにもない。そして、たいていそうはふるまわない。

だがゲッパート＝メイヤーは自分の勘を信じて進み、関連があるとは考えられていなかった数々の実験を結びつけて、核が実際に殻を持っていること、そして核が時に彼女が「魔法核」と呼ぶものになりうることを証明した。この魔法核は複雑な数学上の理由により、元素の性質とは違って周期的に現れるものではなく、魔法核となるのは原子番号が二、八、二〇、二八、五〇、八二などの核に限られる。ゲッパート＝メイヤーの仕事は、こうした数の場合に、陽子と中性子がみずからをきわめて安定で対称性の高い球形にすることを証明するものだった。ここで、酸素の陽子が八個、中性子が八個というのが二重の魔法になっていることにも注目されたい。だから酸素はいつまでも安定なのだ――宇宙で数が不相応に多いように見えるのもこれで説明がつく。この考え方によれば、カルシウム（二〇）がなぜ意外と豊富なのか、そして偶然ではなしに、私たちの身体がなぜこうしたすぐに手に入るミネラルを使っているのかも直ちに納得できる。

ゲッパート＝メイヤーの理論は、美しい形ほど完全に近いというプラトンの考えと響きあうものがあり、球の形をした魔法の核という彼女の模型（モデル）は、あらゆる核の評価基準となる理想の範型となった。逆に、二つの魔法数のどちらからも遠く離れた元素は、偏（かたよ）った形の醜い核をつくるのであまり豊富ではない。科学者はさらに進んで、ぶかっこうで不安定な「フットボール形の核」を生み出す、中性子に飢えた状態のホルミウム（六七番元素）を発見までしている。ゲッパート＝メイヤーの模型（モデル）から（あるいはアメフトの試合で誰かがファンブルしたところを見たことがあれば）想像できるように、ホルミウムのフットボールは安定とは言い難い。そして、ゆがんだ核を持つ原子はみずからのバランスを取ろうにも、過不足のある電子殻を持つ原子とは違って、ほかの原子から陽子や中性子を盗むことができない。そのため、あの形の核を持つホルミウムなど、いびつな核を持つ原子はなかなか形成されないし、されたとしてもたちまち崩壊する。

核の殻模型（モデル）は物理学上の見事な成果だ。それゆえ、祖国の男性物理学者によって同じ主張がなされていたことを知ったとき、彼女は科学界における自分の不安定な立場を思って動揺したに違いない。手柄をすっかり持っていかれる危機に直面したのだ。ところが、両者はこのアイデアをそれぞれ独立に考案しており、ドイツ人が彼女の仕事を好意的に受け止めて共同研究を申し出たのを機に、ゲッパート＝メイヤーのキャリアが上向きになった。自分に対する評価を勝ち取ったのち、彼女は一九五九年に最後となる引っ越しで夫と共にサンディエゴに移り、かの地に新たに設立されたカリフォルニア大学のキャンパスで、給料の出る本当の意味での職についた。それでもなお、単なる物識り（ディレッタント）のアマチュアという不本意な見方を完全には振り払えなかった。スウェーデンアカデミーが一九六三年に科学者最高の名誉を彼女に授けると発表したとき、サンディエゴの新聞は晴れの日をこんな見出しで飾った。「サンディエゴのお母さん、ノーベル賞を受賞」

いや、結局見方の問題なのかもしれない。あれがギルバート・ルイスだったとしても新聞はやはり失礼な見出しを掲げたかもしれないし、あのルイスも受賞の知らせには大喜びしたかもしれない。

周期表を一行ずつ見ていくと元素について多くのことがわかるのだが、それは物語の一部でしかないし、物語の本当のヤマはそんなものじゃない。同じ列の元素である縦の隣人どうしには、実は横の隣人どうしよりずっと密な関係がある。人類のほとんどの言語で、読むといえば左から右へ（あるいは右から左へ）だが、縦に一列ずつ、日本語のそうした書式よろしく読むことのほうが実は意義が大きい。そうすることで、思わぬところにライバルや敵がいることなど、元素どうしの関係の裏事情がたくさん見えてくる。周期表には周期表の文法があり、それを知ったうえで行間を読むとまったく新しい物語が立ち現れるのである。

第２章

双子もどきと一族の厄介者――元素の系統学

C 6　Si 14　Ge 32

シェイクスピアの戯曲にこんな単語が出てくる。honorificabilitudinitatibus――これは、訊く相手によって、「名誉に満ちた状態」という意味の単語ともなれば、「シェイクスピアの戯曲を本当に書いたのはバードの詩人（シェイクスピア）ではなくフランシス・ベーコンだ」という趣旨のアナグラムともなる。* いずれにしても、二七文字しかないこの単語は、英語で最も長い単語と認められるほど長くはない。

もちろん、これぞ最長という単語を決めるのは、潮目に乗り出すようなもの。言語は流動的で絶えず方向を変えており、あっという間にコントロールを失う。英語と認められるかどうかさえ状況によって違ってくる。『恋の骨折り損』で道化が発するシェイクスピアの件（くだん）の単語は、紛れもなくラテン語が基になっている。だが、「最長の単語」を問題にするなら、外国語の単語は、たとえ英文中に使われていても認められるべきではないだろう。それに、少しばかり接頭辞と接尾辞を積み重ねた単語や（antidisestablishmentarianism、二八文字、「反国教会廃止主義」の意）、意味をなさない単語（supercalifragilisticexpialidocious、三四文字、映画『メリー・ポピンズ』の劇中歌で有名）も認めるならば、作家は書痙（しょけい）になるまで読者を引っ張ることができる。

だが、それなりの定義――史上最も長い単語の記録をつくることを目的としていない英語の文献に出現する最も長い単語――を採るなら、私たちの探す単語は、《ケミカル・アブストラクツ》という辞書のように分厚い抄録誌に、一九六四年に掲載されていることがわかる。すなわち、一八九二年に発見された初のウイルスだと歴史家が総じて認めているもの――タバコモザイクウイルス――の、ある重要なタンパク質を記述したものだ。さあ、深く息を吸い込んで。

acetylseryltyrosylserylisoleucylthreonylserylprolylserylglutaminylphenylalanylvalylphenylala-
nylvalylphenylalanylleucylserylserylvalyltryptophylalanylaspartylprolylisoleucylglutamylleucy-
lleucylasparaginylvalylcysteinylthreonylserylserylleucylglycylasparaginylglutaminylphenylala-
nylglutaminylthreonylglutaminylglutaminylalanylarginylthreonylglutaminylvalylgluta-
minylglutaminylphenylalanylserylglutaminylvalyltryptophyllysylprolylphenylalanylprolylgluta-
minylserylthreonylvalylarginylphenylalanylprolylglycylaspartylvalyltyrosyllysylvalyltyrosylar-
ginyltyrosylasparaginylalanylvalylleucylaspartylprolylleucylisoleucylthreonylalanylleucylleucy-
lglycylthreonylphenylalanylaspartylthreonylarginylasparaginylarginylisoleucylisoleucylglutam-
ylvalylglutamylasparaginylglutaminylserylprolylthreonylthreonylalanylglutamylthr-
eonylleucylaspartylalanylthreonylarginylarginylvalylaspartylaspartylalanylthreonylvalylalanyl-

isoleucylarginylserylalanylasparaginylisoleucylasparaginylleucylvalylasparaginylglutamylleucylvalylarginylglycylthreonylglycylleucyltyrosylasparaginylglutaminylasparaginylthreonylphenylalanylglutamylserylmethionylserylglycylleucylvalyltryptophylthreonylserylalanylprolylalanylserine

伸びも伸びたり、一一八五文字もある。*

さて、どなたもacetyl...serineという文字列をざっと見渡す以上のことはしなかったと思うので、戻ってもう一度見てみよう。文字の出現頻度が不自然なことに気づいたのではないか。英語で最もよく見られる文字eは六五回出てくるが、普段たいして見られないyが一八三回出てくる。l一文字がこの単語の二二パーセントを占めており（二五五回も出現）、yとlはランダムにではなく隣り合って出てくることが多い――一六六組が七文字かそこらごとに出てくる。これは偶然ではない。この長い単語はタンパク質を記述しており、タンパク質は周期表で六番めの（そして最も使い道の多い）元素である炭素で組み上がっている。

具体的には、炭素はアミノ酸の骨格をなしており、アミノ酸がビーズのように連なってタンパク質になる（タバコモザイクウイルスタンパク質は一五九個のアミノ酸でできている）。生化学者はえてしてずいぶんな数のアミノ酸を数えることになるので、記録するのにシンプルな言語規則を使う。serine（セリン）やisoleucine（イソロイシン）などのアミノ酸からineを切り落としてylを付け、seryl（セリル）やisoleucyl（イソロイシル）のようにして語呂よくつなげられるようにする。そうしておいて順番に並べていくと、つながってできるyl単語がタンパク質の構造を正確に記述していることになるのだ。ふつうの人がmatchboxのような合成語を見て意味がわかるのと同じ理屈で、一九五〇年代から一九六〇年代初期の生化学者は、分子にacetyl...serine（アセチル……セリン）のような正式名称を付けることで、名前だけから分子全体を再構築できるようにしたのである。骨の折れる規則だが正確だった。歴史的に見ると、単語を合体させるというこの風潮は、ドイツという国と合成語が大好きなドイツ語という言語が化学に強い影響力を持っていたことの名残である。

それにしても、アミノ酸はなぜこうもつながるのか？　その理由は、周期表における炭素の位置、そして最も外側のエネルギー準位（レベル）を八個の電子で満たす必要性――オクテット則などと呼ばれる経験則――にある。原子や分子がどれくらい強引に相手を得ようとするかを連続的なスケールで表したとすると、アミノ酸は上品なほうに位置する。どのアミノ酸も一方の端に酸素原子、反対側に窒素、そして中央に幹となる炭素原子を二個持っている（水素も持っており、幹からは二〇種類の分子のどれかが付く枝が伸びているのだが、この話には関係ない）。炭素、窒素、酸素はどれも最も外側の準位（レベル）に八個の電子を欲しがるが、元素によってエネルギー準位（レベル）の満たされやすさに差がある。八番元素である酸素は電子を合計八個持っている。うち二個は、最初に埋まる最も低いエネルギー準位（レベル）に収まる。これで最も外側の準位（レベル）に六個の電子が残ることから、酸素はいつも電子をもう二個探す。二個の電子を見つけるのはそう難しくなく、強引な酸素は自分の条件を押しつけてほかの原子に従わせる。一方、六番元素である炭素について同じようにして数えると、最初の準位（レベル）を満たして残る電子は四個、八個にするにはもう四個要（い）る。四個見つけるのは大変なので、炭素が結合をつくる条件はかなり低く、事実上なんでもつかまえる。

このように選り好みしないのが炭素のいいところだ。酸素とは違い、炭素はほかの原子と結合をつくるのに、従える指示にはどんなものでも従わなければならない。そのうえ、炭素は最高四個の原子と電子を共有できる。おかげで、炭素は分子による複雑な鎖をつくれるし、分子の三次元ネットワークさえつくれる。そして、炭素は電子を共有できこそすれ、盗むことはできないので、炭素がつくる結合は安定で揺るぎない。窒素もみずからを満足させるために複数の結合をつくる必要があるが、炭素ほどの数は要らない。先ほど紹介した、アナコンダばりに長い名前のタンパク質は、元素にかんするこうした事実を利用しているだけのことだ。あるアミノ酸の幹にある炭素原子が、別のアミノ酸の端にある窒素と電子を共有する。こうした連結可能な炭素と窒素が、長い長い、それは長い単語に含まれる文字のように延々とつながってタンパク質ができあがるのである。

実を言うと、今の化学者は acetyl...serine より途方もなく長い分子を解読することがある。本書の執筆時点での記録はこれも比べものにならないほど大きいタンパク質で、名前を略さず綴ると一八万九八一九文字になる。だが、一九六〇年代にアミノ酸配列を短時間で判別できるツールがいくつか登場して、科学者は、近いうちにこの本一冊かかるほど長い化学名を扱わなければいけなくなると気がついた（スペルチェックがとんでもなく厄介になるだろう）。そこで、手に余るドイツ語式規則を捨て、正式名称も含めて、短くて大仰（おおぎょう）ではない名前に回帰した。たとえば、先ほどの一八万九八一九文字の分子は今ではありがたいことにタイチンの名で知られている。＊ こうしたわけで、誰かがモザイクウイルスタンパク質のフルネームが持つ記録を活字で更新することはないだろうし、挑戦すらなされないだろう。
　だからといって、野心に燃える辞書編集者はいつまでも生化学にかかずらうなというつもりもない。医学はいつの時代もあきれるほど長い単語が豊富な分野だ。そして、オックスフォード英語辞典に載っている、専門用語を除いて最も長い単語の中央には、炭素から見て化学的に最も近いいとこ分であり、ほかの銀河に棲む非炭素系異生物の生体を構成するものとしてよく引き合いに出される元素がどっかと座っている——一四番元素のケイ素（シリコン）である。

　系統学において、家系図の頂点にいる親は親に似た子をつくることになっているが、まったく同じように、炭素との共通点の数は、一つ下の元素であるケイ素のほうが、横の両隣であるホウ素や窒素より多い。理由はお察しのとおり。炭素は六番元素で、ケイ素は一四番元素、その差が八（ここにも八が）というのは偶然ではない。ケイ素の場合、二個の電子が最初のエネルギー準位（レベル）を満たし、八個が二番めを満たす。残る電子は四個——そのためケイ素は炭素と同じくくりにまとめられてしまう。だが、そのおかげで、ケイ素は炭素が持つ柔軟性をいくつか持ち合わせてもいるのだ。そして、炭素の柔軟性が生命をつくる能力に直接結びついていることから、ほかの生命形態に、すなわち地球に棲む生物とは違うルールに従う生物に——要はエイリアンに——興味を抱く世代を超えたＳＦファンたちはこれまで、炭素を真似るケイ素の能力を理想的なものであると見なしてきた。一方、家系は運命を定めない。子が親とそっくりになることはないからだ。そのため、炭素とケイ素はひじょうに近い関係にありながら、明らかに違う化合物をつくり、元素としては明らかに別物である。そして、ＳＦ

ファンには残念なことに、炭素にできる見事な芸当がケイ素にはできない。

妙な話だが、最長記録の保持者である別の単語を解析することで、ケイ素の限界を知ることができる。その単語がやたらと長いのは、一一八五文字もある先ほどの炭素系のタンパク質と同じ理屈だ。正直言って、あのタンパク質の名前は型にはまっている――興味が湧くのは主として物珍しいからであって、πを一兆桁計算した結果を見てみたいのと変わらない。対してその、オックスフォード英語辞典に掲載されている専門用語ではない最も長い単語は、pneumonoultramicroscopicsilicovolcanoconiosis（珪性肺塵症）という、中心にsilicoという文字列を持つ、四五文字の病名だ。単語マニアはpneumonoultramicroscopicsilicovolcanoconiosisをスラングっぽくp45と呼ぶが、p45が本当の意味での病名かどうかにかんしては医学上の問題がある。というのも、これはpneumonoconiosis（塵肺、一六文字、p16と呼ぼう）という名の根治できない肺疾患の一形態にすぎないからだ。字面がpneumonia（肺炎）に似ているp16は、アスベストを肺に吸い込むことが原因で起こる病気の一種で、砂やガラスの主成分である二酸化ケイ素（SiO_2、「シリカ」とも）を吸い込んでもp16にかかりうる。砂吹き機（サンドブラスター）を一日中使う建設作業員や絶縁体工場の生産ラインで働く労働者は、ガラスの塵を吸ってケイ素絡みのp16にかかりやすい。さらに、二酸化ケイ素は地殻で最も豊富な鉱物であることから、かかりやすい集団がもう一つある。活火山近辺の住人だ。強力な部類の火山になると、シリカを粉々に砕き、一〇〇万トン単位で大気中に噴き出す。この粉塵が肺胞にまで入り込みやすい。私たちの肺は日頃から二酸化炭素を相手にしているので、実は致命的ないとこ分であるSiO_2を取り込んでも変だと思わない。六五〇〇万年前に大都市ほどの大きさの小惑星か彗星が地球に激突したとき、多くの恐竜がそのせいで死んでいったのかもしれない。

　こうした一切をふまえると、p45を構成する接頭辞や接尾辞を読み解くのがずいぶん易しくなる。人びとが現場から息を切らして逃げるときに火山から噴き出たシリカの粉塵を吸い込んで発症する肺の病気が、pneumono(肺)-ultra(超)-microscopic(微小)-silico(ケイ素)-volcano(火山)-coniosis(塵)と呼ばれて不思議はない。ただ、この言葉を会話で使い始める前に、これが大勢の言語純粋主義者から毛嫌いされていることは承知しておこう。p45は誰かがパズルコンテストに勝つために一九三五年につくった単語で、これを「懸賞単語」だとあざ笑う人が今もいる。オックスフォード英語辞典の威厳ある編集者たちさえよく思ってなく、p45を「人為的な単語」であり、これこれという意味を「持っていると言われている」としか定義していない。これほど嫌われているのは、p45が真正の単語をもとにでっちあげられただけのものだからだ。p45は人工生命よろしく組み立てられたのであって、日々の言語活動から有機的に生まれたわけではない。

　ケイ素についてもっと掘り下げると、ケイ素系の生物がいるという主張を擁護できるかどうかを探ることができる。ケイ素生物は光線銃と同じくらいありえなさそうなＳＦ概念とはいえ、重要なアイデアだ。というのも、生命の可能性にかんして私たちが抱いている炭素中心の考え方の上で展開されているからである。ケイ素生物の熱烈な支持者ともなると、身体にケイ素を使う生き物がこの地球に何種類かいることを指摘する。たとえば、ウニは棘にケイ素を使い、原生生物の放散虫（単細胞）はケイ素を加工して外骨格をつくる。計算処理や人工知能の進歩も、炭素系のものと同じくらい複雑な「脳」をケイ素でつくれる可能性をほのめかしている。理論上、脳内のニューロンをケイ素でできたトランジスターにすっかり置き換えられない理由はない。

だが、ケイ素生物存在の望みを打ち砕く、実用化学的見地に立った証拠は、p45から得られるのだ。言うまでもなく、ケイ素生命体は組織やら何やらを修復するため、地球の生命が身体から炭素を出し入れするのと同様に、身体からケイ素を出し入れすることになる。地球の食物連鎖の底辺にいる生き物（いろいろな面で最も重要な生命形態だ）は、それを気体の二酸化炭素を介して行う。ケイ素も自然界ではほとんどいつも酸素と結合しており、たいていSiO_2の形をとっている。しかし、二酸化ケイ素は二酸化炭素とは違って、（火山から噴き出た微粒子でさえ）生命に優しいとは到底言えない温度になっても気体ではなく固体だ（気体になるのはなんと二二三〇℃！）。細胞呼吸のレベルになると固体を呼吸するというやり方はとにかくうまくいかない。固体はくっついてしまって流れていかないし、細胞は物質を分子単体で取り込む必要があるのに、それが難しくなる。池の浮きかすに相当する原始的なケイ素生物でも呼吸に苦労するだろうし、何層もの細胞を持つような大型の生命形態ならもっと困るに違いない。周囲の環境と気体をやりとりする方法なしには、植物型のケイ素生命は飢え、動物型のケイ素生命は老廃物で目詰まりを起こすだろう。私たちの炭素系の肺がp45で窒息するように。

だとしても、ケイ素微生物がほかの方法でシリカを取り込んだり吐き出したりできないものだろうか？　不可能ではないかもしれないが、宇宙でダントツに豊富な液体である水にシリカは溶けない。そのため、ケイ素微生物は、血液などの液体を使って栄養や老廃物を循環させるという、進化的に有利な方法を諦めることが必要になる。固体に頼らざるを得なくなるわけだが、固体は混ざりにくく、ケイ素生命に何が**できる**にせよ、その様子を想像するのも難しい。

さらに、ケイ素には炭素より多くの電子が詰まっているので、炭素の四割増しくらいかさばる。それが大きな問題にならないこともないとは言えないだろう。火星版の脂肪やタンパク質に含まれる炭素の代役なら、ケイ素に問題なく務まるかもしれない。だが炭素はその身をねじ曲げて、私たちが糖と呼んでいるものに見られる環構造の分子をつくりもする。環は応力が大きい——エネルギーをたくさん蓄えている——状態なのだが、ケイ素はその身をねじ曲げて環をつくれるほど柔軟ではない。それに関連して、ケイ素原子は電子を狭い空間に押し込めて二重結合をつくることができない、という問題がある。二重結合は事実上あらゆる複雑な生化学物質に出現するというのにだ（原子二個が電子二個を共有すると単結合、電子四個を共有するのが二重結合）。したがって、ケイ素系の生命には、化学エネルギーを蓄えたりホルモンをつくったりする方法の選択肢が何百分の一しかない。まとめると、実際に成長、反応、増殖、攻撃するケイ素生命が実在するには、現在のものとはまったく別物の、革新的な生化学を想定する必要がある（ウニや放散虫がシリカを使う用途は構造支持だけであり、呼吸やエネルギーの蓄積ではない）。そもそも、炭素のほうがケイ素よりはるかに少ないにもかかわらず、地球で炭素系の生物が進化したという事実だけでも、もう白黒ついているようなものだ。*ケイ素生物などありえないと予想するほど私は愚かではないが、超微小シリカを絶えず吹き出す火山が存在するような惑星で、ケイ素生物が砂粒からシリカを精製しながら生きるというのでなければ、この元素は生命維持の役には立たない。

だが運のいいことに、ケイ素はほかの方法で不滅の地位を確保している。準生物であるウイルスのように、ケイ素は進化の適所に巧みに入り込み、周期表で自分の真下にある元素を寄生虫のごとく食い物にして生き長らえているのだ。

周期表の炭素やケイ素の列からは、ほかにも系統学的な教訓が得られる。ケイ素の下の元素はゲルマニウムだ。その一つ下には意外なことにスズがあり、そのまた一つ下には鉛がある。周期表を上から順に見ていくと、生命に必要な元素である炭素に始まり、現代エレクトロニクスを支えるケイ素（シリコン）とゲルマニウム、トウモロコシの缶詰に使う鈍い灰色の金属であるスズ、そして生命には多かれ少なかれ好ましくない元素である鉛と続く。どれも一つ下との違いは大きくない。だが、互いに似ていても、やはり塵も積もればなんとやらである。

もう一つの教訓とは、どの家系にも黒い羊がいること、すなわち一族のほかの者から厄介者扱いされる誰かがいることだ。一四列めの場合、不運でかわいそうな元素はゲルマニウムである。私たちはコンピューターやマイクロチップ、自動車や電卓にシリコンを使っており、シリコン半導体は人類を月に送り、インターネットを支えている。だが、六〇年前に事が違う成り行きを見せていたら、今ごろ誰もがカリフォルニア州北部のシリコンバレーをゲルマニウムバレーと呼んでいたかもしれない。

今日（こんにち）の半導体産業が始まったのは一九四五年、その七〇年前にトーマス・アルヴァ・エジソンが建てた発明工場から数キロほどのところにある、ニュージャージー州のベル研究所でのことだった。電気技術者で物理学者だったウイリアム・ショックレーは、メインフレームコンピューターで使われていた真空管に代わるものとして、小型のシリコン増幅器の試作を重ねていた。技術者が真空管を嫌っていたのは、電球にも似たあの細長いガラス管がかさばり、壊れやすく、過熱しやすかったからだ。

しかし、真空管が果たす二役をこなせるものがほかになく、どれほど嫌いでも使わざるを得なかった。真空管の果たす二役とは、電気信号を増幅して微弱な信号が消えないようにしつつ、電気を一方向にしか通さないゲートとして働いて電子が回路内を逆流しないようにする、というものだ（下水管が両方向に流れるところを想像すれば、どういう問題が起こりそうかイメージできるだろう）。エジソンがろうそくに代わるものとして電球を発明したのに対し、ショックレーは真空管の代わりとなるものを探しており、半導体元素がその答えだと知っていた。半導体元素だけが、回路を動作させるのに十分な電気を流しつつ（半導体の「導体」の意味）、電子を制御できなくなるほど大量の電気は流さない（「半」の意味）という、技術者たちが求めていたバランスを取れるはずだった。だが、ショックレーは技術者である以上に夢想家で、彼のシリコン増幅器は何も増幅しなかった。成果のないまま二年が過ぎてショックレーは挫折し、その仕事を部下のジョン・バーディーンとウォルター・ブラッテンに丸投げした。

バーディーンとブラッテンは、ある伝記作家いわく「二人の男性どうしとしてはそれ以上ありえないほど互いを敬愛していた……まるでバーディーンが共生体の脳でブラッテンが手であるかのようだった」。* この協力関係は好都合だった。というのも、「卵頭（エッグヘッド）」［訳注　一九五二年の大統領選で禿頭の候補を支持したインテリがこう呼ばれて一般化］という表現の由来になってもおかしくなかったバーディーンは、手先があまり器用ではなかったからだ。この共生体はまもなく、ケイ素は脆（もろ）すぎて、増幅器として動作するほど純度を上げるのが難しいと判断した。二人は加えて、ゲルマニウムの最も外側の電子はケイ素のそれよりエネルギー準位（レベル）の高い位置にあり、それゆえ束縛が緩（ゆる）いことから、ゲルマニウムのほうがケイ素より電気をスムーズに伝える、ということも知っていた。一九四七年一二月、バーディーンとブラッテンはゲルマニウムを使って、世界で初めて（真空管ではない）固体の増幅器をつくった。二人はそれをトランジスターと呼んだ。

この知らせは本来ならショックレーをずいぶん喜ばせたはずだ——ところが、彼はその年のクリスマスはパリにいて、この発明に自分が貢献したとは主張しづらかった（おまけに違う元素を使っていた）。そこで、ショックレーはバーディーンとブラッテンによる仕事の功績を横取りしにかかった。ショックレーは邪（よこしま）な人間ではなかったが、自分が正しいと確信したときは非情で、トランジスターにかんして功績の大部分が自分にあると確信していた（この非情な確信は、ショックレーが晩年に固体物理学を捨てて優生学という「科学」——より優れた人間を産むための生殖管理——に乗り換えたあとに再び姿を現している。彼は知識人が最高位のカーストだと信じていた。そして、「天才精子バンク」に精子を提供したり、*貧しい人やマイノリティーには金を払って不妊させることで人類全体のIQ低下を食い止めるべきだと説いたりし始めた）。

パリから急いで戻ったショックレーは、トランジスター開発者の顔ぶれに自分を押し込んだ。それも、えてして文字どおりに。仕事中の三人と思（おぼ）しきベル研の公報写真を見ると、彼は必ずバーディーンとブラッテンのあいだに割り込んで立っている。この共生体を分断し、装置にはみずからの手をかけ、二人にはその様子をただの助手であるかのように自分の肩越しに覗かせている。このイメージが新たな現実となり、科学界は総じてこの三人全員の功績と見るようになった。ショックレーはまた、もっと商用化しやすい第二世代のゲルマニウムトランジスターを自分が開発できるようにするため、第一の知的ライバルであるバーディーンを、封建時代の愚かな領主よろしく、関連のない別の研究所へと追い出した。当然ながらバーディーンはまもなくベル研を辞め、イリノイ州で学究的なポストに就いた。そればかりか、すっかり嫌気がさして半導体の研究をやめている。

事態はゲルマニウムにとっても不愉快な成り行きになった。一九五四年になると、トランジスター業界は急速に発展していた。コンピューターの処理能力は桁違いに向上し、携帯用ラジオのようなまったく新しい製品が次々と生まれた。だがこうしたブームのさなかでも、技術者はケイ素に秋波を送り続けた。理由の一つに、ゲルマニウムが気まぐれだったことがある。電気をよく伝えることから必然的に望ましくない熱も生み、そのせいで温度が上がるとゲルマニウムトランジスターは動作しなくなった。さらに重要なことに、砂の主成分であるケイ素は時に、ただ同然といっていいほど安かった。科学者はゲルマニウムへの忠誠心を抱き続けていたものの、ケイ素について思案を巡らすことに相当な時間を費やしていた。

突然、その年に行われたある半導体業界の会合で、テキサスからやってきた技術者が、シリコントランジスターの実現性が低いという悲観的な講演が終わるや、ずうずうしく立ち上がり、実を言うとそのシリコントランジスターがポケットに一個入っていると言い出した。みなさん、実演しましょうか？　興行師として名を馳せたバーナム顔負けのこの男――実の名前はゴードン・ティール――は、ゲルマニウムトランジスターを使ったレコードプレーヤーを外付スピーカーにつなぐと、なんとも中世風だが、プレーヤーの内部回路を煮えたぎる油の入った器に沈めた。予想されたように、回路はおかしくなって動作しなくなった。回路を器から引き上げると、ティールはゲルマニウムトランジスターを取り外し、持ってきたシリコントランジスターを使って回路を配線し直して、再び回路を油に沈めた。音楽は途切れなかった。居合わせたセールスマンたちが我先にと会議場裏手の公衆電話に殺到したときをもって、ゲルマニウムはお払い箱となったのだった。

バーディーンにとって幸いなことに、彼の物語はぎこちなくはあったがハッピーエンドだった。ゲルマニウム半導体にかんする彼の仕事はひじょうに重要だったということで、彼とブラッテン、そしてショックレー（なんだかな～）は揃って一九五六年にノーベル物理学賞を受賞している。バーディーンがこの知らせを（その頃ならおそらくシリコントランジスターの）ラジオで聞いたのは、ある日家族の朝食をつくっていたときのことで、びっくりした彼は一家全員分のスクランブルエッグをまるごと床に落としてしまった。ノーベル賞がらみの失態はこれでは終わらない。スウェーデンでの授賞式の数日前、彼は夜会服の白い蝶ネクタイとチョッキを色物といっしょに洗って緑色のしみをつけてしまうという、学部生がやらかしそうな失敗をした。そして式当日、スウェーデン国王グスタフ一世との謁見を控えたあまりの緊張に、彼とブラッテンは気分を落ち着けようとトニックウォーターを飲んだのだが、おそらく役に立たなかったことだろう。というのも、バーディーンは三人の息子のうち二人をハーヴァードに休みなく通わせようと（さもないと試験に落第するのではないかと心配して）スウェーデンに連れて来なかったのだが、それを国王に咎（とが）められたのだ。この叱責（しっせき）に彼は、いやあ、次回ノーベル賞をいただいた際には連れてまいります、というさえないジョークで応えている。

失態話はさておき、この式典で半導体は最高潮を迎えたが、長くは続かなかった。ノーベル物理学賞と化学賞を選考するスウェーデン王立科学アカデミーは当時、技術開発より純粋な研究を買っており、トランジスターで受賞というのは応用科学を評価した珍しいケースにあたる。にもかかわらず、一九五八年にトランジスター業界はまた別の危機に直面した。そして、バーディーンが業界から去っていったが、彼が出ていった扉は開いたまま、別の英雄の到来を待ち受けていた。

まもなくその扉を、おそらく屈まなければいけなかったと思うが（身長は一九七センチほどだった）、ジャック・キルビーがくぐって入って来た。深いしわの寄った顔でおっとり話すカンザス出身の彼は、一〇年ほどハイテク企業（ミルウォーキー）で過ごしたのち、一九五八年にテキサス・インスツルメント社（ＴＩ）の職を得た。キルビーは電気技術者としての訓練を受けていたが、雇われたのは「数の横暴」と呼ばれるコンピューターハードウェアの問題を解決するためだった。基本的に、シリコントランジスターは安く、問題なく動作したのだが、凝ったコンピューター回路にはそれが大量に必要とされた。言い換えると、ＴＩなどの企業に低賃金で雇われたほとんどが女性の技能労働者は、防護服に身をつつみ、日がな一日顕微鏡に向かって身を屈め、汗も文句もたらたらで、シリコンの欠片（かけら）をひたすらはんだ付けしなければならなかったのである。この工程は高くつくだけでなく、効率も悪かった。回路単位の問題として、か細い配線が一本でも切れたり外れたりすれば回路全体が動作しなくなった。だが、技術者としては、大量のトランジスターをどうしても使わざるを得ない。これが数の横暴である。

キルビーがＴＩにやってきたのは、うだるように暑い六月のことだった。採用されたばかりの彼に休暇は与えられず、七月の一斉休暇で大勢の作業員がすっかりいなくなったとき、彼は独りぽつんと実験台に向かった。キルビーは静寂がもたらす安堵感に浸りながら、何千人も雇ってトランジスターを配線するのがいかに愚かしいかを確信したに違いなく、上司も不在だったことから、彼は好きなだけ時間をかけて、みずから集積回路と呼んだ新しいアイデアを追求することができた。手作業で配線する必要があった部品はシリコントランジスターだけではない。炭素抵抗や磁器コンデンサーも、銅線をスパゲッティのように這い回してつながなければいけなかった。キルビーは単体の素子をつなげるという構成を捨て去り、代わりに半導体の硬い塊一個に何もかも——抵抗もトランジスターもコンデンサーも全部——作り込んだ。画期的なアイデアだった——構造的にも芸術的にも、大理石の塊から像を彫り出すのと、手足を個別に彫ってから針金でつないで一体の像にしようとするほどの違いがある。彼は抵抗やコンデンサーをつくるのにシリコンの純度を当てにできないと考え、試作品のためにゲルマニウムに目を向けた。

ついに、この集積回路というものが技術者を手配線の横暴から解放した。部品がそっくり一個の塊でできているので、部品をはんだ付けでつなぐ必要がなくなったのだ。それどころか、じきに人手によるはんだ付けもできなくなった。集積回路という発想をもとに、技術者は作り込みを自動化したり、微小なトランジスターの集合体をつくったりできるようになったからだ——本当の意味でのコンピューターチップの誕生である。キルビーがその技術革新の功績をひとり占めすることはなかったが（ショックレーの秘蔵っ子がほんの少しだけ表現の細やかな対抗特許を数カ月後に出願し、キルビーの会社から権利を奪っている）、設計者は今なおキルビーに究極の技術的敬意を表している。製品サイクルを月単位で考えるこの業界にあって、あれから五〇年たってもなおチップには彼の基本デザインが採用されているのだ。そして二〇〇〇年、キルビーは集積回路の発明に対して遅まきながらノーベル賞を受賞した*。

だが悲しいかな、一度墜ちたゲルマニウムの評価は、何をもってしても取り戻せなかった。キルビーが最初につくったゲルマニウム回路はスミソニアン博物館に鎮座しているが、市場（しじょう）という容赦ないリングの上でゲルマニウムは打ちのめされた。ケイ素のほうが格段に安くて手に入りやすかったのである。サー・アイザック・ニュートンの有名な言葉に、自分がすべてを成し遂げられたのは、巨人——彼の議論の土台となる数々の発見を成し遂げた科学者——の肩の上に立つことができたからだ、というものがある。同じことがケイ素についても言えるかもしれない。あらゆる仕事をゲルマニウムがやり終えたあと、ケイ素がコンピューター時代の象徴となり、ゲルマニウムは周期表の片隅へと人知れず去っていった。

実を言うと、これは周期表ではよくある結末だ。ほとんどの元素が不当に知られておらず、元素を発見した科学者の名前や、元素を初期の周期表に整理した科学者の名前すら長いこと忘れられている。かと思えば、ケイ素などいくつかは永遠の名声を勝ち取っており、その経緯も必ずしも褒められたものとは限らない。初期の周期表に取り組んだ科学者は誰もが、いくつかの元素どうしが似ていることに気づいていた。化学でいう「三つ組元素」——現代の例としては炭素、ケイ素、ゲルマニウム——は、周期的な体系が存在するという最初の手がかりだった。だが、科学者によっては微妙な点——周期表の各列に共通の特徴、家系に喩えればえくぼやかぎ鼻——の認識が表面的だった。そこへ、一人の科学者が、そうした類似点をもとに予言する方法を会得するやいなや、周期表の父として歴史の表舞台に登場した。そう、ドミートリー・メンデレーエフである。

第3章

周期表のガラパゴス諸島

As[33] Ga[31] Ce[58] Y[39] Yb[70] Er[68] Tb[65]

周期表の歴史はそれを形にしていった多くの人物の歴史だという意見もあろう。その先鞭（せんべん）をつけたのは誰か？　歴史の本に出てくるからといって、誰かが真顔で挙げるところを想像するとプッと吹き出してしまいそうな人物、たとえばギロチンを考案した医師のギヨタン、詐欺師のチャールズ・ポンジー、軽業師のジュール・レオタール［訳註　今日のレオタードをトレードマークとして着用］、フランスの大蔵大臣だったエティエンヌ・ド・シルエット［訳註　倹約を説き、みずから影絵による肖像画を提唱した］ではもちろんない。周期表の先駆者たるこの科学者、ブンゼンは特別な称賛に値する。というのも、その名を今も実験器具のバーナーに残す、このドイツの化学者ローベルト・ブンゼンは、史上どの器具より数多くの危ない悪戯（いたずら）につきあってきたからだ。がっかりするかもしれないが、ブンゼンは実際には一九世紀なかばにバーナーの設計を改良して普及させただけで、バーナーを単独で発明したわけではない。それに、ブンゼンバーナーが誕生する前から、みずからの人生に危険と破壊をいくつも持ち込んでいた。

ブンゼンがまず夢中になったのが三三番元素のヒ素だった。ヒ素は古代からよからぬ話で有名で（古代ローマの暗殺者がイチジクの実に塗ったのがこれ）、法を守る多くの善き化学者がたいした知識をもっていなかったところへ、ブンゼンはヒ素を試験管に入れて振り始めたのである。主に取り組んだのが、ギリシャ語の「悪臭」に由来する名を持つヒ素化合物、カコジルだった。ブンゼンいわく、カコジルの臭いはあまりにひどく、幻覚さえ起こして「すぐさま手足に刺痛が走り、めまいがしたり感覚を失ったりさえする」し、舌は「黒い膜で覆われる」。自分の身を守るためかもしれないが、彼はまもなく今でもヒ素中毒のいちばんの解毒剤である水酸化鉄をつくった。錆に関係しているこの化合物は、血中のヒ素を捕まえて外へ引きずり出す。それでも、危険からすっかり身を守ることはできなかった。彼はヒ素の入ったガラスのビーカーを不用意に爆発させてあやうく右目を吹き飛ばしかけ、残りの人生六〇年を片目で過ごしている。

この事故ののち、ブンゼンはヒ素から手を引いて、自然の爆発に情熱を傾けた。地面から噴き出すものなら何にでも夢中になり、数年ほど間欠泉や火山を調査して、蒸気や煮え立つ液体を手作業で集めた。また、イエローストーン国立公園のオールド・フェイスフルのような間欠泉を実験室に人工的にこしらえ、間欠泉が圧力を蓄えて噴き出すしくみを解明している。一八五〇年代にハイデルベルク大学で化学に戻ると、まもなく科学における地位を不滅のものにした。光を使って元素を調べることができる分光器を発明したのだ。周期表のどの元素も、熱せられると決まった色の細く鋭い輝線を何本か発する。水素なら決まって赤が一本、黄緑が一本、空色が一本、藍色が一本という具合だ。未知の物質を熱したときにこの輝線の組み合わせを発するなら、そこに水素が含まれていると確信を持って言える。これは、煮詰めたり酸でばらしたりせずに謎の化合物の中身を知る初の手だてであり、強力な突破口を開いた。

最初の分光器を作る際、ブンゼンと助手の学生は、要らなくなった葉巻箱にプリズムを入れて余計な光が入り込まないようにし、望遠鏡から外した接眼鏡を二個取り付けてジオラマのごとく覗けるようにした。これで、分光器を使ううえでの制約は、元素が輝線を発するほど熱い炎を得ることだけとなった。そこでブンゼンが滞りなく発明したのが、定規を溶かしたり鉛筆に火をつけたことがある誰もが彼をヒーローとして崇めるようになった原因とも言うべき、あのブンゼンバーナーだ。彼は地元の技師が用いていた原始的なガスバーナーにバルブを付加して、酸素の流量を調整できるようにした（ブンゼンバーナーの下のほうにある栓をいじったことを覚えているだろうか。あれだ）。これにより、バーナーの炎の質が高まり、効率が悪くてパチパチという音を立てるオレンジ色から、今の優れたガスコンロで見られるような、シューという音を立てるきれいな青になったのである。

ブンゼンの仕事のおかげで周期表は急速に発展した。当の本人は元素をスペクトルで分類するというアイデアに異を唱えたが、ほかの科学者はそれほど違和感を覚えず、分光器はすぐさま新しい元素を特定し始めた。また、偽装して未知の物質に紛れ込んだ既知の元素を見つけて、疑わしい主張を退けられるようになったことも、重要さで引けを取らない。確実な識別方法を手にしたことで、化学者は物質を理解するという究極の目標に向け、より深いレベルで長足の進歩を遂げた。とはいえ、新元素の発見とは別に、化学者は元素を家系図のような何かに整理する必要があった。そしてここに、ブンゼンの周期表に対する大きな貢献がもう一つある——彼はハイデルベルク大学に科学の知的名門を築くことに尽力し、周期律にかんする初期の仕事にかかわった人材を何人も指導しているのだ。そのなかに本章二人めの登場人物、すなわち史上初の周期表をつくったと世間から称えられている科学者、ドミートリー・メンデレーエフがいた。

実を言うと、ブンゼンとバーナーの関係のように、メンデレーエフも初となる周期表を独りで考え出したわけではない。六人が独立に考案しており、その誰もが前の世代の化学者が気づいていた「化学的親和力」を土台にしていた。メンデレーエフは、ホメーロスがばらばらだったギリシャ神話から『オデュッセイア』（邦訳は呉茂一、高津春繁訳、筑摩世界古典文学全集所収など）を紡ぎ出したように、元素を小規模の似たもの同士にまとめる大雑把（おおざっぱ）なアイデアから出発して、周期的な体系でそれらが見せる傾向をもとに科学的な法則を導いたのだった。科学もほかのどの分野にも劣らず英雄を必要としており、メンデレーエフはいくつかの理由から周期表の物語の主人公となった。

その一つが彼の波瀾の人生だ。シベリアで一四人きょうだいの末っ子として生まれたメンデレーエフは一八四七年、一三歳の少年だったときに父親を亡くした。当時としては大胆なことだが、母親は家族を養うためにガラス工場の跡を継ぎ、働いていた男の職人たちを管理した。ところが、その工場が焼失してしまう。頭脳明晰な息子に望みをかけた母親は彼を馬に乗せると、大草原（ステップ）を渡り、険（けわ）しい雪のウラル山脈を越え、二〇〇〇キロ近くも旅してモスクワのエリート大学を訪ねた――だが、地元出身でないことを理由に入学を拒否された。それでも母親はくじけることなく、彼を再び馬に乗せてさらに六〇〇キロ以上旅して、亡き父親の卒業大学があるサンクトペテルブルクへ向かった。そして、彼の入学が許可されるのを見届けるとまもなく亡くなった。

メンデレーエフは期待どおり優秀な学生になった。卒業後はパリとハイデルベルクで研究を続け、ハイデルベルクでは高名なブンゼンの指導をしばらく受けた（二人はそりが合わなかった。メンデレーエフのむら気や、騒音と悪臭のひどさで有名だったブンゼンの実験室が原因だった）。メンデレーエフは一八六〇年代にサンクトペテルブルクに戻って教授となり、以降、元素の性質にかんして思索を巡らせ始めた。この仕事が一八六九年に有名な周期表として実を結ぶのである。

元素をどう整理するかという問題にはほかにも大勢が取り組んでおり、なかにはメンデレーエフと同じアプローチで不完全ながら解決を見ていた者もいた。イギリスでは、ジョン・ニューランズという三十代の化学者が独自のバージョンの周期表を一八六五年に化学協会で発表している。だが、喩えの用い方を間違えたせいで運に見放された。当時、貴ガス（ヘリウム～ラドン）のことを誰も知らなかったので、彼の周期表で上位の行には七つのまとまりしかなかったのだが、ニューランズはこの七列をドレミの音階になぞらえるという奇抜なことをしたのである。残念ながら、ロンドン化学協会員はたいして奇抜な聴衆ではなく、彼らはニューランズの大衆劇場的化学をあざ笑った。

メンデレーエフのもっと由々（ゆゆ）しきライバルは、もじゃもじゃの白い顎ひげに、黒髪をオイルできっちり調えたドイツ人化学者、ユリウス・ロタール・マイヤーだった。マイヤーもハイデルベルクのブンゼンのもとで研究した一人で、その仕事は専門的に高く評価されていた。なかでも、赤血球が酸素をへモグロビンと結合させて運んでいることを発見している。マイヤーは自分なりの表をメンデレーエフと事実上同時に発表しており、二人はノーベル賞が設立される前の一八八二年に、デイヴィーメダルと呼ばれる誉（ほま）れ高い賞を「周期律」の共同発見者として分けあってもいる（イギリスの賞なのだがニューランズは選に漏れ、一八八七年に別に受賞した）。マイヤーが優れた仕事を次々と成し遂げて評価を高めていった――のちのち正しかったことが判明するいくつかの先駆的な理論を広めることに貢献した――一方で、メンデレーエフは気むずかしい変人になり、信じられないことに、原子の存在を認めなかった*（のちに、電子や放射能など、目に見えないほかのものの存在を信じることも拒んでいる）。一八八〇年前後にこの二人を比べてどちらが優れた理論化学者かと問われたら、あなたはマイヤーを選んだかもしれない。では、メンデレーエフとマイヤーとを、そして二人より前に表を発表したほかの四人の化学者とを、少なくとも歴史の評価という点で隔てたのは何だったのか？*

　第一に、メンデレーエフはほかのどの化学者より、元素には変わる性質もあれば保持される性質もあることを理解していた。ほかの化学者は、酸化（第二）水銀（オレンジ色の固体）のような化合物が、気体である酸素と液体の金属である水銀を何らかの方法で「格納している」と考えていたが、メンデレーエフはそうではないと気づいていた。むしろ、酸化水銀に含まれている二つの元素は、分離するとたまたま気体と金属になるのだ、と。変わらないのは各元素の原子量で、メンデレーエフはこの原子量こそ、各々の元素に特徴的な性質と考えた。これは現代の見方にきわめて近い。

　第二に、片手間で元素を縦横に並べようしていたほかの化学者とは違い、メンデレーエフは生涯を通して化学実験室で仕事をして、元素の感触や臭いや反応にかんするひじょうに深い知識を得ていた。特に、表に並べるうえで最も区別を付けづらく判断が難しい元素である金属についてよく知っていて、おかげで彼は当時知られていた六二元素すべてを表に並べることができた。また、表の改訂を執拗に繰り返しており、ある時など、元素を索引カードに書き出して、自室で化学版ソリティアにふけっている。そして、何より重要なのが次の事実だ。メンデレーエフとマイヤーは二人とも、表でまだ元素が見つかっていない位置を空欄として残したのだが、慎重に過ぎたマイヤーとは違って、メンデレーエフは大胆にも新しい元素が見つかるはずだと予言したのである。もっと真剣に探すのだ、化学者と地質学者の諸君、見つかるはずなのだから、と挑発するかのように。同じ列に並ぶ既知の元素の性質から類推して、メンデレーエフはまだ見ぬ元素の密度や原子量まで予言しており、そのうちのいくつかが正しいと判明すると世間からも大きな注目を集めた。さらに、化学者が一八九〇年代に貴ガスを発見した際に、メンデレーエフの表は重大な試練に耐えた。新しい列を一つ足して貴ガスを簡単に取り込むことができたのだ（メンデレーエフは当初、貴ガスの存在を否定したが、その頃になると周期表は彼だけのものではなくなっていた）。

さらに、メンデレーエフの規格外れの性格というのも挙げられる。同時代のロシア人作家ドストエフスキーのように――彼はギャンブルによる多額の借金を返すために『賭博者』（原卓也訳、新潮社など）という小説を三週間で書きあげている――、メンデレーエフは自分が初めて製作した表を教科書出版社の締め切りに間に合うよう急いで取りまとめたのである。彼は教科書の第一巻として五〇〇ページにもなる大部をすでに書きあげていたのだが、そこにはわずか八つの元素しか盛り込めなかった。つまり、彼は残りすべてを第二巻に押し込まなければいけなかったのだ。六週間考えあぐねた末にひらめきの瞬間が訪れ、この情報を提示する何より簡潔な方法が表形式だと気がついた。興奮した彼は、地元のチーズ工場の化学コンサルタントという副業を放り出して表作りに励んだ。そうして発刊された第二巻では、ケイ素や臭素などの下の空欄に新しい元素が収まると予言したにとどまらず、暫定的な名前を付けもした。何をしても評判に傷はつかなかったであろうが（不安定な時代に世間は導師を求めるものだ）、彼は異国風の謎めいた言語であるサンスクリットの、1を意味する単語を持ち出して「一つ下」の意味を持たせ、エカケイ素、エカホウ素のような名前をつけたのだった。

数年後、すっかり有名になっていたメンデレーエフは妻と離婚し、再婚を望んだ。保守的な地元の教会からは七年待つべしと言われたが、彼は司祭を買収して婚礼を強行した。これで教義上は重婚になったが、誰も咎めようとはしなかった。このケースに適用された二重基準について地元の役人が皇帝に不服を申し立てると――司祭は聖職を剝奪された――、皇帝はしかつめらしく「メンデレーエフに妻が二人いることを認めよう。メンデレーエフは一人しかいないのだから」と応えた。だが、皇帝の忍耐にも限度があり、一八九〇年、自称無政府主義者だったメンデレーエフは過激な左派の学生グループを支持したかどで教職を解かれている。

メンデレーエフの人生にまつわるあれやこれやに歴史家や科学者が興味を膨らませたのもよくわかる。言うまでもないが、あの周期表をつくっていなかったら、彼の一生は今ごろ誰の記憶にも残っていなかったに違いない。メンデレーエフの仕事はよく、進化論にかんするダーウィンの仕事や相対性理論にかんするアインシュタインの仕事と並べられる。三人とも、事を何から何まで自力で成し遂げたわけではないが、そのほとんどを、ほかの科学者よりエレガントにやってのけた。数々の帰結から何をどこまで言えるかを見抜き、発見したことを数々の証拠で裏付けたのだ。そして、ダーウィンと同じように、メンデレーエフはみずからの仕事に絡んで永遠の敵をつくった。当人が見たこともない元素に名前をつけるというのはおこがましい話で、その行為によってメンデレーエフはローベルト・

ブンゼンの知的後継者を激怒させた――その人物は「エカアルミニウム」の発見者で、もっともなことだが、称えられて命名権を与えられるのはあの狂気のロシア人ではなく自分だと思っていた。

　今ではガリウムの名で知られているエカアルミニウムの発見は、ある問題を提起することとなった。すなわち、科学を前進させるのはどちらか――私たちの世界観に枠組みを与える理論か、あるいはどれほどシンプルなものでもエレガントな理論を打ち崩しうる実験か――という問題である。理論家であるメンデレーエフとの論争ののち、ガリウムを発見した実験家はそれに対する厳然たる答えを突きつけられたのだった。ポール・エミール・フランソワ・ルコック・ド・ボアボードランは、一八三八年にフランスのコニャック地方でブランデーの醸造を営む家に生まれた。目鼻立ちの整った顔に、波打つような髪、そして左右に巻き上げた口ひげ。流行（はやり）のネクタイを好んで締めた彼は大人になってパリへ移り住み、ブンゼンの分光器に精通して世界最高の分光分析家になった。

　ボアボードランは腕をさらに上げると、一八七五年、ある鉱物から見たこともない輝線を見つけて即座に、そして正しく、自分は新元素を発見したと結論付けた。彼はそれを、フランスのラテン語名であるガリアからガリウムと名付けた（詮索好きは、彼がこっそり自分の名前を付けたと非難した。「雄鶏」を意味するルコックがラテン語でガルスだからだ）。彼は自分の新たな勲章の感触を直接味わいたいと思い立ち、試料の精錬を始めた。数年かかったが、一八七八年にようやく純粋なガリウムのきれいな塊（かたまり）を手にしている。ガリウムはいわゆる室温では金属だが、三〇℃近くで溶ける。つまり、握りしめていると（人の体温は三六・五℃前後なので）、溶けて水銀のような濃いざらざらした液体になる。これは触っても指が蒸発して骨だけになったりしない数少ない金属液体の一つだ。以来、ガリウムは化学通のあいだで悪ふざけの定番となっている——よく聞くナトリウムとブンゼンバーナーのジョークよりワンランク上を行くものであるのは間違いない。ガリウムは簡単に溶け、固体のときの見た目がアルミニウムに似ていることから、一番人気のいたずらは、ガリウムのスプーンをつくって紅茶に添えて出し、アールグレイティーが食器を「食べる」のを目にした客がのけぞる様子を楽しむことである。*

ボアボードランはみずからの発見を科学誌に報告し、自分が見つけたこの移り気な金属を当然誇りに思った。ガリウムはメンデレーエフが表を一八六九年に公表してから初めて発見された新元素で、理論家のメンデレーエフはボアボードランの仕事を知ると、エカアルミニウムの予言を盾に話に割り込み、ガリウム発見の功績を主張しにかかった。対するボアボードランは、だめだめ、実際に発見したのは自分だ、とそっけなく否定した。メンデレーエフは異議を唱え、かのフランス人とロシア人は、語り手が一章ごとに交代する連載小説さながらに、この件にかんして科学誌上で論争を始めた。議論はほどなく激しさを増した。実績を鼻にかけるメンデレーエフにいらついたボアボードランは、無名の同胞がメンデレーエフより先に周期表を考案しており、メンデレーエフはその同胞のアイデアを不当に流用している——これはデータ捏造に次ぐ科学的罪悪だ——と主張している（メンデレーエフが功績をうまく分け合えたことはまずなかった。対照的に、マイヤーは一八七〇年代の仕事でメンデレーエフの表について言及しており、そのせいでマイヤーの仕事は後世の人びとから派生的なものと思われるようになったのかもしれない）。

かたやメンデレーエフは、ボアボードランのガリウムにかんするデータをざっと眺めると、ガリウムの密度と原子量が自分の予言と違うのだから測定がどこかおかしいはずだ、と何の根拠もなく指摘した。ふてぶてしいにもほどがあるが、科学哲学史家のエリック・シェリーが述べているように、彼は「自分の考えた壮大な哲学的体系に沿うよう自然のほうを枉(ま)げることをいとわなかった」。メンデレーエフが変人と一線を画していたのは、メンデレーエフが正しかったことだ。ボアボードランはまもなくデータを取り下げ、メンデレーエフの予言を裏付ける結果を発表した。シェリーによれば、「発見した化学者より理論家のメンデレーエフのほうが新元素の性質をよくわかっていたと知って、科学界は仰天した」。かつて英語の教師から、物語を面白くするのは——周期表の成り立ちは面白い物語だ——「驚きだが必然の」クライマックスだと聞いたことがある。周期表という壮大な体系を発見したとき、メンデレーエフは息を呑んだことだろう——しかしまた、エレガントで、これ以上ありえないほどシンプルでもあったことから、その体系は正しいと確信したに違いない。おのが感じた力に時として酔ったのもうなずける。

科学上の男の力自慢はさておき、議論の真の核心は理論 vs 実験だ。理論がボアボードランの意識を何か新しいものに向けさせたのか？　それとも、実験が真の証拠をもたらし、メンデレーエフの理論はたまたまそれに即していただけなのか？　メンデレーエフの予言が的外れで、ボアボードランがメンデレーエフの周期表の裏付けをガリウムに見出したという成り行きもありえた。だが実際は、フランス人のほうが自分のデータを取り下げ、ロシア人のほうの予言を支持する新しい結果を公表している。メンデレーエフの表を見たことがあるという噂をボアボードランは否定したが、ほかの科学者の表の話を耳にしたことはあったかもしれないし、各種の表が科学界で話題に上り、そのことが間接的に効いて科学者が新元素に目を光らせたという可能性もある。アルベルト・アインシュタインほどの天才もこう言っている。「私たちに何が観測できるかを決めているのは理論です」

結局、科学の表と裏、理論と実験のどちらのほうが科学の前進にたくさん貢献してきたのかは決められそうにない。メンデレーエフが間違った予言をいくつもしていることを思えばなおさらだ。エカアルミニウムを最初に見つけたのがボアボードランのような優れた科学者で、メンデレーエフは実に幸運だった。誰かが彼の間違いのどれかを詮索していたら——水素の前にも元素が多数並ぶと予言したり、太陽の暈(かさ)にコロニウムと呼ばれる独特の元素が含まれていると断言したりしている——、彼のことはその死とともに忘れ去られたかもしれない。だが、古代の占星術師による当たらないうえ矛盾さえしている運勢を人びとが大目に見る一方で、占星術師たちが正しく予言した明るい彗星一個を律儀に覚えているように、世間はメンデレーエフの功績だけを覚えていがちだ。さらに、歴史を要約する時など、メンデレーエフを、そしてマイヤーなどの科学者を、過剰に評価する誘惑にかられる。元素をはめ込む仕切りづくりで彼らは確かに重要な仕事をした。だが、一八六九年までに見つかっていた元素は今の三分の二に過ぎず、そのうちのいくつかは、最も出来の良かった部類に入る周期表においてさえ、長いこと間違った行や列に配されていた。

メンデレーエフと現代の教科書とを隔てるものとして、これまで大量の仕事がなされてきたが、なかでも大きな割合を占めている仕事は、今では「ランタニド」の総称で表の下にまとめて隔離されている多くの元素にかんするものだ。ランタニドは五七番元素のランタンから始まっており、それらの

	Typische Elemente						
			K = 39	Rb = 85	Cs = 133	—	—
			Ca = 40	Sr = 87	Ba = 137	—	—
			—	?Yt = 88?	?Di = 138?	Er = 178?	—
			Ti = 48?	Zr = 90	Ce = 140?	?La = 180?	Tb = 231
			V = 51	Nb = 94	—	Ta = 182	—
			Cr = 52	Mo = 96	—	W = 184	U = 240
			Mn = 55	—	—	—	—
			Fe = 56	Ru = 104	—	Os = 195?	—
			Co = 59	Rh = 104	—	Ir = 197	—
			Ni = 59	Pd = 106	—	Pt = 198?	—
H = 1	Li = 7	Na = 23	Cu = 63	Ag = 108	—	Au = 199?	—
	Be = 9,4	Mg = 24	Zn = 65	Cd = 112	—	Hg = 200	—
	B = 11	Al = 27,3	—	In = 113	—	Tl = 204	—
	C = 12	Si = 28	—	Sn = 118	—	Pb = 207	—
	N = 14	P = 31	As = 75	Sb = 122	—	Bi = 208	—
	O = 16	S = 32	Se = 78	Te = 125?	—	—	—
	F = 19	Cl = 35,5	Br = 80	J = 127	—	—	—

メンデレーエフによる（今とは縦横逆の）初期の周期表（1869年）。セリウム（Ce）の次からいくつも続く空欄は、メンデレーエフや同時代の科学者が、希土類金属の込み入った化学についてほとんど何もわかっていなかったことを示している。

あるべき位置が表のどこかという問題は二〇世紀に入ってもしばらく化学者を惑わせ、悩ませた。覆い隠されている電子のせいでランタニドは頭にくるほどごちゃごちゃしており、それを整理するのは絡まった葛や蔦をほどくほどに面倒なことだった。分光分析もランタニドを相手にするとまごついた。新しい輝線が何十本と検出されても、それらがいくつの新元素を示しているのかまったく見当が付かなかったからだ。予言することを恐れないメンデレーエフさえ、ランタニドは何かを予言するには込み入りすぎていると思ったようである。二番めのランタニドであるセリウムの先は一八六九年にはほとんど知られていなかったわけだが、メンデレーエフは「エカ～」を乱発するどころか手も足も出ないことを認めて、セリウムのあとに屈辱の空欄をいくつも連ねている。のちにセリウムの先に新しいランタニドを当てはめるときも、彼は配置をよく誤っているが、その一因は多くの「新」元素が実は既知の元素の混合物だったことにある。古の船乗りにとってのジブラルタル海峡と同じで、あたかもセリウムはメンデレーエフにとっては「平らな世界」の最外縁であり、セリウムより先では渦に巻き込まれたり地球の端からこぼれ落ちたりする危険が待ち受けているかのようだった。

実を言うと、サンクトペテルブルクから七〇〇キロほど東へ旅していたら、メンデレーエフはイライラの一切を解消できていたかもしれない。セリウムが最初に発見されたところにほど近い、スウェーデンのイッテルビーという変わった名前の村にある、磁器の原料を採掘する無名の鉱山にたどり着いたかもしれないからだ。

一七〇一年、ヨハン・フリードリッヒ・ベトガーというほら吹き少年が、たわいのない嘘をいくつかついて集めた群衆を前に、銀貨を二枚取り出して得意げに魔術ショーを始めた。両手を振りかざし、銀貨に化学のおまじないをかけると、銀貨が「消え」て、そこに金色の塊が現れたではないか。集まった人びとは、これほど説得力ある錬金術を見たことがなかった。ベトガーはこれで自分の評判が立つと思ったが、そうなってむしろ不幸を呼び込んだ。

ベトガーの噂はもちろんポーランドのアウグスト強王の耳に届いた。王は若き錬金術師――グリム童話の魔法使い、ルンペルシュティルツヒェンもどき――を捕らえて城に監禁し、王国のために金を紡ぎ出すよう命じた。ベトガーがこの求めに応えられるはずもなく、無駄な実験を何度か行ったのち、この人畜無害の嘘つき少年は、まだ若い自分に首つりの運命が待っていることに気がついた。なんとか処刑を逃れようと、ベトガーは必死になって王に命乞いをした――錬金術では失敗したが、磁器の作り方なら知っていると言い張って。

当時、こんなことを言ってもやはり、まず信じてもらえなかったろう。一三世紀末にマルコ・ポーロが中国から戻ってきて以来、ヨーロッパの上流階級は中国製の白磁に夢中だった。白磁は爪磨きでひっかき傷がつかないほど硬いのに、卵の殻に似た不思議な透明感があった。王国の威信は持っている茶器一式で見定められたほか、磁器の力についてとんでもない噂が広まっており、磁器のカップから飲めば毒に当たらないとか、中国人は磁器で途轍もなく裕福になり、見せびらかすためだけに九層建ての磁器の塔を建てた（これは実は本当）とか言われていた。数世紀ほど、フィレンツェのメディチ家を初めとするヨーロッパの有力諸侯が磁器の研究に金を出していたが、C級品にもならないまがい物しか作れていなかった。

ベトガーにとって幸いだったことに、アウグスト強王には磁器に取り組む有能な家来、エーレンフリート・ヴァルター・フォン・チルンハウスがいた。それまでポーランドの土壌を集めて王冠用の宝石の採掘地を探す仕事をしていたチルンハウスは、一六〇〇℃を超える温度に達する特別な窯を発明したところだった。この窯のおかげで彼は磁器を溶かして分析できるようになり、王が小賢しいベトガーをチルンハウスの助手に任命してから研究が進み始めた。二人は中国製磁器の秘密の成分が、カオリンという白い土と、高温で溶けてガラスになる長石であることを発見した。さらに、たいていの陶磁器類とは違って、釉薬と土を別々にではなく同時に焼成しなければならないという、勝るとも劣らず重要な事実を突き止めた。本物の磁器に透明感と硬さを与えていたのは、釉薬と土が高温で融合することだったのである。工程を完成させてホッとした彼らは城に戻り、王に謁見して成果を披露した。アウグストはたいそう喜び、磁器によって自分がすぐにでも、少なくとも社会的には、ヨーロッパで最も影響力のある諸侯にのし上がることを夢見た。そんな突破口を開いたとあればもっともなことだが、ベトガーは自由の身になれると期待した。だがかわいそうに、王はベトガーがいまや自由放免とするにはあまりに貴重な人材になったと判断し、彼を幽閉してさらに厳しい監視下に置いた。

それでも、磁器の秘密が漏れることは避けられず、ベトガーとチルンハウスの秘法はヨーロッパじゅうに知れ渡った。基本となる化学現象が再現できるようになると、職人たちはそれから半世紀ほどのあいだに工夫を重ねて工程を改善していった。まもなく、長石が見つかった場所は必ず鉱山になった。凍てつく北欧も例外ではない。達する温度が高く、熱さが長持ちするということで、磁器ストーブが樽形の鉄ストーブに代わってもてはやされていたからだ。ヨーロッパにおけるこの成長産業を支えるため、一七八〇年、ストックホルムから二〇キロほどのイッテルビー島に長石鉱山が開かれた。「はずれの村」という意味の名を持つイッテルビーは、スウェーデンの海辺の村と言われてまさに思い浮かべそうな佇(たたず)まいをしている。海に面して立つ赤屋根の家、白い大きなよろい戸、広々とした庭に何本も立つモミの木。人びとは近隣の島々と渡し船で行き来し、通りには鉱物や元素の名が付けられている。*

イッテルビーの採石場は島の南東の端にある丘の頂上から露天で掘られており、磁器などに使われる良質の原鉱を産出していた。科学者がもっと興味を持ちそうなところでは、ここで採れる鉱石を焼くと珍しい色の顔料や釉薬ができた。今では、この鮮やかな色がランタニドのトレードマークだと、そしてランタニドがイッテルビーの鉱山にめったにないほど豊富なのには地質学的な理由がいくつかあるとわかっている。かつて、地球に存在した元素は、誰かがひとまとめにボウルに放り込んでかき混ぜたかのように、地殻のなかで一様に混ざり合っていた。だが金属原子、とりわけランタニドは群れになって動く傾向があり、溶けた土がかき回されているときもまとまって動いていた。そうこうするうち、ランタニドの鉱脈瘤（こうみゃくりゅう）〔訳注　鉱脈中で鉱石が特に多いところ〕がたまたまスウェーデンの近く——実際には地中深く——にできた。ところが、北欧が断層線の近くにあたっていたことから、遠い昔の構造プレートの動きが、ブンゼンがこよなく愛した熱水噴出口の助けを借りて、ランタニドの豊富な岩を地中深くから掘り起こした。そして仕上げに、前回の氷河期のあいだに北欧の大規模な氷河が地表を削り取った。この最後の地質学的な出来事がランタニドの豊富な岩を露出させ、イッテルビーの近くで簡単に掘り出せるようにしたのである。

だが、イッテルビーに鉱業で採算が取れるようなしかるべき経済があり、採掘に科学的価値をもたらすしかるべき地質学があったとしても、もう一つ、しかるべき社会風土が必要だった。一七世紀後半になっても北欧はヴァイキングのメンタリティからほとんど抜け出しておらず、同世紀中には大学までもが、同じ頃にマサチューセッツ州セーラムで行われた魔女裁判が地味に思えるほどの規模で魔女狩り（と男の魔女を対象にした魔法使い狩り）に乗り出していた。それが、一八世紀に入って、スカンジナビア半島をスウェーデン王国が政治的に征服し、スウェーデン版啓蒙運動が文化的に征服すると、北欧の人びとは一斉に合理主義を信奉するようになり、この地域の少ない人口に釣り合わないほど数多くの大科学者を輩出し始めた。その一人が、一七六〇年に科学好きの一家に生まれた化学者、ヨハン・ガドリンだ（父親は物理学と神学の兼任教授の座にあり、祖父はもっとありえないことに物理学教授兼司祭だった）。

若い頃にヨーロッパを広く旅したのち――イギリスでは、陶芸家のジョサイア・ウェッジウッドと知り合い、彼の粘土鉱山を巡っている――、ガドリンはバルト海を挟んでストックホルムの対岸にあるトゥルク（現在はフィンランド国内）に落ち着き、そこで地球化学者としての評判を得た。すると、アマチュア地質学者からイッテルビー産の変わった鉱石がガドリンの意見を求めて送りつけられ始め、科学界はガドリンの論文を通じて徐々に、この注目すべき小さな採石場のことを知り始めた。

ガドリンは一四種あるランタニドすべてを取り出せるような化学器具を（そして化学理論も）持ち合わせていなかったが、ランタニド鉱石の分離に大きな進展をもたらした。ガドリンによって元素探しは道楽に、さらには副業になった。メンデレーエフが晩年を迎えていた頃、性能の上がった器具を手にした化学者が、イッテルビー産の岩に対するガドリンの仕事を追試したところ、新元素が小銭のようにざくざく出てきた。ある元素候補にガドリンがイットリアと名付けたのがきっかけで、化学者は発見された元素に共通する出所（でどころ）に敬意を表し、周期表のなかでイッテルビーに不朽（ふきゅう）の名声を与え始めた。イッテルビーほど多くの元素名（七つ）の由来になっている人や物、場所はない。Ytterby（イッテルビー）から直接着想されたのがytterbium（イッテルビウム）、yttrium（イットリウム）、terbium（テルビウム）、erbium（エルビウム）だ。残る三つの名無しの元素については、Ytterbyにまだ省ける文字が残っているのに（rbiumというのはどうもしっくりこない）、命名は別の方式で進められ、ストックホルムのラテン語名からホルミウム、スカンジナビアの古代名からツリウム、そしてボアボードランによる強い主張で、ガドリンの名前からガドリニウムが採用された。

結局、イッテルビーで発見された七つの元素のうち六つが、メンデレーエフの表に欠けていたランタニドだった。メンデレーエフがフィンランド湾とバルト海を渡って西へと旅し、この「周期表のガラパゴス諸島」にたどり着いていたら——表を絶えず見直していたので、セリウムに続く下のほうを彼がすっかり埋めていた可能性がある——、歴史はずいぶん変わっていたかもしれない。

第2部 原子をつくる、原子を壊す

第４章
原子はどこでつくられるのか
――「私たちはみんな星くず」

Fe 26　Ne 10　Pb 82　Ir 77　Re 75

元素はどこでつくられるのだろう？　数世紀にわたって常識として科学界を支配していた見方によると、元素はどこでつくられたわけでもない。誰が（あるいはどこの神様が）どんな理由でこの宇宙（コスモス）を創ったのかについてはあまたの形而上学（けいじじょうがく）的論争が繰り広げられたが、どの元素の寿命も宇宙の寿命と同じだということでは大方の意見が一致していた。元素はつくられも壊されもしない。とにかく存在するのである。のちの理論、たとえば一九三〇年代のビッグバン理論はこの見方を枠組みに取り入れた。ビッグバン理論によると、一四〇億年前に存在した芥子粒（けしつぶ）にこの宇宙に存在するすべての物質が含まれていて、私たちの身の回りにある何もかもがその粒から吐き出されたに違いないという。外見はどう見てもダイヤのティアラともブリキ缶ともアルミホイルとも違うが、基本物質としては同じというわけだ（ある科学者は、ビッグバンが既知の全物質をつくるのにかかった時間が一〇分だという計算結果を得て、こんな名言を残している。「元素づくりには鴨肉のローストポテト添えをつくるより時間がかかっていない」）。ここにも、常識的な見方――元素定常宇宙史観とでも言おうか――が顔を出している。

この理論はそれから数十年でほつれ始めた。ドイツとアメリカの科学者が一九三九年までに、*太陽などの恒星が水素を核融合してヘリウムをつくり、みずからを熱していることを示したのだ。このプロセスは、原子の微小なサイズに比べて莫大な量のエネルギーを放出する。それでも、こんなことを言う科学者もいた。よかろう、水素とヘリウムの数は変わるかもしれないが、その分はわずかであり、ほかの元素については数が変わるという証拠は何もない、と。だが、望遠鏡の性能が上がるにつれ、頭をかく者の数が増えていった。理論上、ビッグバンは元素をどの方向にも一様に放出したはずだ。ところがデータによると、ほとんどの若い恒星には水素とヘリウムしか含まれていない一方、年かさの恒星には何十かの元素がとろとろに融けている。加えて、テクネチウムのような地球上に存在しないきわめて不安定な元素が、「化学特異星」*と呼ばれるある種の恒星〔訳註　特定の元素の組成が主な恒星と大きく異なる恒星〕に今この時も存在している。何かが日々こうした元素を新たにつくっているはずなのだ。

一九五〇年代なかばのこと、頭の切れる数人の天文学者が、恒星そのものが火の神ウルカーヌスの天空版であることに気がついた。ジェフリーとマーガレットのバービッジ夫妻、ウイリアム・ファウラー、そしてフレッド・ホイルが、業界では略してB2FH論文と呼ばれている一九五七年の有名な論文で、恒星内元素合成という理論の、すべてではないが、大半を説明する仕事をした。B2FH論文では、学術論文としては珍しいことに、人類の運命を星々が左右するかどうかに絡んだ、相反する不吉なシェイクスピアの引用二つ*が冒頭を飾っており、彼らの議論はそれに続いて始まる。この論文によると、宇宙はかつてどろどろの水素からなる原始状態にあり、そこにヘリウムとリチウムが少量含まれていた。やがて、水素が集まって恒星になり、恒星内部の重力によるすさまじい圧力が水素を核融合してヘリウムにした。夜空の星を光らせているのはこのプロセスである。だが、宇宙論的にどれほど重要でも、このプロセスそのものに科学的な面白味はない。恒星は数十億年もヘリウムをかき回すだけだからだ。Ｂ２ＦＨ論文によると、水素が燃え尽きて初めて――ここからがこの論文の真価だ――大きな変化が始まる。水素を反芻（はんすう）するようにかみ続け、何十億年と牛のように動かなかった恒星が、錬金術師の誰一人として夢にも思わなかったであろうほど根本的な変化をこうむるのである。

なんとかして高い温度を維持しようと、水素を切らした恒星は核（コア）でヘリウムを燃やして核融合を始める。このとき、ヘリウム原子がまるごとくっついて偶数番元素ができることもあれば、陽子や中性子が壊れてばらけて奇数番元素ができることもある。たちまちかなりの量のリチウム、ホウ素、ベリリウム、そして特に炭素が恒星内部に蓄積される（内部にだけだ――恒星の一生を通じて、温度の低い外層はほとんど水素のままである）。残念ながら、ヘリウムを燃やして解放されるエネルギーは水素を燃やしたときより少ないので、恒星は手持ちのヘリウムをたかだか数億年で使い果たす。小さな恒星のなかにはこの時点で「死ぬ」ものもあり、白色矮星（はくしょくわいせい）として知られる融けた炭素の塊（かたまり）をつくる。もっと重い恒星（質量が太陽の八倍前後）は悪あがきを続け、炭素どうしをぶつけてはマグネシウムに至る六つの元素をつくる。ここでまた一部の恒星があとせいぜい数百年で力尽きるが、最大級の熱い恒星（内部温度は五〇億度に達する）はあと数百万年かけてこれらの元素を燃やす。Ｂ２ＦＨ論文では、こういったさまざまな核融合反応を一つ一つなぞって、鉄までのすべてをつくる方法を説明している。これはもう元素の革命にほかならない。B2FH論文の成果を受けて、今の天文学者はリチウムから鉄までの全元素を恒星の「金属」としてひとまとめに扱えるようになり、恒星に鉄が見つかったら、それより原子番号の小さい元素をわざわざ探したりしない――鉄が見つかったということは、周期表のそこまでの元素も全部あると思って間違いないのである。

常識的に考えると、最大級の恒星なら鉄の原子もじきに核融合し、その結果できた原子も核融合し、と続いて、周期表の下のほうの元素まですべてつくられそうな気がする。だがここでも常識は当てにならない。核融合によって原子が結合するたびどれくらいのエネルギーが生まれるかを計算して検討してみると、何でもいいから核融合して鉄の二六個の陽子を揃えるには膨大な量のエネルギーを要することがわかる。つまり、鉄から先の核融合*はエネルギーに飢えた恒星に何のメリットもない。鉄は恒星の自然な一生の最後を告げる鐘なのである。

ならば、最も重い部類の元素である二七～九二番め、コバルトからウランまではどこでつくられたのか？　B2FH論文によれば、なんとミニビッグバンから出来合いの状態で出てくる。マグネシウムやケイ素などの元素を惜しみなく燃やしたあと、きわめて重い星（太陽の一二倍の質量）は、地球の一日ほどで燃え尽きて鉄の核(コア)になる。だが、果てる前に黙示録的な断末魔の叫びを上げる。大きさを維持するためのエネルギー（高温のガスなど）が突然なくなって、燃え尽きた恒星はみずからの途方もない重力によって内向きに爆発し、わずか数秒で数千キロメートルも縮む。核(コア)ではさらに陽子と電子がぶつかって中性子ができ、やがて中性子のほかはほとんど残らなくなる。すると、この収縮の反動として今度は外向きに爆発する。この爆発が半端ではない。爆発した超新星は数百万キロにまで膨らみ、一カ月のあいだ華々しく、一〇億個の恒星より明るく輝く。そして、爆発中には、途轍もない運動量を持った何兆何億という粒子が毎秒信じられないほど何度も何度も衝突し、通常のエネルギー障壁を飛び越えて鉄と核融合する。これにより多数の鉄の原子核が中性子で覆われ、その一部が崩壊して陽子になることで新しい元素がつくられるのだ。天然に存在する元素とその同位体の組み合わせはどれも、この粒子の嵐から吹き出てきたものなのである。

私たちの銀河だけでも何億という超新星が、再生と激変を伴うこの死の連鎖をくぐり抜けている。太陽系をつくったのもそんな爆発の一つだ。四六億年ほど前、ある超新星で発生した衝撃波が、幅二四億キロという宇宙塵の平らな雲――かつて恒星だったものの少なくとも二個分の残骸――を突っ切った。塵の粒が超新星からの噴出物と混ざり合い、砲撃を受けた巨大な池のように至るところで渦ができ始めた。密度の高い雲の中央部は煮えたって太陽となり（つまり、かつての恒星の残り物でできている）、惑星体も密になって塊になり始めた。とりわけ印象的な惑星である巨大ガス惑星は、恒星風――太陽からの噴出物の流れ――が軽い元素を外縁へ向けて吹き飛ばしてできたものだ。なかでもいちばんガスだらけの木星は、さまざまな理由から元素のファンタジーキャンプ［訳注　アマチュアがプロに混ざってその世界を体験できる催し］になっており、元素は地球上では考えられない形態で存在できる。

古代からずっと、明るく輝く金星、輪を持つ土星、火星人のいる火星が絡む伝説は人びとの想像を刺激してきたが、天体は多くの元素名の素材にもなっている。天王星（Uranus）が一七八一年に発見されると科学界は興奮に沸き、ある科学者などは一七八九年に発見した新しい元素を、それがかの新惑星には基本的に一グラムたりとも存在しないのに、天王星にちなんでuranium（ウラン）と命名している。ネプツニウムとプルトニウムもこのやり方にならって名付けられた。太陽系の惑星のなかでここ数十年で最も見応えある出来事を経験したのが木星だ。一九九四年、シューメイカー＝レヴィー第九彗星が木星に衝突した。人類が初めて目撃した宇宙空間での衝突である。これは期待を裏切らなかった。二一個の彗星の欠片（かけら）がもろに当たり、火の玉が三〇〇〇キロ以上の高さにまで跳ね上がった。このドラマに一般市民も興奮し、まもなくNASAの科学者は、オンラインの公開質疑応答セッションで意表を突く質問に対処しなければいけなくなった。たとえば、木星の核（コア）が地球より大きなダイヤモンドだという可能性があるのかと尋ねた男性もいれば、木星の大赤斑（だいせきはん）と「［質問者が］耳にしたことがある超次元物理学」とのあいだにいったいどんな関係があるのかと訊いた男性もいた。ちなみに超次元物理学とは、タイムトラベルを可能にするであろう類（たぐい）の物理学である。シューメイカー＝レヴィーの数年後、壮観だったヘール＝ボップ彗星の軌道を木星の重力が地球のほうへ曲げたとき、ナイキの上下に身を包んだ三九人のカルト信者が、木星が神のごとく彗星の軌道を変え、その陰に隠れているUFOが自分たちをより高い精神的水準に転送（ビーム）してくれると信じて、サンディエゴで自殺している。

人の抱く奇抜な信念ときたらまったく、こうなると「タデ食う虫も好き好き」としか言いようがない（あれだけの実績がありながら、B2FHの一人であるフレッド・ホイルは進化論もビッグバンも信じなかった。「ビッグバン」とは、のちにこの名前で呼ばれることになる当のその理論を鼻であしらおうと、彼がBBCのラジオ番組で馬鹿にして名付けたものだった）。しかし、前の段落で紹介したダイヤモンドの質問には、少なくとも事実に基づく根拠があった。かつて数人の科学者が、木星の途方もない質量があれば、それくらい巨大な宝石ができるかもしれないと真剣に主張したのだ（あるいは密かに願った）。今でも一部の科学者は、液体のダイヤモンドやキャデラックほどもある固体ダイヤモンドがありうるという望みを捨てていない。そして、正真正銘奇抜な物質を探している向きに教えるが、天文学者によれば、木星の不安定な磁場は大量の黒い液体の「金属水素」がそこに存在するとでも考えなければ説明できないらしい。科学者が地球上で金属水素を目にしたことがある時間はわずか数ナノ秒ほど、それも人類が用意できるこれ以上ないほど徹底的に極端な条件下においてだけだ。それでも、多くの天文学者が木星は厚み四万キロを超える金属水素をため込んでいると確信している。

元素が木星内部でそんな奇抜な人生を送っている（次に大きな惑星である土星内部ではそれほどでもない）のは、木星がトゥイーナー［訳注　裕福と貧乏の中間（between）くらいの安定した生活を志向する、ヤッピー以後を代表する世代］だから、すなわち恒星のなりそこないと言えるほどの大惑星ではないからだ。木星が形成期に塵やガスを今の一〇倍吸い寄せていたら、一段上にあたる褐色矮星、すなわち一部の原子を核融合して暗い褐色光を放てる程度の質量を持つ恒星になっていたかもしれない。* われらが太陽系は恒星を二つ持つ連星系になっていただろう（この先わかるが、決してめちゃくちゃな発想ではない）。木星はそうはならず、核融合を起こす限度より冷えたが、原子どうしを極度に近づけて、原子が地球上で知られていないふるまいをするくらいの熱と質量と圧力は保った。木星内部の原子は化学反応と核反応のあいだのどこか辺地と言える状態にあり、惑星サイズのダイヤモンドや油のような金属水素ができても不思議はないのである。

木星表層の天気も元素を使って同じような芸当をやるのだが、巨大な赤い目——幅が地球の三倍あり、数世紀にわたる激しい嵐をもってしても霧散しないハリケーン——を維持していられる惑星上のこととしては驚きではあるまい。木星深部の気象状況はおそらくもっと派手なことになっている。恒星風が木星ほどの距離まで飛ばせるのは最も軽い部類のとりわけありふれた元素ばかりなので、木星における元素の基本組成は本物の恒星と同じはずだ——水素が九〇パーセント、ヘリウムが一〇パーセント、あとはネオンなどの元素が予想される程度に微量。ところが、最近の衛星観測によると、そのうち四分の一のヘリウムと九〇パーセントのネオンが外層の大気に見あたらない。そればかりか、この二つの元素が深部にたくさん存在している。どうやら何かがヘリウムとネオンをどこかからどこかへせっせと運んだらしいのだが、科学者は天気図がその何かを教えてくれることにすぐ気がついた。

本物の恒星では、核（コア）で起こっている大量のミニ核爆発が、絶えず内向きに働く重力と拮抗（きっこう）している。その一方で、木星には核融合炉がないので、外側のガス層のヘリウムとネオンが中心へ向かうのを止（と）められるものがほとんどない。この二つの元素の気体が木星の半径の四分の一ほど進んで液体金属水素の層に近づくと、そのあたりの猛烈な大気圧でヘリウムが液体になり、ネオンがそこに溶け込む。そして一気に落下していく。

余談ながら、ヘリウムとネオンがガラス管のなかで鮮やかに光るところをどなたも見かけたことがあるだろう——いわゆるネオン管というやつだ。木星上空からのスカイダイビングで発生する摩擦も、落下中のヘリウムとネオンの滴（しずく）にエネルギーを与え、同じ原理で流星のように光らせるはずだ。ということは、ある程度大きな滴がそれなりに長い距離を十分なスピードで落下すれば、木星内部の金属水素層のすぐ近くを漂う誰かがクリーム色とオレンジ色の入り交じった空を見上げたとき、もしかすると、あくまでもしかするとだが、見たこともないような光の一大スペクタクル――数え切れないほどの真っ赤な光のすじで木星の夜空を照らす花火――を目撃できるかもしれない。ともかく、科学者はこの滴をネオンの雨と呼んでいる。

太陽系の岩の惑星（水星、金星、地球、火星）の歴史はまた違っており、そのドラマはもっと地味だ。太陽系で惑星の形成が始まったとき、先に巨大ガス惑星がわずか一〇〇万年ほどでできあがったのに対し、重い元素は地球の軌道あたりを中心に天の帯のように集まり、それから約数百万年おとなしくしていた。やがて地球や近くの惑星がどろどろの球体になると、重い元素はそれらの内部で多かれ少なかれ一様に混ざり合った。「君の手のひらに無限を摑み」とうたったウイリアム・ブレイクには失礼ながら、土塊（つちくれ）をひとすくいすれば、その手のひらに全宇宙を、周期表全体を摑めたかもしれなかったのだ。ところが、元素がかき混ぜられるなかで、原子は自分の双子の兄弟や化学的に似たいとことつるむようになり、対流で上下動を繰り返すうちに各元素のかなり大きい塊が形作られた。たとえば、密度の高い鉄は各惑星の核（コア）、すなわち今ある場所へと寄り集まった（木星に負けず劣らず、水星の液体核（コア）はときおり鉄の「雪片」を放出するが、その形は地球でおなじみの水分子に由来する六角形ではなく、微小な立方体だ）*。地球は最終的にウランやアルミニウムなどの元素から成る巨大な浮氷と化していた可能性もあったのだが、まったく別の結果が待っていた。地球はかき混ぜるのが難しくなるほど冷えて固まったのである。こうして、今の私たちに元素は塊で残されたが、十分な塊が十分離れて散らばっているので――いくつかの悪名高い例を除いて――、それらの供給を一国が独占するということにはなっていない。

太陽系に四個ある岩の惑星における各種元素の存在比は、ほかの恒星の周りを回る惑星のそれとは違っている。たいていの恒星系は超新星によってつくられたはずで、それぞれの系における元素の正確な存在比は、重元素の核融合に使える分として超新星がそもそも持っていたエネルギーと、超新星からの噴出物と混ざり合う物質（宇宙塵など）とによって決まる。そのため、恒星系ごとに元素の存在比がほかとは違ってくる。高校の化学で、周期表の各元素の下に原子量を示す数字が書かれていたのをおそらく覚えておられることだろう。炭素なら12.011というように。実はこれは平均で、たいていの炭素原子の質量数――陽子の数と中性子の数の和――はぴったり一二、それに続く0.011は、ちらほらと存在する質量数が一三や一四の炭素の分を均したために生じたものだ。ところが別の恒星系では、炭素の質量数の平均が微妙に大きいか小さいことがありうる。さらに、超新星は大量の放射性元素をつくり、それらは爆発後ただちに崩壊し始める。二つの恒星系で放射性元素と非放射性元素との比が同じというのは、その二つが同時に生まれたのでなければほとんどありえない。

恒星系のあいだにばらつきがあること、そして恒星系ができたのがはるか昔だったことを思えば、理詰めで考える人は、科学者は地球の成り立ちにかんする漠然としたアイデアをどうやって持つに至ったのかと思うかもしれない。基本的には、地殻に存在するありふれた元素とまれな元素の量と存在位置を分析し、どうしたら今日の状態になるかを推測したのである。たとえば、ありふれた元素の鉛とウランを用いて、シカゴの大学院生が一九五〇年代に気が遠くなるほど綿密な一連の実験を行い、われらが地球の誕生日が算出された。

最も重い部類の元素は放射性元素であり、ほとんど――なかでもウランが有名――が崩壊して安定な鉛になる。地質学者のクレア・パターソンは、マンハッタン計画に参加したのちに本業に戻っていたので、ウランの正確な崩壊率も地球に存在する三種類の鉛のことも知っていた。この三つの種類、すなわち同位体の原子量は二〇四、二〇六、二〇七とそれぞれ違っている。この三種類の鉛には、地球が超新星によって誕生した頃から存在しているものもあれば、ウランによって新たにつくられたものもある。ここで注意すべきは、ウランは崩壊して二〇六と二〇七の二種類にしかならないことだ。崩壊して二〇四になる元素はなく、二〇四の量は変わらない。そのため、ウランが前者の二種類だけをつくり続けることから、二〇六および二〇七と不変の二〇四との比が予想可能なペースで大きくなるという重要な洞察が得られる。今日の存在比が原始よりどれだけ高くなっているかを割り出せるなら、パターソンはウランの崩壊率を使って時をさかのぼり、ゼロ年がいつかを予測できるはずだった。

このアイデアの珠に瑕（たま・きず）は原始の地球で鉛の存在比を測定した者がいないことで、パターソンはどこまで過去をさかのぼればゼロ年になるのかがわからなかった。だが、彼はやがて解決策を見つけた。当然のことながら、地球の周囲にあった宇宙塵が残らず固まって惑星になったわけではなく、流星物質や小惑星や彗星になったものもある。こうした天体も同じ由来の塵からできていて、あの頃からずっと極低温下で漂っており、原始地球の状態をそのまま保存した資料になっている。さらに、鉄は恒星における元素構成ピラミッドの頂点の座にあり、宇宙には破格の量が存在する。流星物質は固体の鉄なのだが、ありがたいことに、化学的に鉄とウランは混ざらないが鉄と鉛は混ざり合うので、流星物質に含まれている鉛の比率は原始の地球と同じはずなのだ。パターソンは胸躍らせて、アリゾナ州のディアブロ渓谷で隕石の欠片を採集し、作業にとりかかった。

　ところがこの作業は、学問以上に社会と密接な問題によって狂わされた。工業化である。柔らかく加工しやすい鉛を、人類は古代から公共の水道管のようなプロジェクトに使ってきた（周期表での鉛の記号Pbの元となったラテン語は、英語のplumber（配管工）の語源でもある）。そして、一九世紀末から二〇世紀初頭にかけて含鉛塗料や有鉛の「アンチノック」ガソリンが登場して以来、環境中の鉛濃度は今の二酸化炭素濃度と同じように上昇した。こうして大気中に鉛が蔓延したことで、隕石を分析しようというパターソンの初期の試みが台無しになったばかりか、彼はさらに徹底した対策――器具を濃硫酸のなかで煮沸するなど――を講じて、人体から放散された鉛に大事な隕石が晒されないようにしなければならなくなった。彼は後年インタビューに応えてこう語っている。「私のところにもあるような超無塵実験室だって、あなたがなかを歩くと、髪の毛から放散される鉛で全体が汚染されてしまうのです」

　この徹底ぶりがじきに強迫観念に変わっていく。スヌーピーで有名な漫画《ピーナッツ》に出てくる、いつも埃まみれのピッグペンをご存じだろう。パターソンには新聞の日曜版で見るピッグペンが人類を暗示しているように見え始めた。ピッグペンから絶えず雲のように立ちのぼっている埃が、人類が空気中にまき散らしている鉛に見えたのである。だが、彼の鉛への執着は二つの重要な結果を導いた。まず、実験室を十分きれいにしたところ、地球の年齢として今でも最高の推定である四五・五億年という結果が得られた。そしてもう一つ、鉛汚染に対する恐怖から彼は活動家に転じており、誰よりも彼のおかげで、未来の子どもたちは含鉛塗料の剝がれた欠片をかじったりしないだろうし、最近のガソリンスタンドは給油機でいちいち「無鉛」を謳(うた)わなくてよくなった。含鉛塗料を禁止すべきであること、そして自動車が気化した鉛をまき散らさないようにして、私たちが吸い込んで髪にためないようにすることは、パターソンの運動のおかげで今では常識なのである。

　パターソンは地球の起源を突き止めたかもしれないが、それをもってすべて解決とはならない。金星と水星と火星も同時に形成されたのに、どれも地球とは似ても似つかないではないか。地球史の細部をつなぎ合わせるため、科学者は周期表のあまり知られていない回廊を探検する必要に迫られた。

　一九七七年、物理学者と地質学者の父子チーム、ルイス・アルヴァレズとウォルター・アルヴァレズは、恐竜が絶滅した頃のものとされるイタリアで採れた石灰岩の堆積物を調べていた。石灰岩層は全体として一様に見えたが、絶滅期である六五〇〇万年前近辺に説明のつかない赤土の薄い層が挟まっていた。また、奇妙なことに、その土にはイリジウムという元素がふつうの濃度の六〇〇倍も含まれていた。イリジウムは親鉄性の元素で、*そのため大部分は地球の融(と)けた鉄の核(コア)に取り込まれており、一般的なイリジウム源と言えば鉄が豊富な流星物質、小惑星、彗星くらいだ──そこでアルヴァレス父子は考えた。

　月などの天体には古(いにしえ)の衝突による傷跡としてクレーターが残っており、それを思えば地球も同じような衝突を免(まぬが)れたと考える理由はない。大都市ほどもある巨大な何かが六五〇〇万年前に地球に激突したとしたら、イリジウムの豊富な塵が舞い上がってピッグペンの周りを覆う埃のように世界中を覆ったに違いない。そうしてできた雲は太陽光を遮って植物の命を絶ったと思われ、恐竜のほかにあらゆる種(しゅ)の七五パーセント、全生物の九九パーセントがこの時期に死に絶えた理由の、簡潔な説明になりそうだ。手をつくしてもなかなか納得しない科学者もいたが、父子はほどなくイリジウムの層が世界中に広がっていることを確認し、「この塵の堆積層は近隣の超新星由来だ」とする競合案を退(しりぞ)けた。そして、ほかの地質学者(ある石油会社のために仕事をしていた)が半径一八〇キロ、深さ二〇キロ、できてから六五〇〇万年というクレーターをメキシコのユカタン半島に見つけたとき、小惑星＝イリジウム＝絶滅説は証明されたかに見えた。

ただ、人の科学者としての良心をさいなむ小さな疑問が残っていた。あの小惑星は空を暗くし、酸性雨を降らせ、高さ十数キロの津波を起こしたかもしれないが、その場合でも地球はせいぜい数十年で落ち着くはずだった。問題は、化石記録によると恐竜が死に絶えるのに数十万年かかっていることだ。今日の多くの地質学者は、ユカタン半島での衝突に前後して偶然噴火していたインドの巨大火山が恐竜の絶滅に一役買ったのではないかと考えている。そして一九八四年、何人かの古生物学者が恐竜の絶滅はもっと大きなパターンの一部だと主張し始めた。地球は大量絶滅を二六〇〇万年ごとに経験しているようだというのである。あれは恐竜が死に絶えつつあるときに小惑星が落ちてきたという単なる偶然だったのだろうか。

地質学者はまた、イリジウムの豊富な土の薄い層をほかにも発見し始めた——それらも見たところは地質学的にほかの絶滅と時期が一致していた。数人の科学者はアルヴァレズ父子の仕事を引き合いに出して、地球史における大規模な絶滅はどれも小惑星や彗星が起こしたと結論づけた。だがアルヴァレズ親子チームの父親のほうであるルイスはこのアイデアを疑った。なにしろ、この説の最も重要かつ最も信じがたい部分、すなわち、なぜそのように周期的に絶滅が起こるのかを誰も説明できていなかったのだ。いかにもふさわしいことだが、アルヴァレズに意見を翻(ひるがえ)させたのはまた別の無名な元素、レニウムだった。

同僚だったリチャード・ミュラーが著書『ネメシス』〔邦訳は『恐竜はネメシスを見たか』（手塚治虫監訳、集英社）〕で回想しているところによると、一九八〇年代のある日突然、アルヴァレズがミュラーの部屋に飛び込んできた。振り回しているのは、査読を割り当てられたらしき、周期的絶滅にかんする「ばかげた」思弁的論文だ。アルヴァレズはもうすでに口から泡を飛ばしていたが、ミュラーはとにかく抗論することにした。二人は唇(くちびる)を震わせ、夫婦げんかでもするように言い争いを始めた。問題の要点をミュラーはこうまとめている。「広大な宇宙空間にあっては、この地球さえ標的としてはあまりに小さい。太陽の近くを通過する小惑星が地球に衝突する確率はせいぜい一〇億分の一よりわずかに高い程度しかない。実際に衝突が起こるにしても、その間隔は時間的に等間隔ではなくランダムなはずだ。いったいどうすれば小惑星を定期的に衝突させられるというのだ？」

手がかりはまったくなかったが、ミュラーは何か原因があって周期的な衝突が起こるという可能性を弁護した。ついにアルヴァレズは憶測ばかりの反論に切れて、ミュラーに向かってその何かを具体的に挙げてみろと大声を上げた。対するミュラーは、本人によればアドレナリンが満ちて即席の天才になったその瞬間、何かが降りてきて思わずこんなことを口にした。もしかすると太陽にはどこかに伴星があり、地球はその周りをあまりにゆっくり回っているのでわれわれはその存在に気づいていない――で、で、で、伴星が地球に近づくにつれてその重力が小惑星を地球のほうに引っ張るのだ。これでどうだ！

ミュラーは、のちにネメシス*（ギリシャ神話の懲罰の女神）と呼んだあの伴星のことをそれほど本気で口にしたわけではなかったかもしれない。にもかかわらず、このアイデアはアルヴァレズをふと黙らせた。レニウムにかんする興味深い事実の説明になっていたからだ。どの恒星系にもほかとは違う特徴があること、すなわち同位体の存在比がそれぞれ異なることは先ほどお話しした。当時、レニウムの痕跡がイリジウムの土の層に混ざって発見されており、二種類あるレニウム（片方だけが放射性）の存在比が地球のそれと同じだったことから、アルヴァレズは、破滅の小惑星とされるものの出所（でどころ）が太陽系のはずだと知っていた。ネメシスが本当に二六〇〇万年ごとに戻ってきて私たちに宇宙の岩を投げつけたなら、それらの岩に含まれるレニウムの比率も同じはずだ。それになにより、恐竜があれほどゆっくり絶滅した理由が説明できる。メキシコのクレーターは、ネメシスが近くにいる数千年のあいだ続いた連射の、最大の一撃にすぎなかったのかもしれないのだ。恐竜で有名なあの時代を終わらせたのは、一度の大けがではなく、何千何万という小さな一刺しだったのかもしれないのである。

その日、ミュラーの部屋で、小惑星の周期的到来が少なくともありえなくはないことに気づき、アルヴァレズ――熱しやすく冷めやすい――は燗癪（かんしゃく）をあっという間に収めた。満足した彼はミュラーを残して部屋を出ていったが、ミュラーのほうはこの思わぬアイデアにいよいよ取り憑かれ、考えれば考えるほど確信が強まった。ネメシスが存在しえない理由はないではないかと、彼はこの星についてほかの天文学者に話したり論文として発表したりし始めた。そして証拠を集めてはずみをつけ、あの本を書いたのである。一九八〇年代なかばの数年間はこの仮説にとって輝ける日々で、木星でさえ恒星になるには質量不足だったにもかかわらず、太陽に伴星があってもおかしくないように見えた。

残念ながら、状況証拠以外に強力なデータはなく、そのデータさえやがて貧弱に見えてきた。先の単一衝突説が批判者に攻撃されたと言うなら、ネメシス説はアメリカ独立戦争時のイギリス軍兵士さながらにずらりと並んだ批判者から集中砲火を浴びた。何千年とくまなく見渡されてきた夜空に天文学者が天体を一個見逃していたなど、それが軌道上の遠い位置にあったにせよ、ありそうにない。知られている最も近い恒星のアルファケンタウリまで地球から四光年あるというのに、ネメシスが懲罰を与えるには遠くても地球から〇・五光年あたりをじりじり動いているはずと言うのだからなおさらだ。今でもネメシスが存在する証拠を太陽系の近場に探し続けている頑固者や夢想家はいるが、「目撃者」のないまま時間がたつにつれ、信憑性はますます薄らいでいる。

だが、人をして考えしめることの力を見くびってはいけない。三つの事実――周期的に起こるらしい絶滅、衝突を暗示するイリジウム、飛来物が太陽系由来であることをほのめかすレニウム――から、科学者はネメシスがそのメカニズムではないにしろ、何かあるとは考えていた。そして大規模な破滅を起こしそうな別のサイクルを探し、まもなくその候補として、太陽の動きに目をつけた。

太陽はコペルニクスによる革命で時空の固定点に据えられたと多くの人に思われているが、実際には、銀河系の渦に引きずられて周回しながら上下に浮き沈みしており、回転木馬のような動きをしている。[*] そして、この太陽の上下動が、太陽系を取り巻いて雲のように漂う大量の彗星や宇宙塵、すなわちオールトの雲を引っ張ると考えている科学者がいる。オールトの雲を構成しているあらゆる物質は超新星による太陽系の誕生に起源を持ち、太陽は二千数百万年ごとに上下動の頂点に達するか谷底に沈むごとに、友好的とは言えない小さな天体を引き寄せては地球めがけて送り出す。ほとんどは太陽（または木星。木星はシューメイカー＝レヴィーを地球に代わって引き受けてくれた）の重力によって軌道を逸らされるが、それなりの数が影響をかわして地球にぶつかる。この説は証明されているとはとても言えないが、このとおりだったとしたら、私たちは宇宙を突っ切る一度きりの回転木馬に延々と命がけで乗っていることになる。少なくとも、そろそろ首をすくめたほうがいいかもしれないと知らせてくれたことに、私たちはイリジウムとレニウムに感謝していい。

ある意味、周期表は元素の宇宙史の研究とあまり関係ない。事実上どの恒星も水素とヘリウムばかりだし、巨大ガス惑星についてもしかりだ。だが、宇宙論的にいくら重要でも、水素＝ヘリウムサイクルが想像力を刺激するとは言い難い。超新星爆発や石炭紀の生命といった現実の詳細にかんしてとびきり興味深い情報を引き出そうというなら、私たちには周期表が要る。哲学者で歴史家でもあるエリック・シェリーも記しているように、「水素とヘリウムを除いたすべての元素は宇宙全体のわずか〇・〇四パーセントを占めているに過ぎない。この観点からすると、周期系はあまり重要でなさそうに見える。だが、純然たる事実として、われわれが暮らすこの地球における……元素の相対的な存在比は宇宙全体とは大きく異なっている」

まさにそのとおりなのだが、宇宙物理学者の故カール・セーガンはそれをもっと詩的に表現している。B2FH論文に記されているような、炭素や酸素や窒素などの元素を鍛造（たんぞう）する核の溶鉱炉なしには、そして地球のような住み心地の良い場所の種（たね）をまく超新星なしには、生命は決して生まれない。セーガンが親愛の情を込めて言い表したとおり、「私たちはみんな星くず」なのである。

残念ながら、宇宙史の悲しい真実の一つとして、セーガンの言う「星くず」が私たちの住むこの惑星に均一にあるわけではない。超新星があらゆる方向に元素を吹き飛ばしたにもかかわらず、そしてどろどろの地球が最善の努力をもってかき混ぜたにもかかわらず、希少な鉱物が集中した場所がある。ときにはスウェーデンのイッテルビーのように天才科学者のインスピレーションを刺激するが、たいていは世俗的な欲望を必要以上に刺激する——とりわけ、あまり知られていなかった元素に商業用途か戦争向け用途、あるいは、これが最悪なのだが、その両方が見つかったときに。

第5章
戦時の元素

35 Br	76 Os	17 Cl	42 Mo	74 W	21 Sc	73 Ta	41 Nb

現代社会の代表的な要素——民主主義、哲学、ドラマ——の例に漏れず、化学戦の起源も古代ギリシャまでさかのぼれる。都市国家スパルタは紀元前五世紀にアテナイを包囲した際、ガスをまいて頑固な敵を降伏させようと、当時の最先端化学技術を持ち出した——煙である。唇を引き締めたスパルタ兵がアテナイに忍び寄る。その手には、タールと悪臭放つ硫黄とを浸した、身体に悪そうな薪の束。それらに火を付けると、アテナイの城壁の外で身を屈め、咳き込んだアテナイ人が家を無防備に空けたまま逃げ出してくるのを待った。トロイの木馬に勝るとも劣らない素晴らしい新機軸だったが、この戦法は失敗した。煙は街じゅうに立ち込めたが、アテナイはこの悪臭攻撃を凌いで、最終的にこの戦いに勝利している。*

あとから見ればこの失敗は先を暗示していた。それから近代までの二四〇〇年あまり、化学戦はときおり思い出したように進歩したというのが関の山で、煮えたぎる油を敵に注ぐことなどよりはるかに劣る戦術の座に甘んじ続け、第一次大戦に至るまでガスに戦略的価値はほとんどなかった。その脅威にどの国も気づいていなかったわけではない。世界でも科学技術の進んでいた諸国は、拒否した一国を除いて一八九九年のハーグ条約に署名し、化学技術に基づく兵器を戦争で使用することを禁止した。だが、署名を拒否した一国であるアメリカの言い分にも一理ある。各国が喜び勇んで一八歳の若者を機銃掃射したり、戦艦を魚雷で撃沈して水兵を暗い海で水死させたりするというのに、唐辛子スプレー程度の威力しかない当時のガス兵器を禁止するのは偽善的だというわけである。しかし他国はアメリカに皮肉られてもそれを鼻であしらいながらこれ見よがしに署名し、すみやかに条約に違反した。

当初、化学物質の秘密開発は、手榴弾のごとく激しい性質を持つ元素、臭素を中心に行われた。ほかのハロゲンガスと同様、臭素は最も外側のエネルギー準位（レベル）に電子を七個持っているが、それをなんとしてでも八個にしたがる。臭素は結果が手段を正当化すると考えており、細胞内に入ると自分より弱い炭素などの元素を切り裂いて電子を調達する。とりわけ目や鼻を刺激し、一九一〇年に軍付きの科学者が開発した臭素系の催涙ガスはあまりに強力で、焼けつくような滲（し）みる涙で大人さえ無力化できた。

催涙ガスを自国民相手に使うことを控える理由はなかったことから（ハーグ条約の対象は戦争だけ）、フランス政府は一九一二年に、パリ人の銀行強盗団を捕まえるときにブロモ酢酸エチルを使っている。この事件はフランスの近隣諸国にすぐさま知れ渡り、当然のように懸念が広まった。一九一四年八月に戦争が始まると、フランスはさっそく、前進中のドイツ軍に臭素弾を打ち込んだ。だが、その手際は二〇〇〇年前のスパルタにも及ばない。風の強い平原に着弾してガスはほとんど効かなかった。ドイツ軍が「攻撃された」ことに気づく前に吹き飛ばされたのである。だが厳密には、すぐにはほとんど効かなかったと言うべきだろう。このガスにかんするヒステリックな噂が当事国双方の新聞を通じて駆け巡ったからだ。ドイツは噂を煽り立て――兵舎で起こった不運な一酸化炭素中毒をフランスが開発した秘密の窒息ガスのせいにした――、自国の化学戦計画を正当化した。

はげ上がった頭に、口ひげを蓄え、鼻眼鏡をかけた一人の科学者のおかげで、ドイツの毒ガス研究部門はまもなく他国を追い越した。フリッツ・ハーバーは化学史に残る偉大な人物の一人であり、これ以上ないほどありふれた化学物質――空気中の窒素――を工業製品に変換する方法、すなわち空中窒素固定技術を発見したことで、一九〇〇年前後に世界で最も有名な科学者となった。窒素は知らぬ間に人を窒息させられる気体(ガス)だが、ふだんは無害だ。というか、無害すぎてほとんど役に立たない。窒素の重要な役割は土壌への栄養補給で、人間にとってのビタミンCと同様、植物にとって窒素は不可欠である（ハエジゴクなどの食虫植物は昆虫を捕まえるが、目当ては身体の窒素）。ところが、窒素は空気中の八〇パーセント――私たちが吸っている分子の五個に四個――を占めているのに、土壌を満たすのが驚くほど下手だ。なにしろ、窒素はほとんど何とも反応せず、土壌に「固定される」ことがない。豊富で無能で重要という組み合わせは、野心に燃える科学者の格好の標的となった。

窒素を「捕まえる」ためにハーバーが発明したプロセスには数多くの段階があり、いろいろな化学物質が現れては消えていくが、基本的にはこういうことである。窒素を数百度まで熱し、水素ガスを少しばかり注入する。圧力をふつうの大気圧の数百倍にまで上げて、これが肝(きも)なのだがオスミウムを触媒(しょくばい)として少々加えると、あら不思議、ありふれた空気があらゆる肥料の基になる物質アンモニア

NH_3に姿を変えるのだ。安い人工肥料が手に入るようになったことで、農民は草や糞尿を施さなくても土を肥やせるようになった。第一次大戦が勃発する頃にはすでに、ハーバーはおそらく何百万という人をマルサスが予想した飢餓から救っており、現在の世界人口である六七億人のほとんどを養えているのも彼のおかげと言える。*

　実は、右の簡潔なまとめから抜け落ちていることがある。本人がときおり口にしていたのとは裏腹に、ハーバーは肥料にほとんど関心を持っていなかった。彼が安価なアンモニアを追求していたのは、ドイツが窒素系の爆薬――肥料を蒸留してつくる爆弾の一種で、ティモシー・マクヴェイは一九九五年にこれでオクラホマシティーの合同庁舎ビルを爆破している――を開発できるようにするためだった。悲しい真実だが、ハーバーのような人物は歴史によく登場する――科学上の革新技術をゆがめて効率の良い殺傷兵器にしてしまう、言わば狭量なファウストとも呼ぶべき人物だ。ハーバーはあまりに発明の才に長けていて、彼の物語をいっそう暗くしている。第一次大戦が勃発すると、ドイツ軍の首脳部は自国の経済を蝕んでいた塹壕戦の膠着を打開すべく、ハーバーを毒ガス戦部門に起用した。彼はアンモニアの特許に基づく政府との契約で一儲けしようと乗り出したところだったが、自分のプロジェクトを早々に片付けて起用に応えた。この部門はまもなく「ハーバー局」と呼ばれるようになり、ルター派に改宗していた（彼のキャリアに役立った）四六歳のユダヤ人のハーバーを、軍は大尉に昇格させまでした。彼は大尉になったことを大人げなく誇った。

　だが家族は冷ややかだった。ハーバーの「すべてに冠たる」［訳注　ドイツ国歌の一節］姿勢は、彼の人間関係、なかでも彼を悪魔の手から救い出してくれたかもしれない一人の女性、妻のクララ・イマーヴァールとの関係を壊した。彼女も才気煥発で、ハーバーの故郷ブレスラウ（現ポーランドのヴロツワフ）の一流大学で博士号を取得した初の女性となっている。だが、同時代に生きたマリー・キュリーとは違って、イマーヴァールがその本領を発揮することはなかった。というのも、彼女が結婚した相手はハーバーであって、ピエール・キュリーのような開けた男性ではなかったからだ。表面上、この結婚は科学的な野心のある女性にとって悪い選択ではなかったが、化学の才能がどれほど優れていてもハーバーは欠陥人間だった。ある歴史家によると、イマーヴァールは「エプロンを外す機会はまるでなく」、友人相手に「彼ほど無情でも無遠慮でもない人格があっさり壊されてしまうような、家庭や結婚生活において自分を最優先するフリッツの姿勢」に触れて後悔の念を吐露したこともある。彼女は原稿を英訳したり、窒素関連のプロジェクトを技術支援したりしてハーバーを支えたが、臭素ガスの仕事については協力を拒んだ。

しかし、ハーバーはほとんど気にしなかった。ドイツは化学戦で憎きフランスに後れを取っていたことから、何十人という若い化学者が手を上げており、一九一五年初頭にはフランスの催涙ガスに対抗するものを開発した。ところがなんということか、それをドイツは毒ガスを持っていなかったイギリス相手に試している。幸い、フランスによる最初の実戦使用のときと同じようにガスは風で散ってしまい、標的だったイギリス軍部隊――近くの塹壕で死ぬほど退屈していた――は攻撃されたことにまったく気づかなかった。

それにもめげず、ドイツの軍部は化学戦にもっと人手を割こうとしたのだが、一つ問題があった――あのやっかいなハーグ条約のことで、政治指導者は公に（再び）破ることを渋っていた。そこで条約をどこまでも細かく読んで最終的に曲解する、という解決策がとられた。ドイツが署名して同意していたのは「窒息性または有害性ガスの拡散のみを目的とした投射物の使用を禁止する」ことだ。ということは、ドイツの洗練された法律尊重主義的解釈によれば、この条約は霰弾(さんだん)とガスを両方ばらまく砲弾を対象としていない。巧妙な設計を要したが――着弾時に蒸発してガスになる液体臭素を砲弾に詰めるわけだが、その液体がなかで揺れて弾道を乱した――、ドイツの軍産学複合体は問題を乗り越え、臭化キシリルという苛性(かせい)催涙物質を満たした一五センチ弾を一九一五年末までに開発した。ドイツはこれを白い十字架(ヴァイスクロイツ)と呼んだ。そして、今度もフランスには目もくれず、毒ガスの機動部隊を東へ向かわせ、一万八〇〇〇発のヴァイスクロイツをロシア軍にお見舞いした。ところが、今回の攻撃は前回にも増す大失敗となってしまった。ロシアの気温はあまりに低く、臭化キシリルが凍って固体になったのである。

乏しい戦果を精査した結果、ハーバーは臭素に見切りを付け、似た化学的性質を持つ塩素に労力を振り向けた。塩素は周期表で臭素の上にあり、吸い込むとさらにひどいことになる。塩素は電子をもう一個求めてほかの元素をさらに積極的に攻撃し、サイズが臭素より小さいので――原子量は臭素の半分以下――体細胞をより機敏に攻撃できる。塩素は犠牲者の肌を黄や緑や黒に変色させ、目を洪水のような涙で覆う。実際、死に至る場合は肺に水がたまって溺死する。臭素ガスを、粘膜に体当たりする古代ギリシャの歩兵集団による方陣とするならば、塩素のほうは、身体の防御線に沿って進撃し鼻腔や肺を引き裂く電撃戦の戦車だ。

ハーバーによって、笑い話にしかならなかった臭素戦が終わり、今日(こんにち)の歴史書が語り継ぐ無慈悲な塩素戦の段階に突入した。敵の兵士はまもなく塩素系の緑の十字架（グリュンクロイツ）、青い十字架（ブラオクロイツ）、または悪夢のような糜爛剤（びらんざい）である黄色い十字架（ゲルプクロイツ）、またの名をマスタードガスを恐れなければいけなくなった。科学上の貢献だけでは満足せず、ハーバーは史上初めて成功したガス攻撃を熱心に指揮しており、この攻撃で混乱に陥った五〇〇〇人のフランス兵が、ベルギーのイープル近郊の泥だらけの塹壕のなかで焼けただれた。彼はまた、空いた時間にハーバーの法則というおぞましい生物学的法則をつくって、ガスの濃度と曝露（ばくろ）時間と殺傷率との関係を定量化している——考えただけで気が滅入りそうな数のデータを揃える必要があっただろう。

　毒ガスプロジェクトを嫌悪していたクララは、当初から夫に反対し、手を引くよう求めていたが、夫のほうは相変わらずまったく耳を貸さなかった。それどころか、ハーバー局の研究分室で事故が起きて同僚が亡くなったときは（皮肉でもなんでもなく）涙を流しているのに、イープルから帰ってきた日には自分の新兵器を祝って夕食会を催している。もっとひどいことに、クララは、帰ってきた夫が一泊しかしていかないこと、それもさらなる攻撃を指揮するために東部戦線へ向かう途中に立ち寄ったということを知った。夫婦は激しく言い争い、その晩遅く、クララは夫の軍用拳銃を手に邸宅の庭へ出ると、胸を打ち抜いて自殺した。いくらハーバーでも動揺したに違いないが、この件が軍務に差し障らないようにした。葬儀の日取りも指示しないまま、彼は翌朝予定どおりに発ったのである。

　ハーバーというまたとない強みを持っていたにもかかわらず、ドイツは結局あの「すべての戦争を終わらせるための戦争」に敗れ、世界中から非道な国家として非難された。ハーバー自身に対する国際的な評価はというと、むしろ複雑だった。第一次大戦で舞った土埃（あるいはガス）がまだ収まらない一九一九年、ハーバーは空席になっていた一九一八年のノーベル化学賞を受賞しており（ノーベル賞は大戦中は中断されていた）、彼の肥料は戦時中の飢餓から多くのドイツ国民を救えなかったにもかかわらず、受賞理由は窒素からアンモニアを合成するプロセスの発明だった。一方、翌年には国際戦犯として裁かれており、その理由は何十万という人を死傷させ、何百万という人を恐怖に陥れた化学戦を遂行したかどだった――まったく相反する、自分の栄光をみずから貶（おとし）めるような話である。

事態は悪化した。ドイツが連合国に課せられた巨額の賠償金に屈辱を感じながら、ハーバーは賠償金をその手で払うべく、海水に溶け込んでいる金を抽出しようと六年間を無駄に費やした。同じように無益なプロジェクトをほかにも散発的に立ち上げたが、その数年で唯一注目を集めたのが（自分を毒ガス戦の顧問としてソ連に売り込んだことを別として）殺虫剤だった。彼は大戦前にツィクロンA（アー）を開発しており、戦後にドイツのある化学企業が彼の処方を応用して、効率の良い第二世代ガスを開発した。そうこうするうち、過去をすぐに忘れる新しい政治体制がドイツを掌握すると、ナチは即刻ハーバーをユダヤ人であることを理由に追放した。彼はイギリスに渡ったのち、亡命先への旅の途中だった一九三四年に亡くなっている。その間（かん）もツィクロンAにかんする研究は続けられ、彼の死から一〇年もしないうちに、ナチはハーバーの親戚も含めた何百万人というユダヤ人にあの第二世代ガス――ツィクロンB（ベー）――を浴びせたのである。

ドイツがハーバーを追放した理由には、ユダヤ人であったから、ということのほかに、彼が時代遅れになったこともあった。毒ガス戦への投資と並行して、ドイツ軍は第一次大戦中から周期表の別の部分を開拓し始めており、やがて、敵の戦闘員をモリブデンとタングステンという二種類の金属を使って打ちのめすほうが、塩素系や臭素系のガスを使ってやけどさせるより合理的だと判断した。こうして再び、戦争はシンプルで基本的な周期表の化学に立ち戻ることになる。タングステンは第二次大戦を代表する金属になるのだが、モリブデンの物語のほうがある意味もっと面白い。ほとんど知られていないことだが、第一次大戦で最も遠方だった戦闘地は、シベリアでもなければ、アラビアのロレンス相手の戦いが行われたサハラ砂漠でもなく、コロラド州内のロッキー山脈にあったモリブデン鉱山だった。

第一次大戦で毒ガスに続いて最も恐れられたドイツの武器は、ディッケ・ベルタという超重量級の攻城砲で、フランスやベルギーの塹壕だけでなく兵士の精神をもさんざんに打ちのめした。当初のベルタは重さが四三トンあり、分解してトラクターで砲台まで運び、二〇〇人の男が六時間かけて組み立てなければならなかった。だがそれだけのことはあって、直径四二センチ、重さ一トンの砲弾をほんの数秒で一四キロ先まで飛ばすことができた。しかし、ベルタには一つ大きな欠点もあった。重さ一トンの塊(かたまり)を打ち上げるのに大量の火薬を使うことから大量の熱が発生し、それによって六メートルの鋼鉄の砲身が焦げたり反ったりしたのだ。砲撃を二〜三日も続けると、一時間につき数発に制限したとしても、大砲そのものがやられてしまったのである。

兵器製造で有名なクルップ社は、祖国に武器を供給するとなると決して立ち止まらず、鋼鉄の強度を高める処方を見つけた。モリブデンの添加である。モリブデンの融点は二六一七度と、鋼鉄の主成分である鉄より一〇〇〇度以上高いので、あの途方もない熱に耐えることができた。というのも、モリブデンの原子は鉄より大きいことから、高エネルギー状態になるのに時間がかかるうえ、電子の数が六〇パーセント多いので、吸収する熱が多く結合が固いのだ。もう一つある。固体中の原子は温度が変わると自然に、そして往々にして破壊的にみずからを並べ直し（詳しくは第16章で取り上げる）、そのため金属は脆(もろ)くなってひびが入ったり強度が落ちたりすることが多い。ところが、鋼鉄にモリブデンを添加すると鉄の原子がゴムで固められたようになってずれなくなるのである（このことに最初に気づいたのはドイツ人ではない。一四世紀の日本でのこと、ある刀鍛冶(かたなかじ)が鉄にモリブデンを振りまいて、かの島国の武士がほかのどれより欲しがった日本刀を作りあげた。その刃は決して鈍(なま)ったりこぼれたりしなかったという。だが、この日本のウルカーヌスは秘伝とともに死んでしまい、その技は五〇〇年以上失われたままだ――優れた技術が必ずしも広まるわけではなく、廃(すた)れてしまうことが多いという一つの証(あかし)と言える）。

　話を塹壕に戻すと、ドイツはまもなく、第二世代の「モリ鋼」砲でフランスやイギリスに弾をどんどん撃ち込んだのだが、すぐにベルタ砲のまた別の大きな欠点に直面した――モリブデンの供給源がなく、在庫を切らしてしまうおそれがあったのだ。実は、知られていた唯一の供給源が、コロラド州のバートレット山の、破産してほとんどうち捨てられていた鉱山だったのである。

　第一次大戦前、ある地元民が鉛かスズらしき鉱脈を発見して、バートレット山の所有権を主張した。この二種類の金属は一ポンド当たり少なくとも数セントにはなりそうだったが、使い道のないモリブデンについては採算が取れないとわかり、採掘権をオーティス・キングという、ネブラスカ州からやってきた身長一六五センチほどの威勢のいい銀行家に売り渡した。いつでも商魂たくましいキングは、それまで誰もわざわざ導入しなかった新しい抽出技術を採り入れ、あっという間に二六〇〇キログラムほどの純粋なモリブデンを手に入れた――これが多かれ少なかれ禍を呼ぶことになる。三トン近いこの数字は世界の年間モリブデン需要を五〇パーセントも上回っていて、キングは市場を溢れさせたばかりか、みずからの手で価格を下げてしまった。だが、少なくともキングによる目新しい試みに注目したのか、アメリカ政府はそれを一九一五年の鉱物関係の公報で触れた。

ほとんど誰も見向きもしなかったこの公報に注目したのが、ドイツのフランクフルトに本社を置き、ニューヨークにアメリカ本社を持っていた巨大な国際鉱業企業だった。最近のある記述によると、このメタルゲゼルシャフト社は精錬所、鉱山、精油所などの「触手」を世界中に持っていた。フリッツ・ハーバーと親密な関係にあった同社の経営陣は、キングのモリブデンにかんする記事を読んで、コロラドの会社のトップだったドイツ人のマックス・ショットに対し、バートレット山を押さえるよう指示した。

ショット――「催眠術のように人の心を見通す目」を持つと言われた男――はクレームジャンパー［訳注　他人が法的権利を持つ財産を違法に占拠する人］を送り込んで権利を主張させるとともに、キングを法廷に引きずり出して、すでにあえいでいた鉱山経営に大きな出費を課した。荒っぽいクレームジャンパーともなると、鉱員の妻や子どもを脅したり、気温がマイナス三〇度近くまで下がる冬に野営地を壊したりしている。キングのほうも、「二丁拳銃のアダムズ」という名の、脚に古傷を抱えていた無法者を用心棒に雇ったが、あのドイツ人の手先たちはかまわずキングに手をかけた。ナイフやつるはしを使って山道で彼を襲い、切り立った崖から突き落としたのである。キングが命拾いしたのは、偶然うまいところに雪だまりがあったおかげだ。ある鉱員の自称「男勝りの嫁」が当時を思い出して語ったところによると、ドイツ人たちは「キングの会社を邪魔するためなら、あからさまな殺人以外はなんでも」やった。キングのもとで働く肝の据わった労働者たちは、命がけで掘っているこの発音しにくい金属を「モリビダム（Molly be damned（くたばれモリー））」と呼び始めた（モリブデンの英語〔morybdenum〕での発音はモリビディヌム）。

ドイツでモリー、ことモリブデンが何の役に立っているのか、おぼろげながら知っていたキングは、ヨーロッパと北米でそれを知っていた唯一の非ドイツ人に等しかった。イギリスが一九一六年にドイツの武器を押収し、それを溶かして分析してようやく、連合国はこの奇跡の金属（ヴンダーメタル）を発見したが、ロッキー山脈での悪行は続いていた。アメリカは一九一七年まで第一次大戦に参戦しておらず、ニューヨークにあったメタルゲゼルシャフト社の子会社が「アメリカン・メタル」という愛国的な社名を名乗っていたこともあり、アメリカン・メタル社を監視する特別な理由はなかった。マックス・ショットの「会社」に依頼を出していたのはこのアメリカン・メタル社で、政府が一九一八年頃に始めた事情聴取に対し、同社はあの鉱山を合法的に所有していると主張した。困り果てたオーティス・キングがわずか四万ドルでショットに売却していたのである。そして同社はしぶしぶ、採れたモリブデンをたまたま全部ドイツに出荷したばかりであることを認めた。政府はただちにメタルゲゼルシャフト社の米国株式を凍結し、バートレット山を国の管轄下に置いた。だが悲しいかな、こうした措置は手遅れで、ドイツのディッケ・ベルタ砲を生産停止に追い込むには至らなかった。一九一八年という大戦終盤に、ドイツはモリ鋼砲を使って一二〇キロという驚異的な遠方からパリを砲撃している。

唯一下された正義は、モリブデンの価格が下がりに下がって、休戦後の一九一九年三月にショットの会社が破産したことだ。キングは採鉱に復帰し、今度は自動車のエンジンにモリ鋼を使うようヘンリー・フォードを説得して億万長者になった。だが、戦争におけるモリーの時代は終わった。第二次大戦が始まる頃になると、鉄鋼生産におけるモリブデンの地位は、周期表でその一つ下の元素であるタングステンに取って代わられた。

ところで、モリブデンが周期表のなかで最も発音しづらい元素の一つなら、タングステンは最も戸惑わされる化学記号を持つ元素に数えられる。タングステン（tungsten）という名前とはなんの脈絡もなさそうなWという化学記号は、実はこの金属のドイツ語名ヴォルフラム（Wolfram）の頭文字であり、このWolf〔訳注　「オオカミ」から派生した「残忍な人」、「強欲な人」の意味もある〕は第二次大戦でこの金属が果たすことになる暗い役回りを正しく予言していたのだった。ナチスドイツは工作機械の製作や装甲板を貫通する砲弾の製造にとにかくタングステンを欲しがり、そのヴォルフラム欲ときたら略奪までしていた黄金欲を上回るほどで、ナチの高官は黄金をタングステンと喜んで交換した。それで、ナチの貿易相手はどこだったのか？　枢軸国だったイタリアや日本ではないし、ドイツが蹂躙（じゅうりん）したポーランドやベルギーなどの国々でもない。ドイツの軍需工場のオオカミのごときタングステン欲を満たしたのは、建前上は中立国だったポルトガルである。

当時のポルトガルは、ある種位置づけに悩むような国だった。連合国には大西洋上のアゾレス諸島にある重要な空軍基地を貸していたほか、映画『カサブランカ』をご覧になった方ならご存じのように、リスボンへの脱出は、イギリスやアメリカへ安全に渡航できるとあって、すべての難民の目指すところだった。ところが、ポルトガルの独裁者アントニオ・サラザールは、政府内に親ナチの存在を容認して枢軸国のスパイに聖域を提供した。また、戦時中は連合国と枢軸国のどちらにもいい顔をして何千トンというタングステンを輸出している。元経済学教授という肩書きはだてではなく、サラザールは自国がタングステン供給をほぼ独占していたことを活かして（ヨーロッパの供給の九〇パーセント）、平時の一〇〇〇パーセントもの利益を上げた。ポルトガルにドイツとの長い交易関係があって、戦争貧乏になることを心配した、というのであれば弁護のしようもあるのだが、サラザールがかなりの量のタングステンをドイツに売り始めたのは一九四一年にもなってからで、どうやら彼は、自国は中立を宣言しているのだから両陣営に同じようにふっかけて当然と考えていたふしがある。

タングステンの取引に至った経緯はこういうことだ。モリブデンから教訓を得るとともに、タングステンの戦略的重要性を認識していたドイツは、国境を越えてポーランドやフランスへと領土を広げ始める前からタングステンを備蓄しようとしていた。タングステンは最も硬い部類の金属として知られており、これを鋼鉄に添加すると質の高いドリルの先端やノコギリの歯ができた。加えて、ミサイル――いわゆる運動エネルギー弾［訳注　爆薬ではなく直接衝突の運動エネルギーで目標を破壊する兵器］――をそう大きくしなくても、タングステンの弾頭を備えていれば戦車を破壊できた。タングステンがほかの金属添加物より優れている理由は周期表から読み取れる。タングステンはそのすぐ上にあるモリブデンと似たような性質を持っているが、電子の数が多いので三四〇〇℃くらいになるまで融けない。さらに、原子がモリブデンより重いことから、タングステンは鉄原子がずれないようにする重石（おもし）としてさらに優れている。前にも触れたように、機敏な塩素はガス攻撃でうまく働いた。金属の場合は、タングステンの硬さと強さが魅力となったのである。

あまりに魅力的だったため、浪費家のナチ政権はタングステンの備蓄を一九四一年までに使い果たし、その時点から総統みずからが調達にかかわった。ヒトラーは閣僚に対し、できるだけ多くのタングステンを確保し、貨物列車に積めるだけ積んで、征服したフランスを経由して運んでくるよう命令した。やるせない話だが、ある歴史家によると、この灰色の金属にかんしては闇取引とはほど遠く、調達過程はすっかり丸見えだった。タングステンはポルトガルから、これまた「中立」だったファシスト国家スペインを経由して出荷され、ナチがユダヤ人から奪った金（きん）——ガス室行きになったユダヤ人の歯からねじり取られた金も含まれていた——のほとんどが、リスボンの銀行と、どちら側にもつかなかったまた別の国であるスイスの銀行で浄化（ロンダリング）された（リスボンのある大手銀行は五〇年後になっても、受け取った四四トンの金塊が不浄なものだったことを政府の役人は知らなかったと述べていた。金塊の多くに鉤十字が押されていたというのに）。

ドイツとまぎれもない交戦状態にあったイギリスさえ、自国の若者を殺すのに使われているタングステンにいちいち目くじらを立てはしなかった。首相だったウィンストン・チャーチルは、ポルトガルのタングステン貿易を非公式に「褒められた行為ではない」と述べたが、この発言が誤解を招かないよう、サラザールがイギリスの明らかな敵国とタングステン貿易をしていることを「もっともなこと」だと付け加えている。またしても、断固として異を唱えたのはアメリカだった。表向きは社会主義のドイツに利をもたらしたこの露骨な資本主義は、自由主義のアメリカを卒倒させた。イギリスがなぜポルトガルにおいしい中立の立場を諦めるよう要請しないのか、あるいは徹底的に脅さないのか、アメリカの政府高官にはまったく理解できなかった。アメリカから長期にわたって圧力を受け続けてようやく、チャーチルは独裁者サラザールを力ずくで押さえ込みにかかった。

それまでサラザールは（道義的な問題をしばらく棚に上げると）、あいまいな約束と秘密の条約と巧みな駆け引きで両陣営の対立を見事に利用し、タングステンを積んだ貨車を送り出し続けた。彼は自国唯一の輸出産品の価格を一九四〇年のトン当たり一一〇〇ドルから一九四一年には二万ドルにまで押し上げ、このタングステン狂騰の三年間で一億七〇〇〇万ドルを銀行に貯め込んだ。口実がなくなってようやく、サラザールはナチに対するタングステンの全面輸出禁止を一九四四年六月七日——いわゆるDデーの翌日——に命令したが、この時すでに連合国の指導者たちはあまりに忙しくて（そしてほとほと愛想を尽かして）彼を罰しなかった。確か『風と共に去りぬ』のレット・バトラーが、富を築けるのは国の発展か崩壊のときぐらいというようなことを言っていた気がするが、サラザールにとっては、まさにわが意を得たり、といったところだったろう。「ヴォルフラム戦争」で最後に大笑いしたのは、かのポルトガルの独裁者だったのである。

タングステンとモリブデンは二〇世紀後半に始まる本格的な金属革命の予兆でしかない。元素の四つに三つは金属だが、鉄とアルミニウムとあといくつかを除くと、ほとんどは第二次大戦前の周期表の穴を埋めただけだった（実のところ、四〇年前ならこの本は書けなかった——とりたてて言えることはなかったのである）。それが、一九五〇年あたり以降、どの金属も表のなかに居場所を見つけている。ガドリニウムは磁気共鳴画像法（ＭＲＩ）にうってつけだし、ネオジムはこれまでにないほど強力なレーザーをつくる。スカンジウムは、今ではアルミニウム製の金属バットやバイクのフレームにタングステン同様の添加物として使われているが、ソ連は一九八〇年代に軽量ヘリコプターの開発に用いたほか、北極地方の地下に格納したＩＣＢＭ（大陸間弾道弾）の弾頭に用いて、核爆弾が厚い氷を貫通できるようにしたという噂がある。

悲しいかな、金属革命中のこうした技術発展を尻目に、一部の元素は戦争に手を貸し続けた――それもずいぶん前のことではなく、ここ十数年の話である。そういった事情にふさわしく、うち二つの元素の名は、途方もない苦しみで知られているギリシャ神話の二人の神から採られている。ニオベーは、七人の美しい娘と七人のハンサムな息子を自慢したことで神々の怒りを買った――すぐに気分を害するオリンポスの神々は、ニオベーは生意気だとして、まもなく子どもたち一四人全員を殺した。ニオベーの父親であるタンタロスは、自分の息子を殺して神々の宴会に供した。その罰として、タンタロスは永久に川に首まで浸からされ、リンゴがたわわになった枝を鼻先にぶら下げられた。ところが、タンタロスが食べたり飲んだりしようとすると、リンゴは手の届かないところまで吹き飛ばされ、水は退くのだった。このように、欲するものに手の届かないこと、あるいは愛するものを失ったことがタンタロスとニオベーを苦しめたのに対し、この二人にちなんだ名前の元素の場合は、あり余るほど存在することで、おびただしい数の命を中央アフリカにおいて奪ってきた。

たった今、あなたのポケットのなかにはかなりの確率で、タンタルとニオブという元素が入っているはずである。周期表でその周りにある元素と同様、どちらも密度が高く、熱に強く、腐食しない金属で、電荷をよく蓄える――携帯電話の小型化に欠かせない性質だ。一九九〇年代なかば、携帯電話の設計者は両方の金属、特にタンタルを、世界最大の供給国だったコンゴ民主共和国（当時はザイール）に求め始めた。コンゴは中央アフリカでルワンダの隣にあって、多くの方が一九九〇年代のルワンダ虐殺を覚えているだろう。だが、おそらく誰も覚えていない一九九六年のある日、地位を追われてコンゴ領内に逃げ込んでいたフツ族の元ルワンダ政権側に、ルワンダ政府軍が国境を越えて攻撃をしかけた。当時、これはルワンダ人の紛争が数キロ西へ広がっただけに見えたが、今にして思えばこれこそ、それまでの一〇年でたまっていった部族間紛争のたき付けに火をつけたのだ。最終的には九カ国と二〇〇の部族――それぞれ古くからの同盟関係と晴らされていない恨みを持っていた――が密林で戦いを繰り広げた。

とはいえ、大規模な軍隊が介入していたらコンゴ紛争は収まった可能性が高い。しかし、アラスカより広くてブラジルのような密林を持つコンゴは、アラスカやブラジルに比べて道路によるアクセスが不便で、要は長期戦に向かない。さらに、貧しい住民は迎え撃って戦うだけの余裕がない。金銭が懸かれば話は別なのだが。そこへ、タンタルとニオブと携帯電話技術が登場する。ここで、私にこれらを直接責める気はない。言うまでもなく、戦争を起こしたのは携帯電話ではない――憎しみと恨みだ。だが同様に言うまでもなく、キャッシュの流入は紛争を長引かせた。コンゴが世界供給の六〇パーセントを占めているこの二種類の金属は、地中ではコルタンと呼ばれる鉱物に混在している。携帯電話の需要に火が付くと――一九九一年には実質的にゼロだった販売額が二〇〇一年には一〇億ドルを超えている――、西洋社会の渇望もタンタロスに負けないほど強いことが明らかになり、コルタンの価格は一〇倍に跳ね上がった。携帯電話メーカーのために働く鉱石の買い付け人はコルタンの出所（でどころ）

を確認も気にもしなかったし、コンゴの鉱員は自分たちが掘った鉱物の用途をまったく知らず、白人が金を払ってくれること、そしてその利益をひいきの軍隊の支援に使えることだけを知っていた。

妙な話だが、タンタルとニオブにこうまで忌まわしいイメージがまとわりつくようになった理由は、コルタンが実に民主的だからだ。詐欺師まがいのベルギー人がコンゴでダイヤモンドや金の鉱山を経営していた頃とは違い、コルタンを牛耳る巨大複合企業はなく、掘るのに掘削機やダンプカーも要らなかった。シャベルと健康な腰を持つ者なら誰でも、川床から何キロ分も掘り出せたのである（外見は濃厚な泥）。ものの数時間で、農民は隣人が一年かけて稼ぐ額の二〇倍も稼ぐことができ、儲けが増えるにつれ、男たちはコルタン探しを優先して畑を放り出した。このことが、すでに不安定だったコンゴの食糧供給を混乱させた。人びとは食肉用にゴリラを獲り始め、それも増えすぎたバッファローを獲るがごとく獲ったため、事実上絶滅させてしまっている。だが、ゴリラの死も人間の虐殺に比べるとかすんでしまう。無政府状態の国に資金が流れ込んでいいことはない。荒々しい形態の資本主義が幅を利かせ、そこでは命も含めてなんでも売り物にされる。フェンスで囲まれた巨大な「キャンプ」があちこちにつくられて、奴隷と化した売春婦が働かされたり、数え切れないほどの懸賞が血なまぐさい殺戮に懸けられたりした。勝ち誇った者は犠牲者の身体に屈辱を与えるのに、はらわたをみずからの身体にまとって戦勝を祝う踊りを踊った、などという身の毛のよだつ話も伝わってきている。

コンゴでの紛争は一九九八〜二〇〇一年に熾烈を極め、ここに至って携帯電話メーカーは自分たちが無政府状態の社会に資金を提供していたことに気がついた。評価していいことだが、各メーカーは高くつくにもかかわらずタンタルやニオブをオーストラリアから買い始め、コンゴの紛争は少し鎮まった。それでもなお、二〇〇三年に停戦協定が公式に結ばれたにもかかわらず、同国の東半分、すなわちルワンダ近くでは、事態は今なおあまり沈静化していない。そして最近、また別の元素であるスズが戦闘に資金を供給し始めた。二〇〇六年、ヨーロッパ連合は一般消費者向けの製品に鉛はんだを使用することを禁じ、ほとんどのメーカーが鉛をスズに置き換えた――このスズもたまたまコンゴに大量に埋蔵されているのである。ジョゼフ・コンラッドはかつてコンゴで行われていたことを「人類の良心の歴史をすっかり汚（けが）した、最も下劣な金目当ての略奪」と呼んだが、この見方を変える理由は今のところほとんどない。

こうしたわけで、一九九〇年代なかばから数えて五〇〇万を超える人が殺されており、第二次大戦以降で最大規模の人命損失となっている。かの地での争いは、周期表が数々の高揚の瞬間を演出するばかりではなく、人間の最も醜く残虐な本能にも訴えうることを証明している。

第6章

表の仕上げ……と爆発

Pm Pu Co

超新星が太陽系にばらまいたあらゆる天然元素は、若いどろどろの惑星にかきまぜられて、地殻でよく混ざり合っている。だが、このプロセスだけでは地球上の元素存在比を説明し尽くせない。超新星爆発ののち、一部の元素は絶滅した。そうした元素の原子の芯たる核があまりに脆く、天然のままでは生き延びられなかったからだ。こんなに不安定なのかと科学者は愕然とし、周期表には説明のつかない穴が残された――この穴は、メンデレーエフの時代のそれとは違って、科学者がいくら必死に探してもどうにも埋まらなかった。ゆくゆくは埋まるのだが、それは科学者が新しい科学分野を打ち立てて元素を自前でつくれるようになったあと、そして一部の元素の脆さの陰に目も眩むような危険が隠れているのを明らかにしたあとのことだった。原子をつくることと壊すことには、誰のどんな思い切った予想よりはるかに密接な結びつきがあったのである。

この物語の始まりは、第一次大戦直前のイギリスのマンチェスター大学にさかのぼる。同大学には優秀な科学者が揃っており、そのなかにアーネスト・ラザフォード教授がいた。ラザフォードの教え子のなかで最も将来を嘱望されたのは、もしかするとヘンリー・モーズリーかもしれない。あのチャールズ・ダーウィンも評価していた博物学者の息子ではあったが、モーズリーは物理科学分野に惹かれていった。彼は臨終間際の徹夜の看病に臨むかのような態度で実験に当たった。やりたいことすべてを終えるには時間がいくらあっても足りないとばかりに一五時間ぶっ続けで取り組み、食事はフルーツサラダとチーズだけで済ませた。また、天分に恵まれた者の例に漏れず、彼も嫌みで頑固で怒りっぽく、大学にいた外国人の「臭うような不潔さ」をあからさまに嫌悪している。

だが若きモーズリーの才能はそんなふるまいを帳消しにして余りあった。ラザフォードは時間の無駄だと反対したが、モーズリーは電子ビームをぶつけて壊すことによる元素の研究に夢中になっていった。ラザフォードはダーウィンの孫にあたるこの物理学者をパートナーに選び、一九一三年、当時発見されていた金までのすべての元素を系統立てて調べ始めた。今日知られているとおり、電子ビームを原子にぶつけると、ビームは原子が持っていた電子をはじき出して空席をつくる。電子と陽子は互いに符号が逆の電荷を持っていて、電子は原子核に引かれているところへ、その電子を核から引き剥がすというのだから荒っぽい。自然は真空を嫌い、ほかの電子がすぐさま飛び込んできてその空席を埋めることから、原子を壊すと高エネルギーの電磁波であるX線が電子から放たれる。さぞ胸躍ったことだろう、モーズリーはX線の波長と、原子が核に持っている陽子の数と、元素の原子番号（周期表における位置）とのあいだに数学的な関係を見出した。

メンデレーエフが一八六九年にあの有名な表を公開して以来、周期表は何度か修正を経ていた。彼は当初、表を今とは縦横逆に並べていたが、ある科学者がメンデレーエフに九〇度回転させた今の向きを示した。それから四〇年ほど、科学者は列を加えたり元素を並べ替えたりと表をいじり続けていた一方で、表に変則的な部分が出てきたことで、自分たちは表を心底理解しているという自信が突き崩され始めてもいた。ほとんどの元素は原子量が増える順で表に並んでいる。この基準に従えば、ニッケルはコバルトの前になるはずだ。しかし、元素をそれらしく並べるため——コバルトがコバルトっぽい元素の上になり、ニッケルがニッケルっぽい元素の上になるようにするため——、化学者はこの二つの位置を入れ替えなければならなかった。なぜそうする必要があるのか誰も知らなかったうえ、悩ましいケースはこれだけではなかった。とにかく、この問題をかわすため、科学者は当座しのぎに原子番号を考案したのだが、そのことは「原子番号の本当の意味を誰も知らない」という事実をかえって浮き彫りにしていた。

この謎を、まだ二五歳だったモーズリーが、問題を化学から物理学に翻訳することによって解決した。ここで知っておくべき重要な点は、原子核などというものがあると考える科学者が当時ほとんどいなかったことだ。きわめて強い正電荷をもつ小さな核というアイデアをラザフォードが唱えたのはわずか二年前の一九一一年のことで、当時はまだ証明されてなく、科学者が受け入れるには不確定要素が多すぎた。そこへ、モーズリーの仕事が初めて確証をもたらしたのである。これまたラザフォードの弟子だったニールス・ボーアが回想しているように、「今にしてみれば信じ難いことだが、「ラザフォードの仕事は」真剣には受け取られなかった。……そんな状況を大きく変えたのがモーズリーだった」。その理由は、モーズリーが核の正電荷と原子番号を対応付けて、表における元素の位置と物理的な性質とを結びつけたからだ。加えて、その実験は誰でも追試できるものだった。これにより、元素の並び順は恣意的なものではなく、原子の内部構造の正しい理解からもたらされることが証明された。コバルトとニッケルのようなねじれたケースもあっさり説明がついた。軽いニッケルのほうが陽子の数が多く、ひいては正電荷も強いので、コバルトの後ろになければならなかったのである。メンデレーエフをはじめとする科学者が元素のルービックキューブを発見したとするなら、モーズリーはそれを解いたわけで、それ以降は誰も説明をごまかす必要がなくなった。

さらに、モーズリーの電子銃は分光器と同じような役割を果たした。混乱の元だった数々の放射性元素を区別したり、新元素の偽報告を反証したりすることを通じて、周期表を整理したのである。モーズリーは、表にまだ四カ所の穴——四三番、六一番、七二番、七五番元素の分——が残っていることも示した（一九一三年当時、金より重い元素については、実験したくても適切な試料は高くて手が出なかった。手に入れていたら、八五番、八七番、九一番元素の穴も彼が見つけていたに違いない）。

不幸なことに、この時代は化学者と物理学者は互いを信用してなく、何人かの高名な化学者は、本人が言うほど大したことをモーズリーが発見したのかどうかを疑った。フランスのジョルジュ・ユルバンは、何かはわからない希土類（きどるい）元素がイッテルビー産の鉱石のように混在したものを持ち込んで、この若造に挑戦を試みた。ユルバンは二〇年も苦労して希土類の化学を会得し、彼の試料に含まれていた四つの元素を何カ月もの退屈な作業の末に単離していたので、モーズリーに恥をかかせるとまではいかなくても、困らせるくらいはできると踏んだのだ。ところがモーズリーは初めて顔を合わせてから一時間もしないうちに、漏れのない正しい一覧を手にユルバンのもとへ戻ってきたという。* メンデレーエフをあれほど悩ませた希土類をいとも簡単に整理できるようになっていたのである。

だが、実際に整理をやり遂げたのはモーズリーではなかった。彼は核科学の先駆者だったにもかかわらず、神々はプロメテウスのときのように、暗闇を照らしてのちの世代を導いたこの若者を罰した。第一次大戦が勃発すると、モーズリーは軍に志願し（軍は渋ったのだが）、一九一五年に行われた運命のガリポリの戦いに加わった。ある日、トルコ軍がイギリス軍の前線に八列方陣で突進し、戦いはなりふりかまわぬ市街戦になった。この野蛮な乱闘のどこかで、二七歳だったモーズリーは命を落としたのである。あの大戦がいかに無益だったかについては、やはり戦場で死を遂げたイギリスの詩人たちを通じてよく知られている。だが、ある同業者は、ヘンリー・モーズリーを失ったことだけでも、すべての戦争を終わらせるためというあの大戦は「史上最も忌まわしく最も取り返しのつかない犯罪の一つ*」として歴史に残るだろうと吐き捨てた。

科学者がモーズリーに表しうる最大の弔意は、彼が指摘したまだ見ぬ元素をすべて探し出すことだった。実際、モーズリーによって何を探せばいいのかはっきりしたことから、元素ハンターの士気は大いに上がり、元素狩りは過剰なほどの活況を呈した。ハフニウムとプロトアクチニウムとテクネチウムについては、誰が最初に仕留めたのかにかんしてすぐに争いが始まったし、一九三〇年代末期には二つの研究グループが、実験室で元素をつくることで八五番めと八七番めにあった空白を埋めている。こうして、一九四〇年には、獲物となる未発見の天然元素はただ一つ、六一番元素だけになっていた。

だが奇妙なことに、それを狙って探している研究チームは世界中を探してもわずかしかなかった。

エミリオ・セグレというイタリア人物理学者の率いるチームがこの元素の人工試料をつくりにかかり、一九四二年におそらく成功したのだが、何度か単離しようとして諦めている。その七年後にようやく、テネシー州のオークリッジ国立研究所に在籍していた三人の科学者が、フィラデルフィアで開かれたある科学会議の場で立ち上がり、使用済みウラン鉱をより分けて六一番元素を発見したことを発表した。数百年という化学の営みの末、周期表の最後の穴が埋まったのである。

ところが、この発表はあまり興奮を巻き起こさなかった。三人は続けて、六一番元素は二年前に発見していたが、ウランにかんするほかの仕事——こちらが本業だった——が忙しくて結果の発表が遅れたと述べている。メディアの報じ方も発見者と同じように冷めていた。《ニューヨークタイムズ》紙は、最後の穴が埋まったというこの知らせを、一〇〇年間途切れず石油を汲み上げられるという怪しい採掘技術の記事と同じ欄に押し込んだし、《タイム》誌はこのニュースを、発表のあった当の会議を総括する記事で触れるにとどめたうえ、かの元素を「たいして役に立たない」ものと鼻であしらっている。*三人はまた、この元素をプロメチウムと名付けるつもりだとも語った。この世紀にそれまで発見されていた元素には、自慢げな名前か、せめて説明的な名前が付けられていたが、プロメチウム——由来となったプロメテウスはギリシャ神話に登場するティタン族の一人で、火を盗んで人間に与えたかどで、拷問として肝臓をハゲワシの餌にされた——という名前からはなにか重苦しく残酷な印象を受け、罪悪感さえ覚えそうだった。

いったい、モーズリーの頃から六一番元素が発見されるまでのあいだに何が起こったのだろう？なぜ元素狩りは、モーズリーの死を同業者が取り返しのつかない犯罪と呼んだほど重要な仕事だったのが、新聞で数行で済まされる仕事になってしまったのか？　確かにプロメチウムに用途はなかったが、なんといっても科学者という人種は実用性のない発見を喜ぶものだし、周期表の完成は、延べ何百万時間という仕事が結実した成果としてきわめて意義深いことだった。また、科学者が新元素探しに単に疲れ果てたわけでもなかった――このテーマにかんしては冷戦中でさえほとんどずっと、アメリカとソ連の科学者のあいだの争いは止むことがなかった。そうではなく、核科学の性質と怖ろしさが変わってしまったのだ。世間があれを見てしまったあととなっては、プロメチウムのような並みの元素では、プルトニウムやウランのような重い元素のように、ましてやその成果として有名な原子爆弾のようには、人びとを興奮させなくなっていたのである。

一九三九年のある日の午前中、カリフォルニア大学バークレー校の若き物理学者が、学生会館内の床屋の理容椅子に納まって髪を切ってもらっていた。その日の話題など知る由もない――唾棄すべきヒトラーのことだったかもしれないし、ヤンキースが四年連続でワールドシリーズを制するかどうかだったかもしれない。とにかく、ルイス・アルヴァレズ（まだ恐竜絶滅にかんする説で有名になる前）が世間話をしながら《サンフランシスコクロニクル》紙をぱらぱらめくっていたところ、ドイツのオットー・ハーンによる実験を伝える外電が目に飛び込んできた――ウラン原子の核分裂についてだった。友人の回想によると、アルヴァレズは「鋏を入れている最中」だった床屋を制して前掛けを大急ぎで外し、自分の研究室への道のりをダッシュで戻ると、ガイガーカウンターを手にとって、照射済みのウランのところへ直行した。そして、切りかけの髪のまま、彼は自分の叫び声が届く範囲にいた全員を呼び集めて、ハーンの発見を実演した。

アルヴァレズのこの度の失い方は、ほほえましいという以上に、当時の核科学の状況を象徴している。原子の核のふるまいにかんする理解は、ゆっくりとではあったが着々と深まっており、知識の断片があちこちから得られていた——そこへ、この発見一つをきっかけに突然お祭り騒ぎが始まったのである。

モーズリーは原子や核にかんする科学に筋の通った足がかりを与え、一九二〇年代には多くの才能がこの分野に流れ込んだ。にもかかわらず、成果を上げるのは思ったより難しかった。低迷の一因は、間接的にだが、モーズリーにあった。彼の仕事は、鉛二〇四と鉛二〇六のように、同位体は正味の正電荷が同じなのに原子の重さが違うことがありうると示していた。陽子と電子しか知られていない時代に、科学者はその事実を説明するのに困って、核内にある正電荷の陽子が負電荷の電子をパックマンのように飲み込んでいるという非現実的なアイデアを考えたりした。*また、原子より小さい粒子のふるまいを理解するため、科学者はまったく新しい数学ツール——量子力学——を考案する必要に迫られており、シンプルな水素原子単体への当てはめ方を見つけることにさえ何年もかかっていた。

その間(かん)、科学者は関連分野として放射能にかんする研究、すなわち、核が壊れるしくみに関する研究を発展させていた。それまで見つかっていた原子はどれも電子を与えたり盗んだりできることが知られていたが、マリー・キュリーやアーネスト・ラザフォードなどの先駆者は、一部のまれな元素は原子版の霰弾(さんだん)を飛ばしてみずからの核を変えられることに気づいていた。特に、ラザフォードはあらゆる霰弾をわずか数種の一般形に分類することに貢献し、ギリシャ文字を使ってそれぞれアルファ

（α）崩壊、ベータ（β）崩壊、ガンマ（γ）崩壊と名付けた。ガンマ崩壊は最もシンプルかつ致命的だ——これが起こると核が強いX線を放射し、今日（こんにち）ではこれが核による悪夢の代表格である。あと二種類の放射性崩壊には、ある元素が別の元素に変わるという、一九二〇年代に研究が進んだ興味深いプロセスが伴う。だが、元素はそれぞれ特有のやり方で放射性を示したため、科学者はアルファ崩壊やベータ崩壊の奥に潜む基本的な性質を突き止められずにいたばかりでなく、同位体の性質についても解明が進まず苛立ちを募らせていた。パックマン模型は失敗に終わり、やけになって、新たな同位体の増殖に対処するには周期表をお払い箱にするしかないとまで言い出す者も現れた。

そこへ、科学者が一斉に額を打つとき——「そういうことか！」の瞬間——が一九三二年にやってきた。これもラザフォードの教え子であるジェイムズ・チャドウィックが、電気的に中性の中性子という素粒子を発見した。これが電荷を加えず重さを加えていたのだ。原子番号にかんするモーズリーの洞察をこれと考え合わせることで、原子（少なくとも隔離された単独の原子）というもののつじつまがいきなり合った。中性子の存在は、鉛二〇四と鉛二〇六が重さは違ってもやはり共に鉛だということを意味した——核に同じだけの正電荷を持っており、周期表の同じ枠に納まるのである。放射能の性質も不意に理解された。ベータ崩壊は、中性子から陽子に、またはその逆に変わることだと捉えられた——そして、陽子の数が変わるので、ベータ崩壊は原子を別の元素に変えるのだ。アルファ崩壊も元素を変える。アルファ崩壊は核レベルで最も劇的な変化だ——二個の中性子と二個の陽子が剝ぎ取られるのである。

それから数年、中性子は理論上のツール以上のものになった。まず、原子の内部構造を探るための素晴らしい手段をもたらした。というのも、電荷を帯びた粒子は電気的にはね返されるが、中性子ならその心配なしに原子にぶつけられるからだ。また、新しい種類の放射性現象を誘発できるようにもなった。元素、なかでも軽い元素は、中性子と陽子の比をだいたい一対一に保とうとする。原子が中性子の持ちすぎになると、みずから分裂し、その過程でエネルギーと過剰な中性子を放出する。近くの原子がそうした中性子を吸収すると、今度はそれが不安定になって分裂し、さらに中性子を放出する……という繰り返しがいわゆる連鎖反応だ。一九三三年頃のある日、朝のロンドンで信号待ちをしていたレオ・シラードという物理学者が、核の連鎖反応にかんするアイデアを思いついた。彼はそれを一九三四年に特許申請し、一九三六年にはすでに、いくつかの軽い元素を使って連鎖反応を起こそうと試みている（そして失敗している）。

ここで、この年代に注目されたい。電子と陽子と中性子にかんする基本理解がかみ合ったまさにその頃、旧世界の政治秩序が崩れつつあった。アルヴァレズが理容椅子のなかでウランの崩壊にかんする記事を読んだとき、ヨーロッパには暗雲が立ちこめていた。

時を同じくして、優雅な古き良き元素狩りの時代も終わりを告げた。原子の内部構造にかんする新たな模型を手にした科学者は、周期表で未発見のいくつかの元素が見つからないのは、それらが本質的に不安定だからだと認識し始めた。原始の地球に豊富にあったとしても、とうの昔に崩壊しているのである。この認識は周期表の穴をうまく説明したが、また別の問題を生んだ。不安定な元素について探り出すとすぐ、科学者は核分裂の解明や中性子の連鎖反応の解明でつまずいた。そして、原子を分裂させられること――加えて、その事実が科学と政治の両面で意味すること――を知った瞬間、新元素を集めて見せびらかすのが素人の道楽のように思えてきた。ちょうど、一九世紀の撃ち殺して観察する古くさい生物学を今の分子生物学と比べたときのように。こうした理由に加え、一九三九年に勃発した世界大戦と原子爆弾の現実味とが科学者に睨みを効かせていたせいで、その一〇年後まで誰一人プロメチウムを捕まえようとしなかったのである。

核分裂を利用した爆弾の現実味に科学者がどれほど興奮したにせよ、理論と現実とのあいだをかなりの量の仕事が隔てていた。今では考えられないことだが、核爆弾は、特に軍の専門家からはせいぜい見込みゼロではないくらいにしか思われていなかった。例によって、軍の首脳部は第二次大戦に科学者を熱心に登用しだし、科学者のほうは本分を尽くして、モリブデンなどによる鋼鉄の品質向上の時のように、テクノロジーを通じて戦争をますます陰惨なものにしていった。だが、アメリカ政府が単により大きくより速い武器をすぐにと要求する代わりに、政治的な意志を取りまとめて、当時はまだ非実用的な純粋理論的分野だった素粒子科学に何十億ドルという資金を投じていたら、あの戦争の幕切れは二個のキノコ雲ではなかったかもしれない。仮にそうなっていたとしても、原子を制御下で分裂させる方法はその頃の科学水準をはるかに上回っていたことから、マンハッタン計画を成功に導くにはまったく新しい研究戦略を採用する必要があった――そこで採用されたのが、以下に説明するモンテカルロ法だった。モンテカルロ法は、「科学する」という概念にかんする私たちの脳の配線を組み替えた。

前に触れた量子力学は単独の原子についてはうまくいき、一九四〇年頃には、中性子を吸収すると原子は不安定になって爆発して、もしかすると中性子をもっと多く放出することが知られていた。特定の中性子を追跡することは、あちこち跳ね返るビリヤード玉を追うのと同じくらい簡単だったが、連鎖反応を起こすには、あらゆる方向にそれぞれ違うスピードで飛び交う何十億の何十億倍個もの中性子を統制しなければならなかった。科学者が頼ってきた単独原子専用の理論ツールは用を為さなかったうえ、ウランやプルトニウムは高価で危険だったので、詳しい実験をするなど問題外だった。

だが、マンハッタン計画に従事していた科学者は、爆弾をつくるために正確にいくらのプルトニウムとウランが要るかを突き止めるよう指示されていた。少なすぎると爆発は尻すぼみになるし、多めにすればうまく爆発するが、それと引き換えに戦争が何カ月も長引くことになった。どちらの元素も精錬プロセスがこの世のものとは思われぬほど複雑だったからである（プルトニウムの場合は、合成してから精錬する必要があった）。この理由から、何人かの実践的な科学者がその仕事をやっつけるためだけに、二つの伝統的なアプローチである理論と実験に見切りをつけて、第三の道を切り拓き始めた。

彼らはまず、プルトニウム（またはウラン）の塊のなかで跳ね回る中性子の速度をランダムに一つ決めた。続いて、跳ね返る方向をランダムに決めたほか、用意するプルトニウムの量から、吸収されるまでに中性子がプルトニウムを逃れる確率、さらにはプルトニウムの塊の大きさや形状に至るまで、さまざまなパラメーターにランダムな値を決めていった。ここで、特定の数を選ぶことが各計算の普遍性を諦めたことになる点に注目されたい。なぜなら、その結果は数あるデザインの一つを持つ中性子数個にしか当てはまらないからだ。理論家は普遍的に適用できる結果を諦めることをたいそう嫌がったが、ほかに手はなかった。

この時から、鉛筆を手にした部屋いっぱいの若い女性たち（多くは科学者の妻で、ニューメキシコ州北部のロスアラモスでどうしようもなく退屈していたことから手伝いに雇われた）がランダムな数が書かれたシートを渡されて計算する、という作業が始まった（ときにはその計算が何のためなのかを知らないまま）。中性子がプルトニウム原子にどう衝突するか、中性子が飲み込まれるかどうか、このプロセスで中性子が新たに放出されるならそれは何個か、その中性子によって今度は何個の中性子が放出されるか、などなど。数百人の女性が限られた計算を一つずつ流れ作業でこなし、科学者がその結果を集計した。科学史家のジョージ・ダイソンが「数値的に、中性子一個ずつ、ナノ秒ごとに」爆弾をつくっていくと描写したこのプロセス、すなわち「事象をランダムに抽出することによるこの統計的近似［方式］は……等間隔にスライスされた状態の連なりを延々と追うことで、ある設定で熱核融合に至るかどうかという、これ以外の方法では計算不可能な問題に答えを出した」*

理論上の塊が実際に連鎖反応を起こすことがあり、科学者はそれを成功と数える。ひととおりの計算が終わるたび、女性たちは別の数字で最初からやり直す。それが終わるとまた最初から。終わるとまた最初から。また最初から。大戦中はリベット打ちのロージー［訳注　第二次大戦中、兵役にとられた男性に代わって軍需産業で働いた女性たちの総称］に象徴される女性労働者が大活躍したが、マンハッタン計画については、データの長い表を手計算でやっつけた彼女たちなしには行き詰まっていただろう。彼女たちは新しい意味で「コンピューター」と呼ばれるようになった［訳注　それまでは計算する者ひとりひとりが計算手（コンピューター）と呼ばれていた］。

それにしても、このアプローチのどんな点がそれほど違うのか？　基本的に、科学者はひととおりの計算一回一回を実験扱いし、プルトニウムやウランを使った爆弾にかんする仮想データだけを集めたことになる。彼らは、理論と実験が互いに細かいところまで相手を修正していくというやり方を捨てて、ある歴史家が「切り離された場所……理論と実験の両方の領域から成果を借りてきて、それを混ぜて融かしてできた合金を使い、ふつうの方法論による地図上のどこでもないと同時にいたるところでもある第三の領域を示す杭を打っていく擬似現実*」とまあ、好意的とは言えない受け取り方をした方法を採用したのである。

もちろん、そうした計算結果の善し悪し（よしあし）は、科学者がもともと用意した式以上にはならないのだが、彼らにはツキがあった。量子レベルの粒子は統計的な法則に支配されており、それを記述する量子力学は、その奇想天外で直観に反する性質にもかかわらず、これまで考案されたなかでも飛び抜けて精確な科学理論だ。さらに、マンハッタン計画でやり抜いた膨大な量の計算が科学者に大いなる自信を与えた――その自信は、一九四五年なかばにニューメキシコ州で行われたトリニティ実験の成功で裏付けられた。そして、その数週間後に広島に投下されたウラン型爆弾と長崎に投下されたプルトニウム型爆弾がすみやかにとどこおりなく爆発したことも、計算に基づく型破りなこの科学へのアプローチがいかに精確かを立証した。

マンハッタン計画という隔離された連帯組織が解散となり、科学者はそれぞれの家へ帰り、自分たちがやったことについて思いを巡らせた（ある者は誇りをもって、ある者はそうではなく）。彼らの多くは計算棟で過ごしたときのことを喜んで忘れたが、なかにはそこで学んだことが脳裏にリベット留めされていた者がいた。その一人がポーランド難民だったスタニスワフ・ウラムだ。ニューメキシコでよく暇つぶしに何時間もカードゲームをしていたウラムは、一九四六年のある日にソリティアをやっているとき、ランダムに配られた手に勝てる確率はどれくらいだろうかと考え始めた。ウラムが唯一カードより好んだのが無駄な計算で、彼はノートを確率式で埋め始めた。だが、この問題はすぐ手に負えないほど複雑になり、ウラムは賢くも諦めて、一〇〇回やって何回勝ったか集計するほうがいいという結論に達した。それなら簡単だ。

たいていの人のニューロンは、さらにはほとんどの科学者のニューロンも、こんな結びつきをつくらないとは思うが、ウラムはソリティアを一〇〇回やっているうち、自分が採用しているアプローチがロスアラモスで爆弾づくりの「実験」で使われていた手法と基本的に同じだと気がついた（抽象的な関連付けだが、カードの山と置き札がランダムな入力、ひと勝負が「計算」にあたる）。この議論にさっそく関心を示したのが、やはりヨーロッパ移民でマンハッタン計画あがりの、計算を愛する彼の友人、ジョン・フォン・ノイマンだった。ウラムとフォン・ノイマンは、ランダムな変数がたくさん絡むほかの状況に応用できるようこれを一般化できたらかなり強力な手法になると考えた。複雑な現象一つ一つ、たとえば蝶一匹一匹の羽ばたき一回一回を考慮しようとしなくても、単純に問題を定義し、ランダムな入力を選んで、あとは「ひたすら計算」すればよくなるわけである。実験とは違って結果の確からしさはわからない。だがそれなりの数をこなせば確率的に確かなことが言えるようになるのだ。

偶然にも、ウラムとフォン・ノイマンの友人に、フィラデルフィアのENIAC（エニアック）など、初期の電子計算機（コンピューター）を開発したアメリカ人エンジニアがいた。マンハッタン計画の「コンピューター」としても、最終的には計算用の機械式パンチカードシステムが導入されたのだが、疲れを知らないENIACはウラムとフォン・ノイマンが思い描いた以上に単純な反復計算に有効だった。歴史を振り返ると、確率の科学のルーツは貴族社会のカジノにあるが、ウラムとフォン・ノイマンが考案したアプローチのニックネーム、すなわちモンテカルロ法という名称の由来ははっきりしていない。ただ、ウラムがよく自慢していたところによると、彼は「地中海沿岸のとある公国にある、誰もが知っている乱数発生機（ゼロから三六まで）」でギャンブルをするために借金を重ねていたおじを偲(しの)んで命名したそうだ。

それはともかく、モンテカルロ法の科学はすぐさま広まった。この手法は実験費用の節約になったほか、高性能のモンテカルロシミュレーターの需要を押し上げ、それがコンピューターの初期の開発を牽引して、シミュレーターはますます高速かつ高性能になった。それと同時に、コンピューターの利用という安上がりの手段が出現したことにより、モンテカルロ法を用いた実験とシミュレーションと模型(モデル)が、化学や天文学や物理学のなかのいくつかの分野に拡がり始めただけでなく、よく知られているように工学や株式市場分析などにも応用された。あれからまだ二世代しかたっていないのに、今日(こんにち)では（さまざまな形態の）モンテカルロ法がいくつかの分野を席捲しており、若い科学者の多くは、自分たちが理論と実験による伝統的な科学からどれほど徹底的に外れているかを知らないでいる。このように、その場しのぎの方便――核連鎖反応を計算するのにプルトニウムやウランの原子をそろばんのように使う――だったものが、ほかに代用のない科学的手法になった。モンテカルロ法は科学を征服するにとどまらず、定住して同化し、ほかの手法と婚姻関係を結ぶまでになった。

だが、一九四九年当時、そうした展開は未来の話だった。いまだ創成期のその頃、ウラムのモンテカルロ法の用途は主に次世代核兵器の推進だった。フォン・ノイマンや彼らの同類はよく、コンピューターが設置された体育館のような広さの部屋にやってきては、プログラムをいくつか午前〇時から夜通し実行してくれというなにやらいわくありげなことを頼んでいた。彼らが夜中に開発していたのは、標準的な原爆より一〇〇〇倍強力な多段階反応式の兵器、「スーパー」だった。スーパーでは、恒星のような核融合をプルトニウムとウランを使ってひじょうに重い液体水素中に起こすのだが、この複雑なプロセスが軍の極秘レポートの域を出てミサイル格納庫に入ることなど、デジタル計算なくしてはありえなかった。科学史家のジョージ・ダイソンはその一〇年の技術史をうまいことこうまとめている。「コンピューターが爆弾を導き、爆弾がコンピューターを導いた」

スーパーの適切な設計を探す大いなる格闘を経て、科学者は一九五二年にきわめつけを見出した。その年に行われたスーパーの実験で太平洋に浮かぶマーシャル諸島のエニウェトク環礁が消え去ったことは、モンテカルロ法の情け容赦ない能力を再び示すこととなった。にもかかわらず、爆弾の科学者はスーパーよりもっとひどい爆弾のアイデアをすでに持っていた。

原子爆弾の先には道が二つある。人がたくさん死んで建物がたくさん吹き飛べばいいと思っている狂人には、それまでのような単段階反応式の核分裂爆弾でいい。つくるのは比較的簡単だし、大きな閃光と轟音を伴う爆発という見た目の点でも、竜巻が自然と起こるとか、レンガの壁に犠牲者の跡が焼きついて残るとかいう余波の点でも、狂人は満足するだろう。だが、その狂人が忍耐強く、もっと陰惨なことを望むなら、たとえて言うなら井戸を残らず汚(けが)してまわり、土壌に塩をまくようなことをしたいのなら、コバルト六〇を使った汚い爆弾（ダーティボム）を爆発させるだろう。

従来の核爆弾が熱で殺傷するのに対し、汚い爆弾（ダーティボム）が殺傷に使うのはガンマ線――有害なX線――の放射だ。狂乱の放射性現象によってガンマ線が発生し、人体に恐ろしいやけどを負わせるばかりか、骨髄まで届いて白血球の染色体がめちゃくちゃにされる。そうなった白血球細胞はすぐさま死ぬか、ガン化するか、あるいは巨人症にかかったかのようにどんどん成長し、形がおかしくなって感染症に対抗できなくなる。どんな核爆弾もある程度の放射線を出すが、汚い爆弾（ダーティボム）はガンマ線を放射することが目的なのである。

局地的な白血病発生も、これから紹介する爆弾と比べると規模が小さい。これまたマンハッタン計画に従事したヨーロッパ移民であるレオ・シラード――一九三三年頃に自己持続型の核連鎖反応のアイデアを思いつき、のちにそのことを後悔した物理学者――が一九五〇年により分別のある冷静な人間として計算したところによると、地球全体にコバルト六〇を一マイル（一・六キロ）四方当たり一〇分の一オンス（約二・八グラム）まき散らすと、地球は人類が全滅するほどガンマ線で汚染される。恐竜を絶滅に追いこんだ塵（ちり）の雲の核バージョンだ。彼の爆弾は、多段階反応式の核弾頭をコバルト五九で覆ったもので、プルトニウム中の核分裂反応が水素中の核融合反応を起こし、この核融合反応が始まればもちろん、コバルトの覆いもその他すべてもすっかり消えてなくなる。だが、その前に原子レベルで起こることがある。原子レベルでは、核分裂や核融合で発生した中性子をコバルト原子が吸収する。ソルティングと呼ばれるこの段階によって、安定なコバルト五九が不安定なコバルト六〇になり、それが灰のように舞い落ちるのである。

ガンマ線を発する元素はほかにもたくさんあるが、コバルトは特殊だ。ふつうの原爆なら地中のシェルターでやりすごせる。死の灰はすぐにガンマ線を吐き切って無害なものになるからで、一九四五年の爆発時、広島と長崎は多かれ少なかれ数日で住めるようになっている。ほかの元素も、酒好きがバーでよせばいいのにもう一杯やるかのように、中性子を余計に吸収する――そのうち具合が悪くなるかもしれないが、永遠には続かない。この場合、最初の爆発のあとで放射線濃度が危険なほど高くなることはない。

コバルト爆弾は、この極端な二つの例の中間に当てはまる、おぞましいタイプのものと言える。中庸が最悪の事態となるまれなケースだ。コバルト六〇原子は地中に小さな地雷のごとく居座る。かなりの数の原子がすぐさま放たれるのですぐ逃げる必要があるばかりか、五年たってもまるまる半分のコバルトが武装したまま残っているのだ。こうしてガンマ線という霰弾が定常的に放たれることから、コバルト爆弾はやりすごせるものでもなく、仕方なく浴びていられるものでもない。土壌が元通りになるには人間の一生ほどの時間がかかる。実はそのせいで、コバルト爆弾が戦争で兵器として使われることはなさそうだ。なにしろ征服した軍がその地域を占領できない。だが、焦土作戦が大好きな狂人はまったく気にしないだろう。

シラードを弁護すると、彼の望みはあのコバルト爆弾――初の「終末兵器」――が決してつくられないこと、そして（世間が知る限りの）いかなる国もそれをつくろうとしないことだった。そもそも、このアイデアを考えたのは核戦争の狂気を世に示すためにほかならない。実際、世間は彼の意図を理解しており、たとえば映画『ドクター・ストレンジラヴ』〔邦題は『博士の異常な愛情』〕では敵対するソ連がコバルト爆弾を持っている。このアイデアが知られるまで、核兵器は恐ろしいものではあったが必ずしも終末の到来を告げる不吉なものではなかった。シラードは、あの控えめな提案を受けて人類がもっと分別をわきまえ、核兵器を諦めることを願った。しかし、まったくかなわなかった。「プロメチウム」という化けて出てきそうな名前が公式に承認されてまもなく、ソ連も原爆を手にした。米ソ両政府はじきに、何の慰めにもならないが名前はいかにもというＭＡＤ（相互確証破壊）政策――結果はともかく、どんな核戦争でも両方が負けるという考え方――を採用した。考え方としてどれほど愚かであれ、ＭＡＤは現に人類が核を戦略兵器として配備することを思いとどまらせた。その代わり、国際的な緊張が高まって冷戦が始まった――この反目は私たちの社会に深く浸透し、清く正しい周期表さえその汚れ（けが）から逃れられないほどだった。

第７章

表の拡張、冷戦の拡大

Bk 97 　Cf 98 　Md 101 　No 102 　Lr 103 　F 9

Ni 28 　Sg 106 　Db 105 　Bh 107 　Hs 108 　Ds 110 　Cn 112

一九五〇年、《ニューヨーカー》誌のゴシップ欄的な「街の話題」に、次のような一風変わった記事が掲載された。*

> 新しい原子が、不安になるほどとは言わないまでも、驚異的なペースで姿を現している今日このごろ、九七番および九八番元素を発見した科学者を擁するカリフォルニア大学バークレー校（ユニバーシティ・オブ・カリフォルニア・アット・バークレー）は、この二つをそれぞれバークリウムおよびカリホルニウムと命名した。……われわれに言わせれば、この名前には広報的な深慮が驚くほど欠けている。……忙しく働くカリフォルニアの科学者はいずれまた新しい原子の一個や二個を発見するに違いないであろうに、同大学は……ユニバーシティウム（九七）、オフィウム（九八）、カリホルニウム（九九）、バークリウム（一〇〇）のような並びをもって、自校の不朽の名声を元素周期表に刻み込む機会を永遠に逸したのである。

グレン・シーボーグとアルバート・ギオルソ率いるバークレー校の科学者たちも負けじと、あの命名の陰には実に天才的な読みがあり、「九七番めと九八番めを『ユニバーシティウム』と『オフィウム』と名付けたところへ、ニューヨーカーの誰かが九九番めと一〇〇番めを発見して『ニューイウム』と『ヨーキウム』と名付けるという、空恐ろしい可能性」を回避したのだと返した。この切り返しに《ニューヨーカー》誌のスタッフはこう応えている。「われわれは『ニューイウム』と『ヨーキウム』に当社のオフィス実験室ですでに取り組んでいる。今のところできているのは名前だけだが」

いかにもバークレー校の科学者であることが楽しかった時代のものらしい、当意即妙のやりとりだ。超新星が何十億年も前にすべてをスタートさせて以来、彼らは太陽系で初めて新元素をつくり出した。なんということか、彼らは超新星を出し抜いて、天然に存在する九二種より重い元素をつくったのだ。誰一人として、とりわけ彼らは、元素づくりが、さらにはその命名までもがやがて激しい議論の的になるとは思いもよらなかっただろう――元素づくりが冷戦の新たな舞台になったのである。

グレン・シーボーグは人名録で最も長い項目の持ち主だともっぱらの評判だ。名だたるバークレー校の総長。ノーベル賞を受賞した化学者。アメリカ西部の大学スポーツリーグ「パック一〇（テン）」の共同創立者。ケネディ、ジョンソン、ニクソン、カーター、レーガン、ブッシュ（父）の各政権の原子力と核兵器開発競争にかんする諮問委員。マンハッタン計画のチームリーダー、などなど。だが、こうした栄誉の後押しとなった彼の最初の科学的発見は、偶然の産物だった。

一九四〇年、シーボーグの同僚で友人であるエドウィン・マクミランが、初の人工元素をつくり出すという永く称えられる栄誉を摑み、ウランの由来となった天王星の一つ外側の惑星である海王星にちなんで、ネプツニウムと名付けた。手柄にはやるマクミランはさらに、この九三番元素はきわめて不安定で、電子を一個吐き出して九四番元素に変わる可能性があることに気がついた。彼は周期表で次にあたるその元素の証拠を熱心に探し、若きシーボーグ――ミシガン州で生まれ、スウェーデン語が話されていた移民街で育った二八歳の若者――に自分の研究の進捗状況を聞かせ続け、体育館でシャワーを浴びているときまで手法を議論した。

だが、一九四〇年には新元素発見のほかにも多くのことが起こっていた。第二次大戦で枢軸国への抗戦に内密とはいえ貢献することにしたアメリカ政府は、マクミランのような科学界のスターを引き抜いて、レーダーなどの軍事プロジェクトに従事させ始めた。選ばれるような功をまだ成していなかったシーボーグは、マクミランの機器を預かり、マクミランの研究計画を一から十まで吹き込まれたうえ、バークレー校に取り残された。これが名声への一度きりのチャンスになるかもしれないと、シーボーグと同僚は取り急ぎ九三番元素の微小な試料をかき集めた。その放射性試料からネプツニウムがなくなっていくにまかせたあと、余計なネプツニウムを溶かして除去することで、わずかばかりの化学物質をより分けた。そして残った原子から、強力な化学物質を用いて電子を一つずつ剝ぎ取っていき、知られているどの元素より大きな電荷（＋7）を持つまでにすることで、それが九四番元素であることを証明したのだった。できあがった瞬間から、九四番元素は特別なものと思われていた。命名における太陽系外縁への旅は続けられ――そしてこれが人工合成できる最後の元素だと考えられていたこともあり――、シーボーグらはこれをプルトニウムと名付けた［訳注　英語で冥王星は「プルート」］。

突然、シーボーグ自身がスターとなって招集を受け、一九四二年にシカゴへ行ってマンハッタン計画の拠点で仕事をすることになった。彼は学生を連れて行ったほか、アル・ギオルソという超ラッキーな実験助手を呼び寄せた。ギオルソの性格はシーボーグと正反対だった。写真を見ると、シーボーグは実験室で撮られたものでさえ必ずスーツ姿で写っているが、上着にネクタイといったギオルソは窮屈そうで、カーディガンの下にシャツを着て、いちばん上のボタンを外しているときのほうがしっくりくる。黒縁の分厚いメガネをかけ、髪をたっぷりのポマードでなでつけており、鼻とあごがとがっていて、少しばかりニクソンに似ている。そしてやはりシーボーグとは違って、ギオルソは権力を嫌っていた（ニクソンに似ていると言われたらものすごく嫌がったことだろう）。いささかおとなげないが、勉強はもうたくさんだとばかり、彼は大卒以上の学位を取ろうとしなかった。それでも、誇り高き彼はバークレー校での放射線検出器の配線という単調な仕事から逃れるべく、シーボーグを追ってシカゴへ赴いた。彼が着くと、シーボーグはさっそく仕事を与えた――検出器の配線だった。

こんなふうではあったが二人はそりが合っていた。戦後、バークレー校に戻ると（二人ともこの大学を敬愛していた）、彼らは《ニューヨーカー》誌が「不安になるほどとは言わないまでも、驚異的なペースで」と書いたまさにそんな調子で重い元素をつくり出し始めた。何人かの著述家が、一九世紀に新元素を発見した化学者たちを大物狙いのハンターに喩え、珍種を仕留めるたびに化学好きの庶民が沸いたと伝えている。この眉唾物（まゆつばもの）の話が本当なら、最も大型の象撃ち銃を持った屈強なハンター、すなわち周期表界のアーネスト・ヘミングウェイないしセオドア・ローズヴェルトは、ギオルソとシーボーグだった――二人は史上誰よりもたくさん元素を発見しており、周期表をそれまでより六分の一近く延ばしている。

共同作業は一九四六年に始まった。シーボーグとギオルソらは、壊れやすいプルトニウムに放射性粒子をぶつけ始めた。今回の飛び道具は中性子ではなくアルファ粒子、すなわち陽子二個と中性子二個の塊だった。電荷を持つ粒子は鼻先に逆の電荷を持つ「機械仕掛けのウサギ」［訳注　ドッグレースの先導用に使われる］を走らせて引っ張ることができることから、御しがたい中性子よりアルファ粒子のほうが加速して高速にするのが簡単だった。さらに、アルファ粒子がプルトニウムにくっつくと、九六番元素（陽子の数がプルトニウムより二個多い）が中性子を一個吐き出して九五番元素になるため、シーボーグのチームは一度に二つの元素を手に入れることができた。

九五番および九六番元素の発見者として、シーボーグとギオルソのチームは命名権を得た（この非公式な慣習はやがて怒りを伴う混乱のなかに投げ込まれることになる）。彼らはそれぞれ、アメリカにちなんでアメリシウム、そしてマリー・キュリーにちなんでキュリウムと名付けた。いつもの堅苦しさとは打って変わって、シーボーグがこの二つの元素名を発表した場は科学誌上ではなく、子ども向けのラジオ番組《クイズキッズ》だった。どこかのませた子どもがゲストの一人だったシーボーグに、最近新しい元素を発見していないか（何をまた）と尋ねた。するとシーボーグは実は発見したと答え、リスナーの子どもたちに、学校の先生に古い周期表を捨ててもらうよう勧めた。シーボーグが自伝で回想しているところによると、「あとで児童から寄せられた手紙から察するに、教師たちは子どもたちがデタラメを言っていると思ったようだ」

アルファ粒子をぶつける実験を続けるうち、バークレーのチームが一九四九年にバークリウムとカリフォルニウムを発見したのは先に紹介したとおりである。バークリウムという名前を誇らしげにひっさげて、そして少しばかりお褒めいただこうと、彼らは発見を祝ってバークレー市長の執務室に電話をかけた。執務室のスタッフはあくびまじりに話を聞いていた——市長もスタッフも周期表とやらについて何を大騒ぎしているのかわかっていなかったのである。当局の鈍さにギオルソは腹を立てた。その彼は、市長につれなくされる前から、九七番元素をバークリウムと命名し、この発見が「難しいこと（スティンカー）」だったので化学記号をBmとするつもりだと言いふらしていた。もしそうなれば、糞尿に過剰に反応したがる全国のティーンエイジャーが、学校の周期表でバークレー校が「Bm」と表記されているのを見ては大受けする、と思って彼はほくそ笑んでいたのかもしれない（残念ながらこの案は退（しりぞ）けられ、バークリウムの化学記号はBkとなった）〔訳注　彼が「難しいこと」の意味で使っていた「スティンカー」という単語には、ほかに糞尿系の汚い意味がいくつかある。化学記号を「Bm」にするという選択は、「排便」や「便通」などを意味するBMという略語を意識したもの〕。

市長の冷ややかな対応にもめげず、バークレーのチームは周期表の新たな枠を埋めていき、古くなった表を取り換えなければならない学校向け図表製作会社を喜ばせた。このチームは、一九五二年に太平洋で行われた水爆実験後、放射性を示す珊瑚から九九番および一〇〇番元素となるアインスタイニウムとフェルミウムを発見した。だが彼らの実験の最終目標は一〇一番元素をつくることだった。

元素は陽子が増えるほど脆（もろ）くなるため、シーボーグらはアルファ粒子を浴びせられるほど大きな試料をつくるのに苦労した。一〇一番元素を一足飛びに狙うことを考えるにしても、そのためのアインスタイニウム（九九番元素）を集めるためには、プルトニウムに中性子をぶつける作業を三年も続けなければならなかった。そのうえ、この準備はいわゆるループ・ゴールドバーグ機械［訳注　アメリカの漫画家ループ・ゴールドバーグが得意とした、簡単なことをするための手の込んだ機械］の第一段階でしかなかった。一〇一番元素をつくるため、彼らは毎回、アインスタイニウムの目に見えないほど微小な欠片（かけら）を金箔の上にそっと載せて、アルファ粒子をぶつけた。照射を受けた金箔が放射線を発して新元素の検出をじゃまするかもしれないため、溶かして除去する必要があった。それまで、新元素を見つけるための実験では、試料をこの時点で試験管に入れて、何と反応するかを見極めていた。既知の元素が新元素に置き換わった類似化合物を探すのである。だが一〇一番元素にかんしては、この方法を使えるほどたくさんの原子ができなかった。そのためチームは、一個一個の原子が崩壊したあとに何が残されたかを見ることによって——爆破後に破片をつなぎ合わせて車を復元するかのように——、新元素を「死後に」特定する必要があった。

こんな法医学捜査のような作業が可能だったのである——とはいえ、アルファ粒子をぶつける段階は特定の実験棟でしかできず、検出は何キロも離れた別の実験棟でしかできなかった。そのため、実験のたび、金箔を溶かしているあいだ、試料を別の棟へと運ぶ役を買って出ていたギオルソは、戸外で自分のフォルクスワーゲンに乗ってエンジンをかけたまま待機した。チームは実験を真夜中に行った。車が渋滞に巻き込まれて、試料がギオルソの膝の上で放射性を示し始めてしまうと、すべての努力が水の泡になるからだ。別の棟に到着すると、ギオルソは階段を駆け上がった。試料はもう一度手早く精製されてから、ギオルソが配線した最新世代の検出器にかけられた――その頃の彼は、かつて単調な配線作業のせいで嫌いだった検出器を誇りに思うようになっていた。検出器こそ、重い元素にかんして世界で最も進んでいる実験施設の要（かなめ）となる装置なのだから。

チームは着々と目標に迫り、一九五五年二月のある晩、彼らの作業が実を結んだ。それを予想していたギオルソは、放射線検出器を実験棟の火災報知器に配線しておいたので、一〇一番元素の崩壊した原子がとうとう検出されたとき、報知器のベルが鳴り響いた。これがその晩あと一六回繰り返され、集まったチームの面々はそのたびに狂喜した。明け方には全員が酔ったように疲れ、幸せな気分で帰宅した。ところが、ギオルソが検出器の配線を外し忘れていたため、朝になって同じ棟のほかの使用者たちを慌てさせた。一〇一番元素のぐずぐずしていた原子が一個、最後にもう一度警報ベルを鳴らしたのである。*

本拠地の市にも、州にも、国にもすでに敬意を表していたので、バークレーのチームは一〇一番元素の名前についてはドミートリー・メンデレーエフにちなんでメンデレビウムを提案した。科学的には何の問題も引き起こさなかったが、外交的には冷戦中にあえてロシア人科学者に敬意を表するということで、好評な選択とはならなかった（少なくともアメリカ国内では。フルシチョフ第一書記はたいそう喜んだと伝えられている）。だが、シーボーグやギオルソらは、料簡（りょうけん）の狭い政治より科学のほうが上であることを示したがった。あの当時はそういう雰囲気で、彼らは寛大にふるまえた。まもなくシーボーグはいちばんいい時期の首都ワシントンへ赴いてケネディに仕えることになり、それからはアル・ギオルソの指揮のもと、バークレー校の実験施設は順調に稼動し続けた。実質的に、世界中のその他すべての核実験施設は大きく引き離されており、どこもバークレーのチームによる計算を確かめる役割に甘んじていた。一度、スウェーデンのグループが一〇二番元素にかんして先んじたと主張したが、バークレーのチームはすぐさまその主張を再現できないとして退けた。そればかりか、一九六〇年代前半には、一〇二番元素であるノーベリウム（ダイナマイトの発明者であり、ノーベル賞の発案者でもあるアルフレッド・ノーベルにちなんで）、そして一〇三番元素であるローレンシウム（バークレー放射線研究所の創設者で所長も務めたアーネスト・ローレンスにちなんで）を勝ち取っている。

そして迎えた一九六四年、第二のスプートニクショックが走った。

一部のロシア人には、地球上で自分たちが棲む一角にかんする創世神話がある。それによると、太古の昔、神はあらゆる鉱物を腕に抱えて地球を歩き、それらが平等に行き渡るようにしていた。このやり方はしばらくはうまくいっていた。ある地にはタンタルを、別の地にはウランを、という具合だ。ところが、神がシベリアに着いたとき、指があまりに冷えてこわばってしまい、鉱物を全部落としてしまった。手の凍傷がひどすぎてそれらを拾い上げられず、神は嫌になってそこに置き去りにした。だから鉱物が豊富に埋蔵されているのだ、というのがロシア人の自慢である。

地質学的にそれほど豊かなのに、ロシアで見つかった元素はあまり用途のない二つ、ルテニウムとサマリウムだけで、スウェーデンやドイツやフランスで元素が数十見つかっているのに比べてさみしい限りだ。ロシア人の大科学者についても同様で、少なくともヨーロッパ本土と比べると、ロシアにはメンデレーエフのあとがあまりいない。いろいろな理由から――専制的な皇帝、農業中心の経済、貧しい学校、きびしい気候――、ロシアでは育ってもおかしくない科学の才能が育たなかったのである。暦のような基本的なテクノロジーさえままならなかった。ロシアは二〇世紀になっても、ユリウス・カエサルお抱えの占星術師が考案した調整不良の暦を使っており、西欧で用いられている現代のグレゴリオ暦より日付が二週間近く遅れていた。ウラジーミル・レーニンとボリシェヴィキに権力をもたらした一九一七年の「十月革命」の日付が一一月なのはこの遅れのせいだ。

十月革命が成功した理由の一つは、レーニンが時代遅れのロシアを立て直すと約束し、ソヴィエト共産党政治局が科学者はこの新たな労働者の楽園において、同胞のなかで最優先されると力説したからだった。この主張は数年間はそのとおりで、レーニンのもとで科学者はほとんど国から干渉されずに仕事ができた。国から十分な支援を受け、世界的な科学者も現れた。科学者の満足のほかに金銭面も強力に宣伝された。ソ連では凡庸な同業者にも資金が潤沢に与えられていると知り、ソ連以外の国の科学者は、ようやく力のある政府が科学者の重要性に気づいたのではないかと期待した（その期待はやがて信仰となった）。マッカーシズム［訳注　マッカーシー議員が主導した極端な反共・赤狩り］が全盛だった一九五〇年代前半のアメリカにおいてさえ、科学の進歩を物質的に支援するソ連を科学者はしばしば好意的に見ていた。

実に、一九五八年に創立された極右翼のジョン・バーチ協会までも、ソ連は科学にかんしてやや如才なさ過ぎると考えていたほどだ。同協会は、虫歯予防を目的とした水道水へのフッ化物（フッ素イオン）添加を激しく非難した。アメリカではヨウ素が添加された食塩が売られているのだが［訳注目的については第11章を参照〕、これを除くと、水道水へのフッ化物添加はこれまで実施されたどの公衆衛生対策より安上がりかつ効果的で、史上初めて、この水を飲んだたいていの人は自分の歯があるまま寿命を全うできるようになった〔訳注　アメリカでは二〇〇八年現在、人口の約六六パーセントにフッ化物が添加された上水道が供されている〕。ところが、ジョン・バーチ協会にとってフッ化物の添加は、性教育などと同様の、「共産主義者による不潔な陰謀」によるアメリカ人のマインドコントロールの一環にほかならず、地元の水道局員や保健科教師からクレムリンへ直結しているびっくりハウスだった。アメリカのほとんどの科学者が、ジョン・バーチ協会が科学の恐怖を声高に叫ぶのを恐ろしげに眺めていた。それに比べて、科学の支持を謳(うた)うソ連は天国に見えたことだろう。

だが、進歩という皮膚の下で、腫瘍があちこちに転移した。一九二九年にソ連の専政を確立したヨシフ・スターリンは、科学にかんして特異な考え方をしていた。彼は科学を――害悪しかもたらさない行為をさしたる根拠もなしに行うという、まったくのナンセンスである――「有産階級(ブルジョワ)」的なものと「無産階級(プロレタリア)」的なものに分け、前者に携(たずさ)わる者をことごとく処罰したのである。ソ連の農業研究計画は長きにわたり、プロレタリアの農民だった「はだしの科学者」ことトロフィム・ルイセンコによって運営された。スターリンは事実上彼にぞっこんだった。というのも、生物が（穀物も含めて）親から形質や遺伝子を受け継ぐという、原因を過去に求めるタイプのアイデアを、ルイセンコが公然と非難したからだ。ルイセンコは正しいマルクス主義者として、正しい社会環境だけが（穀物にとってさえ）重要であり、ソヴィエトという環境が資本家による貪欲な環境より優れていると証明されるだろうと説いた。また、遺伝に基づく生物学を手を尽くして「違法」にし、その支持者を逮捕したり処刑したりした。しかしどういうわけか、ルイセンコの学説に従っても穀物の収量が増えず、それを強要された集団農場の何百万という農民が飢えに苦しんだ。この飢餓のさなか、ある高名なイギリスの遺伝学者が暗澹（あんたん）たる思いで記しているところによると、ルイセンコは「遺伝学や植物生理学の基本原則をまったく知らなかった。……ルイセンコと話をするのは九九を知らない者に微分を説明しようとするようなものだった」

さらに、スターリンは何のためらいもなく科学者を逮捕しては、強制収容所で国のために働かせた。気温が頻繁にマイナス六〇℃を下回るシベリアのノリリスク郊外の、悪名高きニッケル工場兼囚人収容所に、スターリンは数多くの科学者を送り込んでいる。ノリリスクは基本的にニッケル鉱山の街なのだが、ディーゼルガスに含まれる硫黄の臭いが常に漂い、科学者はそこでヒ素、鉛、カドミウムといった、周期表に挙がっているかなりの数の毒性金属を抽出するのに酷使された。汚染はひどく、空はくすみ、その時々にどの重金属の需要が大きいかに応じて雪はピンク色か青になり、すべての金属の需要があると黒い雪が降った（そして今でもときどきそうなる）。何よりぞっとさせられそうなことだが、報道によると、健康に悪そうなニッケル精錬所の周囲五〇キロほどには今なお樹木が一本たりとも生えていない。* ロシア人の悪趣味なユーモアのセンスはここでも健在で、地元のジョークによると、ノリリスクの浮浪者は小銭をくれと言う代わりに、コップに雨をためて水を蒸発させ、残った屑金（くずがね）を売って現金にするのだそうだ。冗談はさておき、ソ連の科学はほぼ一世代にわたり、自国の工業を支えるニッケルなどの金属を抽出するために無駄遣いさせられたのである。

筋金入りの現実主義者だったスターリンは、量子力学や相対性理論といった、とらえどころがなく直観に反する科学分野も信じなかった。一九四九年になってまで、彼はこうした理論を禁止することによって、共産主義イデオロギーを信奉しようとしないブルジョワ物理学者を一掃することを考えていた。スターリンが辛うじて思いとどまったのは、勇気ある顧問が、一掃してしまうとソ連の核兵器開発計画にほんの少し支障をきたすかもしれないと指摘したからだ。それに、ほかの科学分野の場合とは違って、スターリンの「心」が物理学者の一掃に本気で傾いたことはなかった。物理学は、スターリンがこよなく愛した兵器研究と重なる部分があり、マルクス主義がこよなく愛する人間の本質にかんする疑問には一貫して不可知の立場なので、スターリン政権下の物理学者は、生物学者や心理学者や経済学者が受けたような最悪の仕打ちは免れた。スターリンはこう言って目こぼしした。「〔物理学者は〕勘弁してやれ。あとでいつでも撃ち殺せる」

とはいえ、スターリンはタダで物理学を大目に見たわけではない。彼らには忠誠を求めた。そして、ソ連の核兵器開発計画のルーツは、核科学者のゲオルギー・フリョーロフという忠誠を貫いた臣民だった。最も有名な写真の彼は、喜劇公演の出演者のような薄笑みを浮かべている。額から頭のてっぺんまではげ上がった頭、いくぶん太り気味な身体つき、毛虫のようなまゆ、趣味の悪いストライプのネクタイ——折り襟にカーネーションでも挟みかねない人物に見える。

ところが、「ゲオルギーおじさん（アンキー・ゲオルギー）」とでも名付けたくなるこの風貌の下には鋭い洞察力が隠れていた。フリョーロフは一九四二年、ドイツやアメリカの科学者はウランの分裂にかんする研究でここ数年大きく前進していたのに、この話題にかんする記事が科学誌に載らなくなっていることに気がついた。彼は核分裂にかんする仕事が国家機密になったと推測した——意味するところはただ一つ。マンハッタン計画の着手にかんするアインシュタインからフランクリン・ローズヴェルトへの有名な手紙とまさに同じように、フリョーロフはスターリンに彼の疑念を伝えた。激昂し、うろたえたスターリンは、物理学者を何十人とかき集めて、ソ連独自の原爆プロジェクトを立ち上げさせた。だが、フリョーロフはそこから除外し、彼の忠誠心を決して忘れなかった。

スターリンがどれほど恐ろしい人間かが知られている今、フリョーロフを第二のルイセンコと決めつけて非難するのはたやすい。フリョーロフが黙っていたら、スターリンは一九四五年八月まで原爆のことは一切知らなかっただろう。この話からは、ロシアが才能ある科学者を欠いたことの、考えられるまた別の理由も浮かび上がってくる。科学とは相容れない事大主義（おべっか）の風土だ（メンデレーエフの時代である一八七八年、ある地質学者が六二番元素であるサマリウムを含んでいた鉱物に、由来は忘れてもらってもいっこうにかまわないが、自分の上司で鉱業担当の官僚だったサマルスキー大佐にちなんだ名前を付けた。周期表に残る名前の由来としてこれほどふさわしくないものはない）。

しかし、フリョーロフの場合はそうと決めつけられない。彼は数多くの同僚の命が無駄に失われたところを見ていた――たとえば、エリート集団の科学アカデミーに対する忘れじの粛正では、六五〇人の科学者が一斉に検挙され、その多くが「進歩に反対する」反逆的な行いがあったとして銃殺されている。一九四二年、二九歳だったフリョーロフは、大きな科学的野心とそれを実現できる才能を持っていた。自分の祖国に囚われた者は、政治的に動くしか前進する道はないとわかっていたのだ。そして、フリョーロフの手紙は効いた。スターリンとその後継者たちは、ソ連が独自の原爆を一九四九年に爆発させたことをたいそう歓び、その八年後、当局は同志フリョーロフに彼専用の実験施設を持たせた。それはモスクワから一二五キロ離れたドゥブナという都市にある独立した施設で、国からの干渉は一切なかった。みずからをスターリン路線に乗せるというあの若者の決断は、道義的な問題はあるにしろ、理解はできる。

ドゥブナにおいて、フリョーロフは賢くも「黒板科学」に専念した――一般市民に説明するには難しすぎて、偏狭(へんきょう)なイデオロギー主義者を怒らせることがまずなさそうな、威信はあるが難解なテーマのことである。一九六〇年代になると、バークレー校の実験施設のおかげで、新元素の発見方法は、ここ数世紀のやり方――みずからの手を汚(よご)してわけのわからない岩を掘り進むという作業――から、コンピューター制御の放射線検出器データの印刷出力(プリントアウト)として（あるいは検出器が鳴らす報知器のベルとして）のみ元素が「存在する」という敷居の高い追跡に様変わりした。そのうえ、重い元素は標的にできるほど長いことじっとしていないことから、アルファ粒子を重い元素にぶつけることさえ現実的でなくなっていた。

そこで科学者は周期表の奥深くへ分け入って、もう少し軽めの元素どうしを核融合させようとした。表面上、やろうとしていることは簡単な足し算のように思える。一〇二番元素なら、理論的にはマグネシウム（一二）をトリウム（九〇）にぶつけるとか、バナジウム（二三）を金（七九）にぶつけるとかすればすむ話ではないのかと。ところが、うまくくっつく組み合わせはほとんどないので、科学者は計算に大量の時間をかけ、どの元素の組み合わせが費用と労力に見合うかを判断しなければならなかった。フリョーロフと彼の同僚は、バークレー校の実験施設の技術を必死に研究して真似をした。そして主に彼のおかげで、ソ連は一九五〇年代後半までに自然科学分野の後進国という評価を振り払った。一〇一番、一〇二番、一〇三番元素にかんしては、シーボーグとギオルソ率いるバークレーのチームがロシア人に勝った。しかし、一九六四年、ソ連の人工衛星スプートニクがアメリカにショックを与えた七年後、ドゥブナのチームは一〇四番元素をつくったと先に発表したのである。

かたやカリホルニウム州バークリウム市では、ショックに続いて怒りが沸き起こった。プライドを傷つけられたバークレーのチームはソ連のチームの結果を検証し、驚くことでもないが、未熟で不十分だとして退(しりぞ)けた一方、自分たちで一〇四番元素をつくりにかかった――ギオルソのチームがシーボーグをアドバイザーに付けて一九六九年にそれを成し遂げている。だがこの頃になると、ドゥブナのチームも一〇五番元素を捕らえていた。バークレーのチームは再び大急ぎで追いつきにかかりながら、その間(かん)ずっと、ソ連のチームはデータを読み間違えているという異議を唱え続けた――いわば侮辱の火炎瓶(モロトフカクテル)［訳注　名前の由来はソ連の外相だったモロトフ］を投げ続けたわけである。一九七四年には、両チームがわずか数カ月の差で一〇六番元素をつくり、その頃にはメンデレビウムの命名に象徴される国際協調の精神はすっかり消えていた。

主張を確固たるものにするため、両チームとも「自分たちの」元素に名前を付け始めた。特に面白くもないのですべてを挙げはしないが、ドゥブナのチームがバークリウムに倣(なら)ってある元素をドブニウムと名付けているのは興味深い。対するバークレーのチームは、一〇五番元素にはオットー・ハーンにちなんだ名前、一〇六番元素にはギオルソの強い要望でグレン・シーボーグ――存命中の人物――にちなんだ名前を付けている。「反則」ではなかったが、この苛立たしいほどアメリカ的なやり方

ソ連や西ドイツの科学者たちとの数十年にわたる論争ののち、満足そうだが弱々しいグレン・シーボーグが指さしているのが、彼の名に由来する106番元素であるシーボーギウム、存命中の人物にちなんだ唯一の元素である。
(Photo courtesy Lawrence Berkeley National Laboratory)

は無作法だと受け取られた。世界中の専門誌で元素名の重複が見受けられるようになり、周期表の製作業者はこの混乱にどう対処したものか困り果てた。

驚くべきことに、この論争は一九九〇年代になっても続き、この頃になると混乱に輪をかけて、言い争いを続けるアメリカ人とロシア人を西ドイツのチームがあっという間に追い越して、議論の的の元素は自分たちも独自に発見しているとして論争に加わっていた。いよいよ、化学界を取り仕切る団体である国際純正・応用化学連合（ＩＵＰＡＣ）が介入して調停せざるをえなくなった。

ＩＵＰＡＣは九人の科学者をそれぞれの実験施設に数週間派遣して、真偽のほどや非難の内容を確かめたり、主要データを調査したりした。九人はまた、彼らだけで集まって数週間かけて審議した。その結論として、冷戦で敵対していた各国が手を握り、各元素にかんする評価を共有すべきだと宣言した。この賢者ソロモンのような裁定は誰も喜ばせなかった。一つの元素には一つの名前しか付けられないのだ。納得のいくご褒美は周期表の枠しかなかった。

一九九五年、九賢人は最終的に一〇四〜一〇九番元素の仮の公式名を発表した。この妥協案はドゥブナとダルムシュタット（西ドイツのグループの本拠地）のチームを喜ばせたが、バークレーのチームはシーボーギウムがリストから削除されているのを見て激怒した。彼らは記者会見を開き、要は「勝手に言ってろ。アメリカじゃあこっちを使うからな」と言った。さらに、世界中の化学者が掲載を望む権威ある化学誌の発行元でもある、影響力の強いアメリカの化学団体がバークレーのチームを支持した。このことが外交的な状況を変え、九人は屈した。一九九六年に発表された、「好むと好まざるとにかかわらずこれが最終版」というリストでは、現在の表に載っている公式名のとおり、一〇六番めがシーボーギウムとなったほか、ラザホージウム(一〇四)、ドブニウム(一〇五)、ボーリウム(一〇七)、ハッシウム(一〇八)、マイトネリウム(一〇九)のように定められた。勝利を収めたあと、かつて《ニューヨーカー》誌にその欠如を批判された広報的な深慮をもって、バークレーのチームは大きな周期表の横に染みの目立つシーボーグを立たせ、節くれ立った指でなんとなくシーボーギウムを指し示したところで写真を撮っている。この優しい微笑みからはこうした騒動のことは窺えない——最初の祝砲が鳴ったのは三二年も前のことで、苦い思いは冷戦が終わっても続いていたのだが。シーボーグはその三年後に亡くなった。

だが、この手の話はきれいには終わらないものである。一九九〇年代のバークレー校化学科は勢いを失っており、ロシアのチームや、特にドイツのチームのあとをやっとのことで追っていた。ドイツのチームは、一九九四年から九六年という驚異的な短期間のうちに、彼らの本拠地ダルムシュタットにちなんで今ではダームスタチウム(Ds)と呼ばれている一一〇番元素、偉大なドイツ人科学者ヴィルヘルム・レントゲンにちなんでレントゲニウム(Rg)と名付けられた一一一番元素、そして二〇〇九年六月にコペルニシウム(Cn)として周期表に加えられた最新元素である一一二番元素を相次いでつくり出した。* こうしたドイツ人の成功があればこそ、バークレーのチームが過去の栄光をあれほど執拗に守ろうとしたのだ、ということに疑いの余地はない。歓喜に浸れる見込みがその先なかったのだ。それでも、没落を拒んだバークレーのチームは巻き返しを図った。一九九六年にヴィクトル・ニノフという若きブルガリア人——一一〇番および一一二番元素の発見に貢献していた——を遠くドイツから雇い入れ、歴史あるバークレー校の研究計画を刷新しようとしたのだ。ニノフの加入で、なかば引退していたアル・ギオルソまで戻ってきて（「ニノフは若返ったアル・ギオルソに等しい」とギオルソは言ったものだった）、ほどなくバークレー校の研究所は再び楽観的な空気に包まれた。

　捲土重来を期して一九九九年、ニノフのチームはポーランドの理論物理学者が提案して物議をかもしていた実験を行うことにした。その理論家の計算によると、クリプトン（三六）を鉛（八二）にぶつけると一一八番元素ができる可能性がなくもなかった。多くが彼の計算をばかげていると非難したが、ドイツを征服したようにアメリカを征服すべく、ニノフはこの路線を推し進めた。この頃の元素づくりは、何年もの時間と何百万ドルもの費用がかかる仕事になっており、イチかバチかの話ではなくなっていたのだが、クリプトンの実験は奇跡的にうまくいった。「ヴィクトルは神に直接かけあったに違いない」というジョークが科学者のあいだで飛び交った。そのうえさらに、一一八番元素はすぐに崩壊してアルファ粒子を一個吐き出し、これまた誰も見たことがなかった一一六番元素になったのである。バークレーのチームは一気に二つの元素を発見したのだ！　バークレー校のキャンパスでは、チームは老アル・ギオルソの功に報いるため、当人もその発見に貢献したこの一一八番元素を「ギオルシウム」と名付けるという噂が広まった。

　ただ……、ロシアとドイツのチームがその実験を追試して結果を確かめようとしたところ、一一八番元素は見つからず、あるのはクリプトンと鉛ばかりだった。一個も見つからないという結果は腹いせかもしれないと、バークレーのチームの数人が実験を自分たちでも追試した。ところが何カ月も続けたのに一個も見つからなかった。戸惑っているところへバークレー校の当局が介入した。そして、一一八番元素にかんする元のデータファイルをさかのぼって調べたところ、とんでもない事実に気がついた。そんなデータはなかったのだ。一一八番元素の存在を示す証拠はデータ分析のあとのほうの段階になるまで存在せず、1と0の混沌のなかから「当たり」が突然姿を現していたのである。どれもこれも、ヴィクトル・ニノフ――実験を制御する放射線検出器とコンピューターソフトウェアをすべて管理していた――がニセの存在を自分のデータファイルに忍び込ませ、それを本物だと偽っていたことを示していた。これは、周期表を延ばすための奥義(おうぎ)と化した手法を襲った思いもよらない危機だった。元素がコンピューター上にしか存在しないなら、一人の人物がコンピューターを乗っ取って世界をだますこともできる。

屈辱にまみれたバークレーのチームは、一一八番元素の発見を取り下げた。ニノフは解雇され、バークレーの施設は大幅な予算カットに見舞われて大きく後退した。本書の執筆時点でも、ニノフは一切のデータ偽造を否定している――あろうことか、かつて所属していたドイツのチームまで、古いデータファイルを引っ張り出して彼による実験を見直した結果として、ニノフの発見の一部（全部ではなかった）を取り下げてしまった。こちらのほうが困った話だろうが、アメリカの科学者は重元素を研究するのにドゥブナまで行かなければならなくなった。そして当地で二〇〇六年、国際チームが一〇の一〇億倍の一〇億倍個のカルシウム原子を（よりによって……）カリホルニウムの試料にぶつけた結果、一一八番元素の原子を三個つくったと発表した。当然のように、一一八番元素を発見したという主張は議論の的になっているが、持ちこたえれば――持ちこたえないと思う理由はない――周期表に「ギオルシウム」が載る可能性はゼロになるだろう。なぜならこの発見はロシアの実験施設でなされたのでロシア人に主導権があり、彼らは「フリョーリウム」にするほうに傾いているらしいので。

第3部

周期をもって現れる混乱——複雑性の出現

第8章
物理学から生物学へ

Tc 43　Np 93　P 15

グレン・シーボーグとアル・ギオルソは未知の元素探しを複雑巧妙さの新段階へと引き上げたが、周期表の新たな枠を埋めていった科学者はもちろん彼らだけではない。現に、《タイム》誌が一九六〇年の「メン・オブ・ザ・イヤー」にアメリカの科学者一五人を挙げているが、その一人として同誌が選んだのはシーボーグでもギオルソでもなく、もう少し前に活躍した偉大なる元素職人、周期表のなかでもとりわけ滑って摑みどころのない元素をシーボーグがまだ大学院生だった頃にすくい上げた人物、エミリオ・セグレだった。

未来的なイメージを演出するため、その号の表紙には脈打つ小さな赤い核があしらわれている。それを取り囲んでいるのは電子ではなく一五枚の顔写真で、写っている誰もが思慮深さを演出する厳めしいポーズをとっている。卒業アルバムの教師のページを見てニヤリとしたことがある方はご存じのあれだ。顔ぶれには、遺伝学者に天文学者、レーザーの先駆者やガンの研究者に混ざって、嫉妬深いトランジスター科学者でのちに優生学者となるウイリアム・シヨックレーも含まれている（この号でも、ショックレーは人種にかんする自説を披露せずにはいられなかったようだ）。一見クラス写真のようだが、実は高名な科学者が勢揃いしており、《タイム》誌はこの人選をもって、アメリカの科学が突如として世界を席捲したことを吹聴しているのである。ノーベル賞が創設されから一九四〇年までの最初の四〇年、アメリカの科学者は一五人が受賞したが、それから二〇年で四二人が受賞している。*

セグレ――移民でありユダヤ人である彼も、アメリカによる突然の世界制覇が第二次大戦難民の存在に因るところの大きいことの証左と言える――は、一五人のなかでも年配のほうの五五歳だった。彼の写真は中央左上にあり、その右下にはもっと年配の五九歳だったライナス・ポーリングの写真がある。二人はともに周期表の化学の変容に貢献しており、親しい間柄ではなかったが、互いの興味の対象にかんして会話を交わしたり手紙をやりとりしたことがあった。セグレは一度、ポーリングに宛てて放射性ベリリウムの実験にかんするアドバイスを求めているし、ポーリングのほうものちに、執筆中だった『ブリタニカ大百科事典』の周期表の項目で触れようと、八七番元素（フランシウム）の暫定名を共同発見者であるセグレに尋ねている。

さらに言えば、二人は大学の同僚になる可能性も十分あった――実はなってしかるべきだった。一九二二年、オレゴン州出身のポーリングは化学界期待の新人で、カリフォルニア大学バークレー校のギルバート・ルイス（ノーベル賞を逃し続けていた化学者）に手紙を書き、大学院について問い合わせた。ところがなぜかルイスから返事が来なかったので、ポーリングはカリフォルニア工科大学に進学し、院生の頃から教授になるまで、同校の名物科学者として一九八一年まで籍を置いた。あとになって、バークレー校はポーリングからの手紙を紛失していたことに気がついた。ルイスが見ていたらまず間違いなく入学を認め、さらには——優秀な院生をそのまま採用するというルイスの方針からして——一生バークレー校に留め置いただろう。

そうなっていたら、のちにセグレがバークレー校でポーリングの同僚になっていたかもしれない。一九三八年、ベニート・ムッソリーニがヒトラーになびいてイタリアのユダヤ人教授を全員クビにしたことから、セグレもファシストのヨーロッパから来たユダヤ人難民になった。それだけでもひどい話なのに、バークレー校にセグレが拾われたいきさつも同じように屈辱的なものだった。イタリアの大学をクビになったとき、セグレはバークレー校化学科の名高い関連機関であるバークレー放射線研究所で研究休暇（サバティカル）中だった。突如としてホームレスになってあわてたセグレは、「放射線研（ラッドラボ）」の所長に常勤の仕事をくれと頼み込んだ。所長はもちろんイエスと答えたが、給料を下げることを条件にした。セグレにほかの選択肢はないと踏んだ所長は、優遇と言えた月給三〇〇ドルから一一六ドルへという六〇パーセントの給与カットを強要したのである。セグレは仕方なく承諾し、どうやって養おうかと思いつつも、イタリアから家族を呼び寄せた。

セグレはこの冷遇を乗り越えた。そして、それから数十年でセグレとポーリングは（特にポーリングのほうは）それぞれの分野で伝説の人物となった。二人は今日（こんにち）でも、大方の一般市民がその名を耳にしたことがない偉大な科学者に数えられる。だが、この二人にはほとんど忘れられた——《タイム》誌はもちろん持ち出さなかった——つながりがある。ポーリングとセグレは、科学史に残る二つの大間違いを犯したという不名誉な事実によって永（なが）く結びつけられるだろう。

ただ、科学では間違いが必ずひどい結果をもたらすわけではない。加硫ゴムやテフロンやペニシリンはどれも間違いがもとでできたものだ。神経細胞の微細構造が見えるようにする手法であるオスミウム染色をカミッロ・ゴルジが発見したのは、彼がこのオスミウムという元素を脳細胞の上にこぼしたあとのことだったし、まったくの間違い——化学者の祖と言える一六世紀の学者パラケルススが説いた、宇宙の基本元素は水銀と塩と硫黄だとする説——さえ、錬金術師の目先を邪な黄金の追求からそらして真の化学分析へと導いている。偶然の巡り合わせをもたらす不器用さや言い訳しようのない大失敗は、歴史を通じて科学を前へ押し進めてきた。

だがポーリングやセグレの間違いはこうした類のものではない。どれも、頼むから見ないでくれ、上には黙っててくれ、という失態だ。彼らを弁護すると、二人が携わっていた研究は驚異的に複雑だった。単一原子の化学に基づく研究ではあったが、そうした化学を飛び越えて、原子からなる系のふるまいに一気に迫るものだった。それにしてもやはり、二人が光明を投じたまさにその周期表をもう少し注意深く見ていたら、二人ともそれぞれの間違いを防げたはずだった。

間違いということでは、四三番元素ほど何度も「初めて」発見された元素はない。言わば元素界のネス湖の怪獣だ。

一八二八年、ドイツ人の化学者が「ポリニウム」と「プルラニウム」という新元素の発見を公表し、どちらかが四三番元素だと推定したが、のちにどちらも不純なイリジウムだと判明した。一八四六年、別のドイツ人が「イルメニウム」を発見したが、こちらは実際にはニオブだった。翌年、また別の誰かが「ペロピウム」を発見したが、これもニオブだった。四三番元素の使徒にようやく何かしらの福音が届いたのは一八六九年のこと、メンデレーエフが彼の周期表をつくり、四二番めと四四番めのあいだに期待を持たせる空白を残している。ところが、科学としては正しかったこのメンデレーエフの仕事が、正しくない科学の跳梁跋扈（ちょうりょうばっこ）をもたらすことになった。というのも、科学者はこれを見て、元素は探したいように探してもいいという確信を持ってしまったからだ。現にその八年後、メンデレーエフのロシア人同業者が、原子量が予想より五〇パーセントも重かったにもかかわらず、表の四三番めの枠に「ダヴィウム」と記したが、のちに三つの元素の混合物だったことが判明した。そして最後に、一九世紀に滑り込みセーフの一八九六年、「ルシウム」が発見された——が、実はイットリウムだったとして退（しりぞ）けられている。

新たな世紀はもっと、元素ハンターにつれなかった。一九〇九年、小川正孝が、祖国にちなんで「ニッポニウム」と名付けたものを発見した。それまでのニセ四三番元素がどれも不純な試料か微量の発見済み元素だったのに比べ、小川は確かに新元素を発見していた——ただ、彼が主張していたものではなかったのである。四三番元素を手中に収めるのを急ぐあまり、彼は表のほかの空欄を無視した。しかし、誰も彼の仕事を確認できず、小川は恥を忍んで発見を取り下げた。ところがついこのあいだの二〇〇四年、同胞の科学者が小川のデータを精査し直して、小川はこれも一九〇九年当時には未発見だった七五番元素のレニウムをそれと知らずに単離していたことを確認している。小川があの世で、自分が少なくとも何かを発見していたと知って喜んだと思うか、痛恨のミスにいっそう地団駄を踏んだと思うかは、あなたがコップ半分の水を見て、半分満たされていると思うタイプか、半分しか満たされていないと思うタイプかによるだろう。

七五番元素は、オットー・ベルクにヴァルターとイーダのノダック夫妻というまた別の三人のドイツ人科学者によって、一九二五年に疑いの余地なく発見されており、彼らはライン川にちなんでレニウムと名付けた。同時に三人は四三番元素をも発見したと宣言し、プロイセンのある地域にちなんでこれを「マズリウム」と呼んだ。そうしたナショナリズムのために一〇年前、ヨーロッパは灰燼に帰したわけで、ほかの科学者はこのドイツっぽく好戦的とさえ思える名前を快く思わなかった――ラインもマズーリも第一次大戦でドイツが勝利を収めた戦場だったのである。三人を貶めようという大陸全体を巻き込んだ陰謀が画策された。レニウムのデータは盤石そうだったので、科学者たちは心許なかった「マズリウム」にかんする仕事に的を絞った。現代の学者に言わせると、三人は四三番元素を実際に発見していたかもしれないのだが、論文にお粗末なミスがあって、たとえば単離した「マズリウム」の量を数千倍も多く見積もっていた。これはしたりと、四三番元素のまた新たな発見をそもそも怪しんでいた科学者たちは、この発見を無効と宣言した。

一九三七年になってようやく、二人のイタリア人がこの元素を単離した。それができたのはその二人、すなわちエミリオ・セグレとカルロ・ペリエが核物理学の新しい成果を活かしたからだった。それまで四三番元素はそう簡単には捕まらなかった。地殻に存在する事実上すべての四三番元素原子は放射性崩壊を起こし、何百万年も前に四二番元素のモリブデンになっているからだ。そこで、数マイクログラムの試料を得るため（ベルクとノダック夫妻がやったように）必死になって何トンもの鉱石をより分ける代わりに、二人は何も知らないアメリカ人同業者にいくらか「つくらせた」。

このアメリカ人同業者ことアーネスト・ローレンス（かつてベルクとノダック夫妻による四三番元素の発見を「妄想」と呼んだ）は、その数年前にサイクロトロンと呼ばれる原子破壊機を発明しており、放射性元素を大量生産していた。ローレンスは新元素の発見より既知の元素の同位体づくりに興味を持っていたのだが、セグレは一九三七年にアメリカを旅行中にたまたまローレンスの実験施設を訪問したとき、サイクロトロンで交換式のモリブデン部品が使われていることを耳にした――この時点で、彼の頭のなかのガイガーカウンターは激しく反応した。彼は悟られないよう注意しながら、使用済みの廃物を見せてもらえないかと頼んでいる。その数週間後、ローレンスはセグレの求めに喜んで応じて、使い古しのモリブデンの細長い欠片を何個か封筒に入れてイタリアに送った。セグレの勘は当たっていた。その細長い欠片に、彼とペリエは微量の四三番元素を見つけたのだ。二人は周期表において科学者に最ももどかしい思いをさせてきた空白を埋めたのである。

当然のことながら、三人のドイツ人化学者は「マズリウム」を取り下げなかった。ヴァルター・ノダックにいたっては喧嘩しにセグレをイタリアの研究室まで訪ねている――威嚇的な、鉤十字があしらわれた軍服のようなものを着て。だが無愛想で激しやすいセグレには効かなかった。それに、彼は彼で別の政治的圧力を受けていた。セグレの勤務先だったパレルモ大学の当局が、発見された新しい元素にパレルモのラテン語名にちなんで「パノルミウム」と名付けるよう強く迫っていたのである。それでも、「マズリウム」がナショナリズム的な論争を招いたことを思って慎重になったのか、セグレとペリエはどちらにもせず、「人工的」を意味するギリシャ語からテクネチウムという名前を選んだ。平凡かもしれないが、ふさわしい名前だ。テクネチウムは初の人工元素だったからである。しかし、この名前がセグレの名を上げるはずもなく、一九三八年、彼は研究休暇(サバティカル)をローレンスのもと、バークレー校で過ごす手はずを整えた。

ローレンスがあのモリブデン作戦のことでセグレを恨んでいたという証拠はないが、ローレンスはその年の後半にセグレの窮境につけ込んで、不当な給与カットに踏み切った。それどころか、セグレの感情などおかまいなしに、毎月一八四ドルを節約してその分を大事なサイクロトロンなどの装置に回せてとてもうれしいと口走っている(なんだかなぁ)。この話からもわかるように、ローレンスは予算確保や研究管理にあれほどの能力を発揮していながら、他人の感情には鈍感だった。彼は優秀な科学者を引き抜くたび、専制的なやり方で研究をあらぬ方向へ向けさせた。彼の熱烈な支持者であるグレン・シーボーグさえ、人工放射能と核分裂という当時の科学で最も記念碑的な発見は、――実際に発見したヨーロッパ人ではなく――ローレンスの誰もが羨む世界に名高いラッドラボこそ成し遂げるべきだったと語ったことがある。どちらも逸したことは「恥ずべき失敗」だとシーボーグは嘆いた。

それでも、セグレはこの核分裂の発見についてはローレンスに同情的だったかもしれない。伝説のイタリア人物理学者であるエンリコ・フェルミが、ウランの試料に中性子をぶつけて九三番元素などの超ウラン元素を「発見した」と全世界に発表したとき(実は間違いだった)、セグレはフェルミの片腕の一人だった。フェルミは長いこと科学界で最も頭の回転が速いと評判だったが、このケースでは性急な判断が道を誤らせた。それどころか、彼は超ウラン元素よりはるかにずっと重大な発見を見逃していた。実はウランの分裂を何年も前にいち早く引き起こしていたのに、それに気づかなかったのである。一九三九年に二人のドイツ人がフェルミの成果に異を唱えたとき、フェルミの研究グループ全体が唖然とした――フェルミはその成果によってすでにノーベル賞を受賞していたのだ。セグレは、自分のチームが新元素の分析と特定を担当していたことから特に後悔した。そしてすぐさま、もっと腹立たしいことを思い出した。彼（やほかの同僚）は核分裂の可能性にかんする論文を一九三四年に読んでいたのに、発想が変だし根拠もないとして退けていたのである――その論文を書いたのは、よりによって、イーダ・ノダックだった。*

セグレ――のちに有名な科学史家になった（そしてひょんなことから名うての野生キノコ採集家にもなった）――は、核分裂にかんする自分のミスに絡んで、二冊の本で同じ淡々とした調子でこう記している。「核分裂は……われわれの手をすり抜けた。イーダ・ノダックが注意を喚起していたのに。彼女は送ってきた論文のなかでその可能性をはっきり指摘していた。……われわれが無理解だった理由はよくわからない」*（セグレが指摘してもおかしくなかったことだが、核分裂の発見に最も近かったノダックとイレーヌ・ジョリオ＝キュリー――マリー・キュリーの娘――の二人、そして最終的に発見したリーゼ・マイトナーが皆女性である、というのは歴史的にも興味深い）。

残念なことに、セグレは超ウラン元素が存在していなかったことにかんする教訓を文字どおり受け取りすぎ、まもなく彼一人で責めを負うべき、恥ずべき失敗をやらかしてしまう。一九四〇年前後、科学者はウランの直前と直後の元素は遷移金属だと予想していた。当時の計算によると、九〇番元素は四列め、天然には存在しない初の元素である九三番元素は七列めでテクネチウムの下だった。だが、現代の表に示されているとおり、ウラン前後の元素は遷移金属ではない。周期表のいちばん下、希土類の次の行にあり、化学反応的にはテクネチウムではなく希土類のようにふるまうのだ。当時の化学者が無理解だった理由ははっきりしている。彼らは周期表に敬意を抱いていたにもかかわらず、周期性をあまり真剣に受け止めていなかったのだ。希土類は奇異な例外であり、その珍妙でどれも似たような化学的性質がどこかに再び顔を出すことはないと思い込んでいたわけである。ところが現にこうして再び顔を出している。ウランなどの元素は、希土類とまったく同様にf軌道の電子をしまい込んでいる。そのため、これらは似たような位置で周期表から飛び出し、反応では希土類のようにふるまうはず、という単純な話なのだ、少なくとも今にして思えば。核分裂という爆弾発見の一年後、セグレと同じ階にいた同僚の一人が、九三番元素探しをやり直すことにして、サイクロトロンでウランへの照射を行った。この新元素が（前述の理由から）テクネチウムと同じようにふるまうはずと考えた彼は、セグレに助言を求めた。なにしろセグレはテクネチウムの発見者で、その化学的性質には誰より詳しい。元素探しに熱心だったセグレはその試料を調べた。そしてフェルミという頭の回転の速い師に似て、それはテクネチウムと似た性質を持つ重元素のようにではなく、希土類のようにふるまうと返事をした。そして、これはむしろ平凡な核分裂だと言って、セグレはすぐさま「不成功に終わった超ウラン元素の一探索」という浮かないタイトルの論文を書いた。

だが、セグレがほかのテーマに移ったあとも、同僚の一人ことエドウィン・マクミランは戸惑っていた。どの元素も放射性にかんして固有の特徴を持っているところへ、セグレが「希土類」だろうと言ったものの特徴がほかの希土類元素と違うことに納得がいかなかったのである。マクミランは慎重な推論の末、もしかするとあの試料が希土類のようにふるまったのは、その化学的性質が希土類と似ており、同じように周期表の主表から枝分かれするものだからではないかと思い至った。そこで彼とパートナーが、今度はセグレ抜きで照射と化学検査をやり直した結果、すぐさま自然界初の禁断の元素であるネプツニウムを発見したのだった。なんとも、あまりにできすぎていて、こうして紹介せずにはいられない皮肉である。セグレは、フェルミのもとでは核分裂による生成物質を誤って超ウラン元素だと認識した。そして、グレン・シーボーグも回想しているように、「どうやらあの経験を教訓にできなかったようで、セグレはまたもや慎重な化学の営みを行う必要性を見て取らなかった」。セグレはお粗末にも、超ウラン元素のネプツニウムを誤って核分裂による生成物質だと認識するという、まったく逆の大失態をやらかしたのである。

科学者としての自分には腹を立てたに違いないはずだが、科学史家としてのセグレはひょっとするとそのあと起こったことを評価しているかもしれない。マクミランはこの業績に対して一九五一年にノーベル化学賞を受賞したのだが、スウェーデンアカデミーは超ウラン元素の発見に対してはすでにフェルミを称えていたので、みずからの過ちを認める代わりに、マクミランの受賞理由を大胆にも「超ウラン元素の化学的性質」（傍点筆者）の解明に限定した。とはいえ、慎重でミスのない化学の営みがマクミランを真実に導いたことを思えば、彼を貶めたことにはならないのかもしれない。

セグレが自信過剰だったとしても、州間道I－5（アイファイブ）を下ったカリフォルニア南部にいたライナス・ポーリングには遠く及ばない。

一九二五年に博士号を得ると、ポーリングはドイツで一年半を過ごせる奨学金をもらうことにした。当時はドイツが科学界の中心だった（今の科学者が皆英語でコミュニケーションをとるように、当時はドイツ語を話せることが必須だった）。そして、まだ二十代だったポーリングが量子力学にかんしてヨーロッパで学んだことが、まもなくアメリカの化学がドイツの化学を抜き去る原動力となり、ゆくゆくは当人を《タイム》誌の表紙に載せることになる。

手短に言うと、ポーリングは量子力学が原子間の化学結合をどう支配しているかを明らかにした——結合の強さも、長さも、角度も、ほとんどすべてについて。彼は科学界のレオナルド・ダ・ヴィンチだった——人物画においてダ・ヴィンチがそうだったように、彼はまさに初めて解剖学的な詳細を「描き出した」のだ。そして、化学は基本的に原子が結合をつくったり壊したりすることの研究なので、ポーリングはこの活気に欠けた分野をたった一人で近代化したわけである。彼は科学にかんする最大級の賛辞に値する人物であり、ある同業者もポーリングは「化学を覚えるものから理解できるものに変えた」（傍点筆者）と語っている。

この偉業ののちもポーリングは基礎化学と戯れ続け、まもなく、雪の結晶がなぜ六角形なのかを突き止めている（ちなみにその理由は氷の六角形構造だ）。しかし同時に、ポーリングはふつうの物理化学の先へ進みたくて明らかにうずうずしていた。たとえば、彼はある研究で、鎌状赤血球性貧血症でなぜ人が死ぬのかを解明した。赤血球中のいびつなヘモグロビンが酸素を保持していられないのがその原因だった。ヘモグロビンにかんするこの仕事は、病因を初めて分子の機能不全に求めたものとして際立っており、* 医師の医療に対する認識を変えた。ポーリングは続いて、一九四八年に風邪で寝ていたとき、タンパク質がどうしてαヘリックスと呼ばれる長い円筒になりうるのかを示すことで、分子生物学に革命を起こそうと決意した。タンパク質の機能は主としてその形状で決まるのだが、ポーリングはタンパク質を構成する個々の断片が自身の適切な形をどうやって「知る」のかを初めて解明することになるのだった。

どのケースでも、ポーリングの真の興味（医学への明らかな貢献のほかに）は、何の変哲もない小さな原子が自発的に集まって大きな構造をつくったときに、新しい性質がほとんど奇跡のように立ち現れる仕組みにあった。このテーマの特に魅力的な側面は、往々にして部分が全体をほのめかさないところだ。炭素と酸素と窒素の原子一個一個がつながってアミノ酸のような有益なものができることなど、あなたも実物を見るまで想像もつかなかったはずで、それとまさに同じように、生物の原動力であるタンパク質がどれも、数種のアミノ酸がつながってみずから折りたたまってできることなど、まったく思いもよらなかったことだろう。この仕事、いわば原子の生態系の研究は、複雑精妙さのレベルが新元素づくりよりもう一段上がっている。しかし、一段上がったことで誤解と間違いの余地も増えた。長い目で見れば、ポーリングがαヘリックス（らせん）でたやすく成功したことが皮肉な結果を招いた。また別のらせん状分子であるＤＮＡでへまをやらかさなければ、彼は間違いなく科学史上五本の指に数えられる科学者になっていただろう。

ほかの多くの科学者と同様、ポーリングがＤＮＡに興味を持ったのは一九五二年のことだったが、ＤＮＡそのものはスイスの生物学者フリードリッヒ・ミーシャーが一八六九年に発見していた。ミーシャーは、膿（うみ）がべっとりついた包帯（地元の病院は喜んで彼にゆずってくれた）にアルコールと豚の胃液を注ぎ、ねばねばべとべとした灰色の物質が残るだけにした。それを調べてただちに、そして自分の成果に箔を付けようと、ミーシャーはこのＤＮＡ、すなわちデオキシリボ核酸が生物学で重要な物質となるであろうと宣言した。不運なことに、化学分析の結果は高濃度のリンを示していた。当時はタンパク質が生化学で唯一興味の対象とされており、タンパク質にはリンがまったく含まれていないので、ＤＮＡは何かの残り物、分子的なおまけだと見なされた。*

この先入観は、一九五二年に行われたウイルスにかんする劇的な実験でようやく覆された。ウイルスは細胞を乗っ取るとき、細胞をがっしと摑むと、蚊が血を吸うのとは正反対に、悪さをする遺伝情報を注入する。だが、この遺伝情報の運び手がＤＮＡとタンパク質のどちらなのかは誰も知らなかった。そこで二人の遺伝学者がウイルスに対し、リンの豊富なＤＮＡに含まれるリンと、硫黄の豊富なタンパク質に含まれる硫黄に、放射性追跡子（トレーサー）を用いて目印を付けることにした。そのうえで乗っ取られた細胞をいくつか調べたところ、放射性のリンは注入されて細胞に渡っていたが、放射性の硫黄を持ったタンパク質は注入されていなかった。遺伝情報の運び手はタンパク質ではあり得ない。ＤＮＡだったのである。*

では、ＤＮＡとは何なのか？　わかっていることが少しはあった。長いひも状であること、ひもの骨格はリンと糖でできていること。核酸も含まれており、背骨の出っ張りのように骨格から突き出ていること。だが、ひもの形状やつながり方は謎だった——重要な謎だった。ポーリングがヘモグロビンとαヘリックスの研究で示したように、分子の形状は分子の働きと密接に絡んでいる。まもなく、ＤＮＡの形状は分子生物学で最も関心の高い疑問になった。

そして、ポーリングはほかの多くの科学者と同様、その答えを出せるほど頭が切れるのは自分だけだと思っていた。それは傲慢ではなかった。少なくとも傲慢なだけではなかった。なにしろポーリングはそれまで負け知らずだったのだから。こうして一九五二年、鉛筆と計算尺と概略的な他人のデータを手に、ポーリングはカリフォルニアで机に向かってＤＮＡの解読に乗り出した。彼はまず、のちに間違いだとわかるが、かさばる核酸はひもの外側に位置すると想定した。そうでなければＤＮＡ分子がまとまらないと見ていたのだ。この考えに沿って、彼はリンと糖による骨格をひもの芯のほうに向かせた。ポーリングはまた、手持ちの不適切なデータに基づき、ＤＮＡは三重らせんだと推測した。そう推測した原因は、手持ちのデータが乾いた死んだＤＮＡ、すなわち水分を含んだ生きたＤＮＡとは違う巻き方をしているＤＮＡから取られたもので、データとして不適切だったからである。この奇妙な巻き方により分子は本来よりもっとねじれて、自身の周りを三回巻いているように見えたわけだ。だが、論文上ではどこもおかしいところはなかった。

すべてがうまくいっていると思われたが、それも、ポーリングが院生に自分の計算のチェックを依頼するまでのことだった。その院生はチェックを始めるとすぐ、自分がどこを間違えていてポーリングのどこが正しいのかを探そうとして苦境に陥った。だが最終的には、元素にかんする基本的な理由によってリン酸の分子がうまく収まらないことを指摘した。化学の授業では原子は中性だと強調されるが、知識が豊富な化学者は元素をそうは見ない。自然界で、特に生物では、多くの元素が電荷を持つ原子であるイオンとしてのみ存在している。そして、ポーリングが解明に貢献したまさにその諸法則によれば、ＤＮＡに含まれているリン原子は常に負電荷を持ち、そのため互いに反発する。リン酸を芯に向けてひもを三本束ねようとしても、ＤＮＡは絶対にばらけてしまうのだ。

院生はそう説明したが、ポーリングはポーリングらしく、この説明をやんわり無視した。聞く気がなかったのになぜわざわざ誰かにチェックさせたのかはわからないが、ポーリングが院生の言うことを無視した理由ははっきりしている。彼は科学上の優先権が欲しかったのだ――DNAにかんするその他すべてのアイデアが自分のアイデアの焼き直しと見られるようにしたかったのである。そのため、いつもは周到に議論を進めるところを、分子構造にかんする詳細はそのうち解決されるだろうと考え、ポーリングはリンが内側にある三重らせん模型を一九五三年の初めに発表した。

その頃、大西洋の反対側では、ケンブリッジ大学に籍を置いていたさえない院生二人が、ポーリングの論文の見本刷りを穴が開くほど見つめていた。ライナス・ポーリングの息子であるピーターが、さえない院生二人ことジェイムズ・ワトソンとフランシス・クリックと同じ研究所で仕事をしており、*ピーターの好意で論文をもらっていたのだ。まだ無名だった二人は身を立てるために是が非でもDNAの謎を解こうとしていた。そこへ、ポーリングの論文が二人を仰天させた。彼らは一年前に同じ模型をつくっていた――そのうえ、ある同業者によって二人の三重らせんがいかにお粗末な仕事だったかを指摘され、大恥をかいて取り下げていたのだった。

ところが、二人は大恥をかいたその機会に、ある同業者ことロザリンド・フランクリンから秘密を明かされていた。彼女の専門は分子の形状を明らかにするX線結晶学で、その年の初め、彼女はイカの精子から採った水分の多い状態のDNAを調べて、DNAは二重らせんであると計算していたのである。ポーリングもドイツで研究していたときに結晶学を学んでおり、フランクリンの良質のデータを見たらDNAの謎をたちどころに解いていただろう（乾いたDNAにかんする彼のデータもX線結晶学で得られたものだった）。だが、歯に衣着せぬ自由主義者だったポーリングは、アメリカ国務省のマッカーシズムによってパスポートの発給を阻まれて、一九五二年にイギリスで開かれた重要な会議に出席できなくなり、フランクリンの仕事を耳にしたかもしれない機会を逸したのである。そして、フランクリンとは違って、ワトソンとクリックはライバルにデータを明かさなかった。その代わりに、フランクリンの失策につけ込み、プライドを引っ込めて、彼女のアイデアに基づいて仕事を始めた。それからほどなく、ワトソンとクリックは自分たちの当初の間違いがポーリングの論文でそっくり繰り返されているのを目にしたのである。

まさかという思いを振り払いながら、二人は指導教官だったウイリアム・ブラッグのもとへ急いだ。ブラッグは何十年か前にノーベル賞を受賞していたが、このところは主な発見――αヘリックスの形状など――を、彼の熱き、そして（ある歴史家に言わせると）「辛辣で、自分の名を売るのに長けた」ライバルであるポーリングに奪われて苦い思いをしていた。あの三重らせんの大失態を受けて、ブラッグはワトソンとクリックにＤＮＡにかんする仕事を禁じていた。だが、二人がポーリングの凡ミスを見せ、自分たちが密かに仕事を続けていたことを明かすと、ブラッグはそこにもう一度ポーリングを出し抜く機会を見て取った。彼は二人にＤＮＡの仕事に戻るよう指示した。

まず、クリックはポーリングに用心深い手紙を書き、リンの芯がばらけない仕組みを尋ねた――ポーリングの諸理論によればそんなものはありえないと考えてのことである。これがポーリングを不毛な計算に向かわせた。息子のピーターが、二人の院生が後ろから迫っていると警告したが、ポーリングは三重らせん模型の正しさがそのうち証明される、もう一息のところまできている、と言い張った。ポーリングは頑固だが馬鹿ではないので、自分の間違いにすぐ気づくだろうと予想し、ワトソンとクリックは必死になってアイデアを考えた。二人はみずから実験したことは一度もなく、他人のデータを見事に解釈する専門だった。そして一九五三年、欠落していた手がかりをまた別の科学者から手に入れた。

その科学者によると、DNAの四種類の核酸（それぞれA、C、T、Gと略記される）は必ず存在比がペアになって現れる。たとえば、あるDNA試料の三六パーセントがAならTの存在比も必ず三六パーセントになる。必ずだ。同じことがCとGにも言える。このことから、ワトソンとクリックはAとT、CとGがDNA内部でペアになっていると気づいた（皮肉なことに、その科学者は同じことを何年も前にクルーズ船の上でポーリングに教えている。ポーリングはおしゃべりのうるさい同業者にせっかくの休暇をじゃまされるのが嫌で、その科学者を追い払ってしまった）。さらに、奇跡のまた奇跡のように、この二組の核酸ペアはパズルのピースのようにぴったりかみ合う。このことが、DNAがなぜばらけずしっかり絡みあっているかを説明し、こうしてしっかり絡みあっていること自体が、リンが内側を向くと考えるポーリングの主たる根拠を無効にする。かくして、ポーリングが彼の模型と格闘するのを尻目に、ワトソンとクリックは彼らの模型を裏返しにして、負電荷のリンイオンどうしが触れないようにした。これにより、ねじれたはしごのようなものが得られた——有名な二重らせんである。すべてが見事に収まるところに収まり、ポーリングが気がつく前に、二人はこの模型を《ネイチャー》誌の一九五三年四月二五日号で発表した。*

さて、ポーリングは三重らせんとリンの逆向きで恥を晒したことに、そして生物学上の世紀の大発見にかんして——ましてやライバルだったブラッグの研究所に——負けたことに、どう対処したか？

彼は大いなる気高さを持って臨んだ。似たような状況に陥ったら、私たち誰もが同じような気高さを持ちたいものである。ポーリングは自分の間違いと負けを認めたばかりか、一九五三年後半に彼が主催した専門的な会議にワトソンとクリックを招待し、二人を持ち上げてもいる。すでに得ていた名声からして、ポーリングは寛大でいられた。別の二重らせんで先んじていた彼のことだから、間違いない。

一九五三年以降はポーリングにとってもセグレにとってもはるかに良い年月だった。一九五五年、セグレと、これまたバークレー校の科学者オーウェン・チェンバレンは反陽子を発見した。反陽子はふつうの陽子とは正反対の物質で、負電荷を持ち、時間を逆行するかもしれず、そして恐ろしいことに、あなたや私のようなあらゆる「実」物は反陽子に触れた瞬間に消滅する。反物質の存在が一九二八年に予言されたのち、その一種である反電子（ポジトロン）は一九三二年にあっさり発見された。ところが、反陽子のほうは、素粒子物理学の世界における「なかなか捕まらないテクネチウム」だったのである。セグレは、長きにわたって出だしでつまずいたり怪しい主張をしたりした末にようやく仕留めて、彼の粘り強さを証明した。だからこそその四年後、失態のことは忘れられて、セグレはノーベル物理学賞を受賞したのだ。* 出来すぎた話だが、彼はエドウィン・マクミランから白いベストを借りて授賞式に臨んでいる。

ＤＮＡで敗れたあと、ポーリングは敗者復活の賞を与えられた。待望のノーベル賞を一九五四年に化学賞で受賞したのである。彼らしいことだが、ポーリングはそれを機に新たな分野に打って出た。

風邪の長患い（ながわずらい）に悩まされていた彼は、自分を実験台に大量のビタミン摂取を開始した。そして理由はわからないがどうやら効いたらしく、彼は興奮気味にそれを他人に話して聞かせた。やがて、ノーベル賞受賞者である彼のお墨付きが、ビタミンCが風邪を治すという科学的に怪しい説（失礼！）もその一環と言える、サプリメントの流行に今日（こんにち）でも勢いを与えている。加えて、マンハッタン計画への参加を拒んだポーリングは世界をリードする反核兵器活動家となり、反対運動のデモで行進したり、『ノーモアウォー』（丹羽小弥太訳、講談社）などの本を書いたりした。さらには一九六二年に驚きの二度めのノーベル賞を、ノーベル平和賞部門で受賞しており、彼は本書の執筆時点でも共同受賞ではなしに二回受賞した唯一の人物だ。ちなみに、その年にストックホルムで行われた授賞式には、生理学・医学賞の受賞者だったジェイムズ・ワトソンとフランシス・クリックの二人と共に列席している。

第９章
毒の回廊——「イタイ、イタイ」

Cd 48　Tl 81　Bi 83　Th 90　Am 95

生物学のルールは化学のルールよりはるかに扱いにくいことを、ポーリングはことさら痛い思いをして学んだ。アミノ酸に対して化学的にかなり酷なことをしても、なんだかんだ言ってそのままの分子でいるが、生物のタンパク質は脆（もろ）いしもっと複雑で、同じストレス下ではへたってしまう。そのストレスとは、熱や酸であり、最悪なのがならず者元素だ。最も罪深い部類になると、往々にして生命の維持に必要なミネラルや微量元素［訳注　生物にとって必須だが微量で足りる元素］に変装し、生きた細胞の弱点を何度でも突く。こうした元素がいかに巧みに命を奪うかにかんする物語——「毒の回廊」の実績——は、周期表のサイドストーリーのなかでも暗い部類に入る。

　毒の回廊で最も軽い元素はカドミウムで、その悪名は日本の中央部にある古くからの鉱山に由来する。神岡鉱山で貴金属の採掘が始まったのが八世紀。それから何世紀にもわたり、神岡の山々からは金、鉛、銀、銅などが採れ、大名や将軍、そして実業家がこの地を争った。だが、カドミウムの処理が始まったのは最初の鉱脈に当たってから一二

○○年後のことで、この金属によって神岡鉱山は悪名を馳せ、「イタイ、イタイ！」という叫びが日本で悲痛の代名詞となった。

一九〇四～〇五年の日露戦争とその一〇年後の第一次大戦は、日本の金属需要を大きく押し上げた。需要が伸びた金属の一つが、戦車や軍艦、航空機の装甲板に使われた亜鉛だった。カドミウムは周期表で亜鉛の下にあり、地殻でこの二つの金属は見分けが付かないほど混ざり合っている。神岡で採れる亜鉛を精錬するために、鉱石はおそらくコーヒー豆のように炒ってから酸で濾過され、カドミウムが取り除かれた。そして規制などなかった当時、残ったカドミウム鉱滓は川に流されたり、土の上に棄てられて、それが浸出して地下水に達したりした。

今では誰もカドミウムを同じように棄ててしまおうとは思わない。電池やコンピューター部品の腐食を防ぐコーティングとしてあまりに貴重だからだ。また、顔料やなめし剤やはんだに使われた長い歴史もあった。二〇世紀になると、流行ものの金属ジョッキの裏張りとして光り輝くカドミウムめっきを施しまでしている。だが、今日誰もカドミウムを棄てようとしないのはむしろ、下手にそんなことをすれば医学的にぞっとする結果を招きかねないからだ。メーカーは流行ものの金属ジョッキにカドミウムを使うのをやめたのだが、その理由は、レモネードのような酸味のあるフルーツジュースによって容器の内壁からカドミウムがしみ出て、毎年数百人の病人を出したからだった。また、二〇〇一年九月一一日の同時多発テロのあとで、グラウンドゼロでの救出に当たった作業員が呼吸器系の病気を発症したとき、世界貿易センタービルの倒壊が何千という電子機器を蒸発させたことを理由に、一部の医師はその原因として、ほかの何をも差し置いてすぐカドミウムを疑った。この予想は外れたが、医療関係者がどれほど反射的にこの四八番元素を指さしたかが窺える。

　悲しいことだが、こうした結論が反射的に導かれる理由は、一世紀ほど前に神岡鉱山からほど近いところで起こっていたことにある。一九一二年にはすでに、当地の医師は地元の農民が恐ろしい新病で倒れていくことに気づいていた。担ぎ込まれた農民は、身体を折り曲げ、関節や深部骨の痛みに苦しんでいた。特に女性が多く、患者五〇人につき四九人の割合でそうだった。たいてい腎臓もやられており、骨は軟化して、日常的な動作でかかる圧力でも折れた。医師が脈をとろうと手首をとったら骨が折れた女性がいたほどだ。この謎の病気は、軍部が日本を統制していた一九三〇～四〇年代に多発した。亜鉛需要の増大によって鉱物の残りかすが神岡の山々に垂れ流され続け、戦地から遠く離れた神岡の下流ほど第二次大戦中に害が及んだところはほとんどなかった。この病気は集落から集落へと広がり、被害者が発する痛みの叫びからのちに「イタイイタイ病」と呼ばれることになる。

　ようやく、戦後の一九四六年に、地元の医師、萩野昇がイタイイタイ病の調査に乗り出した。彼は当初、原因は栄養不良ではないかと考えた。だが、これでは説明がつかないことがおのずと明らかになり、彼は着眼点を、農民の原始的な水田とは対照的な、西洋化された高度な掘削技術を導入していた鉱山に切り換えた。萩野は、公衆衛生に詳しい教授とともに、神通川――鉱山の合間を流れて、数十キロ先の農地を灌漑していた――とその用水路の地図を用意し、そこにイタイイタイ病の患者の家の位置をプロットした疫学的地図をつくった。プロットの位置は灌漑用水の周囲に集中していた。地元の稲を調査したところ、萩野は米がカドミウムを海綿のように吸っていたことを知った。

　丹念な仕事からやがてカドミウムによる病理が明らかになっている。亜鉛は必須ミネラルの一つなのだが、カドミウムは、地中で亜鉛と混ざり合っているように、体内でも亜鉛と相互作用して亜鉛と置き換わる。また、カドミウムは慢性ないし多量の摂取が腎臓にとってたいへんな毒で、カルシウムの吸収を妨げるうえ、硫黄やカルシウムを直接的に追い出すこともある——患者の骨が影響を受けるのはこのためだ。あいにくなことに、カドミウムは不器用な元素で、ほかの元素が果たしているのと同じ生物学的役割を果たせない。さらにあいにくなことに、カドミウムはひとたび体内に入り込むと排出されない。また、萩野が当初疑った栄養不良も加担しうる。食事が米一辺倒になると、米はカルシウムなどのミネラルを欠いているので、農民の身体は特定のミネラルを渇望するようになる。そうなると、カドミウムは不足したミネラルの真似がそれなりに上手いため、該当するミネラルに飢えていた身体の細胞が、飢えていないときより速いペースでカドミウムを組織に取り入れ始める。

　萩野は一九六一年に彼の研究結果を公表した。予想されたように、法的責任を持つ企業の三井金属鉱業はあらゆる加害を否定した。驚くべきことに、萩野は非難や中傷を受けている。また、イタイイタイ病の調査を目的として地元の県に医療対策委員会が設けられたとき、世界でいちばんこの病気に詳しい萩野は委員に選ばれなかった（同社が裏で動いたと疑う者もいた）。萩野は対抗して、長崎県で新たに見つかったイタイイタイ病の症例に取り組み、彼の主張はますます強固になった。最終的に、良心の呵責を覚えた地元の委員会は、萩野に不利な顔触れだったにもかかわらず、カドミウムが病因かもしれないことを認めた。この煮え切らない裁定に基づく訴えを受け、政府のある委員会は、萩野の挙げた証拠に圧倒されて、カドミウムがイタイイタイ病の原因であると断定したのだった。かの鉱山会社は、一九七二年に総額二三億円余りを支払ったほか、認定患者に補償金の支払いを始めた。それから一三年たっても、四八番元素の恐怖は日本にしっかりとどまっており、ゴジラシリーズの最新作だった映画『ザ・リターン・オブ・ゴジラ』〔訳注　日本での原題は『ゴジラ』で、一九八四年に公開〕において、ゴジラを倒す必要があった映画製作者は、劇中の自衛隊にカドミウム弾を持たせている。ゴジラに命を与えたのが水爆だったことを思うと、カドミウムはずいぶん陰鬱なイメージをまとわされたものだ。

それでも、イタイイタイ病は前世紀の日本でほかに類を見ない病気だったわけではない。二〇世紀の日本の人びとはほかにも三度（水銀で二度〔訳注　原因物質はメチル水銀と呼ばれる有機化合物〕、二酸化硫黄と二酸化窒素で一度）大規模な工業中毒の犠牲になっている。こうした事例は日本の四大公害病として知られている。また、何千人という市民が、アメリカが一九四五年に投下したウラン型爆弾とプルトニウム型爆弾による放射能汚染で苦しんだ。だが、原爆と四大公害のうち三つに先だって、神岡にほど近いところでは長きにわたって沈黙のホロコーストがあったのだ。地元民にとっては沈黙のものではなかったが。「イタイ、イタイ」

恐ろしいことに、カドミウムは元素のなかで最悪の毒ではない。その一つ下には神経毒である水銀があり、そのまた右には周期表で最も恐ろしい顔ぶれ──タリウム、鉛、ポロニウム──が並ぶ。ここが毒の回廊の中心部だ。

こうして固まっているのは偶然によるところもあるが、表の右下隅に毒性元素が集中していることにはそれなりの化学的・物理的な理由がある。その一つは、逆説的だが、どの重い金属も激しやすくないことだ。生のナトリウムやカリウムは水と反応するので、仮にあなたの体内に入り込んだとしたら、どんな体細胞に触れてもその瞬間にはじけるはずだ。だが、ナトリウムもカリウムも反応性があまりに高く、天然では単体という危険な形では存在しない。それに比べて、毒の回廊の元素はもっと巧妙で、はじける前に体内深く進入できる。さらに、こうした元素は（多くの重い金属と同じように）、放出する電子の数を環境に合わせて変えられる。たとえば、カリウムは常にK^+として反応するが、タリウムはTl^+かTl^{3+}になれる。そのため、いろいろな元素になりすまして数多くの生化学的地位に入り込める。

八一番元素であるタリウムが、周期表で最も致命的な元素だと考えられているのはそういう理由による。動物細胞にはカリウムを吸い上げるための特別なイオンチャネルがあって、タリウムはここを通り、たいてい皮膚からの浸透で体内に入り込む。ひとたび体内に入るとカリウムの仮面を捨て去って、タンパク質内部のアミノ酸の主な結合を切ったり、精巧な折りたたみをほどいたりし始めて、タンパク質を使いものにならなくする。そして、カドミウムとは異なり、タリウムは骨や腎臓にはとどまらず、モンゴルの遊牧民の分子版のごとくあちこち動き回る。タリウム原子は一個一個が甚大な害を及ぼせる。

そんなわけで、タリウムは毒殺者の御用達、飲食物に毒を盛ることに審美的とも言える歓びを見出す者の元素として知られている。一九六〇年年代、グレアム・フレデリック・ヤングという悪名高きイギリス人がいた。彼は連続殺人犯を取り上げたセンセーショナルな記事を読んで、家族を相手にタリウムをティーポットやシチュー鍋に振りまいて実験を始めた。まもなく精神病院に送られたが、のちになぜか放免になり、この時から歴代の上司を含めてさらに七〇人に毒を盛った。そのうち亡くなったのはわずか三人。ヤングは苦しみが長続きするようにと、致死量に満たないようにしていたのだった。

歴史を振り返ると、犠牲者はヤングの手にかかった者だけではない。タリウムには、スパイや孤児や大邸宅を持つ大おばの殺害など、ぞっとするような前科*がある。とはいえ、さらに暗い現場を追体験していただくよりは、八一番元素が一度だけ（明らかに病的ではあるが）喜劇の世界に進出したときのことをお話ししたほうがいいかもしれない。アメリカ中央情報局（ＣＩＡ）は、キューバのことしか頭になかった時代に、タリウムを混ぜた一種のタルカムパウダーをフィデル・カストロの靴下に振ろうと目論んだ。有名なあごひげも含めて髪という髪が毒で抜け落ち、同志の前に弱々しい姿をさらしたところで殺害することを想像して、彼らは大いにほくそ笑んだ。この計画が実行に移されなかった理由の記録はない。

タリウムやカドミウムなどの元素が毒としてこれほどうまく働くもう一つの理由は、永遠に消え去ることがないところにある。カドミウムのように体内にたまるというだけではない。それより、こうした元素はえてして酸素のように、放射性を決して示さない、安定で球に近い核を形作るのだ。このため、どれも地殻にそれなりの量が残っている。たとえば、永遠に安定な元素として最も重い鉛は八二番という魔法核〔訳注　四〇ページ参照〕の枠にある。そして、その隣の八三番にあるのが、最も重くてほぼ安定な元素のビスマスだ。

ビスマスという風変わりな元素は毒の回廊で驚くべき役割を果たすので、詳しく見ていく価値があるだろう。ビスマスにかんする事実を手短にいくつか挙げると――ピンク色がかった白っぽい元素だが、燃えると青い炎を上げ、黄色い煙を上げる。カドミウムや鉛のように、ビスマスは顔料や染料に広く用いられ、パチパチ音を立てる花火では「鉛丹（えんたん）」の代わりによく使われる。また、周期表上の元素を組み合わせて得られる無限にありそうな化学物質を含めても、ビスマスは凍ると体積が増えるというひじょうに数少ない物質の一つである。これがどんなに奇抜なことか、私たちは氷というものが身近にあるせいでよくわかっていない。氷は湖に浮かび、その下で魚が泳ぎまわる。もしビスマスの湖というものがあったなら、同じような現象が起きるだろう――だが周期表上でそんな凍り方をする元素はほぼこれだけだ――なにしろ、固体はほぼすべて液体より密度が高いので。さらに言えば、ビスマスの氷はきっとものすごく色が美しい。ビスマスは、卓上の装飾品や小間物として鉱物学者や元素狂のお気に入りになっている。というのも、ホッパークリスタル（骸晶）と呼ばれる結晶を形作り、虹色に光り輝く精巧な階段のようなものができるからだ。ビスマスが凍っていく様子は、M・C・エッシャーのモノクロ版画がカラーになって命が吹き込まれたように見えるかもしれない。

ビスマスは、科学者が放射性物質のより深い構造を探るのにも貢献してきた。科学者は何十年と、いくつかの元素が永遠に存在し続けるかどうかにかんして得られた、計算結果の矛盾を解消できずにいた。そこで二〇〇三年、フランスの物理学者が純粋なビスマスを用意し、手の込んだ遮蔽材で包んで外部からのあらゆる干渉を遮断したうえで、ビスマスの周りに検出器を配線して、試料の五〇パーセントが崩壊するのにかかる時間、すなわち半減期を測定した。半減期は放射性元素でよく測定される性質だ。バケツ一杯分の放射性元素Xが一〇〇キロから五〇キロに減るのに三・一四一五九年かか

ビスマスという元素が冷えて階段状の結晶パターンをつくると、ワイルドで虹色の渦を持つホッパークリスタル（骸晶）ができる。写っている結晶は大人の手のひらほどの幅がある。　(Ken Keraiff, Krystals Unlimited)

ったとすると、その元素の半減期は三・一四一五九年で、もう三・一四一五九年たつと、元素は二五キロになるだろう。原子核理論はビスマスの半減期を二〇の一〇億倍の一〇億倍年だと予言していた。これは宇宙の年齢よりはるかに長い（宇宙の年齢を二乗してようやく追いつくくらい——それでも、注目したビスマス原子が消えるところを見られるかどうかは五分五分だ）。フランスで行われたこの実験は多かれ少なかれサミュエル・ベケットの『ゴドーを待ちながら』の実世界版と言える。だが、驚いたことにうまくいった。フランスの科学者たちは十分な量のビスマスと十分な忍耐力をかき集めて、それなりの数の崩壊を目撃した。その結果、ビスマスは最も重い安定な原子ではなく、消滅する最後の元素になる程度にまで長生きするだけの話だということが証明されたのだった。

（すべての物質がゆくゆくは崩壊するかどうかという、これまたベケット的な実験が目下日本で行われている。一部の科学者の計算によると、元素の構成要素である陽子はひじょうにわずかながら不安定で、少なくとも一〇〇の一〇億倍の一兆倍の一兆倍年という半減期を持つ。この数字にめげず、数百人の科学者が超純粋で超透明な水をためる巨大な地下タンクを鉱山の縦坑（たてこう）深くに建設し、陽子が目の前で本当に分裂した場合に備えて、大量の超高感度センサーで周りをぐるりと取り囲んだ。確かに起こりそうにないかもしれないが、神岡鉱山の利用法としては以前よりはるかに善良だ）

さて、そろそろビスマスとはどんな元素なのか、本当のところをお教えすべきだろう。そう、厳密に言えば放射性があり、周期表における位置がほのめかしているように、この八三番元素はおそらくあなたにとって良からぬものだ。ヒ素やアンチモンと同じ列にあるうえ、最悪の重金属毒性元素の合間に身を潜めているのだから。にもかかわらず、ビスマスは実際には穏和で、薬効さえある。医師はビスマスを胃潰瘍の緩和のために処方するし、濃いピンク色がトレードマークの胃薬、ペプトビスモルの「ビス」はこの元素のことである（カドミウムで汚染されたレモネードで下痢になったとき、解毒剤はたいていビスマスだった）。こうしたわけで、ビスマスはおそらく周期表のなかで最も場違いなところに置かれた元素だろう。こう言うと、周期表に数学的な一貫性を見出したがる化学者や物理学者の一部をがっかりさせるかもしれない。だが実はビスマスとはしかるべき場所を見さえすれば、周期表には予想も付かない豊かな物語が満載だ、というさらなる証拠なのである。

あるいは、風変わりな例外というレッテルを貼る代わりに、ビスマスをある種の「貴」金属と考える見方もあるだろう。穏和な貴ガスが周期表で二組の暴力的な──ただし違う形で暴力的な──元素のあいだに割って入っているように、平和を好むビスマスは、毒の回廊の転換点になっている。先に紹介したような、吐き気や深部痛を起こす従来の毒から、これから紹介するような焼けつく放射能の毒への。

ビスマスの隣に潜んでいるのがポロニウム、核時代の毒殺者の毒だ。これによりタリウムと同じように髪が抜け落ちることは、二〇〇六年一一月に、ロンドンのレストランでポロニウム入りの寿司を出された元ＫＧＢ職員、アレクサンドル・リトビネンコを通して世界が目の当たりにしたとおりである。周期表でポロニウムの先には（超希少元素であるアスタチンを今回は飛ばして）ラドンがある。貴ガスのラドンは色がなく、臭いもなく、何とも反応しない。だが、重い元素でもあるので空気を追い出して肺の底にたまり、死を呼ぶ放射性粒子を放ってまず間違いなく肺ガンを引き起こす──毒の回廊はこんなふうにもあなたを痛めつけられるのだ。

放射性は周期表のいちばん下の行をまさに牛耳っており、上のほうの行の元素をオクテット則〔訳注　四六ページ参照〕がたばねていたのとまさに同じ役割を果たしている。重い元素の有用性はほとんどすべて、それらがどのように、そしてどれくらいすぐに放射性を示すかに左右される。おそらくこのことを説明するのに最適な例は、タリウムに親しんだ殺人犯、グレアム・フレデリック・ヤングと同じように危険な元素に取り憑かれたアメリカの若者、デイヴィッド・ハーンの物語だろう。だが、彼は社会病質者ではなかった。彼の破壊的なまでの思春期のエネルギーは、人の役に立とうという強い願望からほとばしっていた。世界のエネルギー危機を解決し、石油への依存をなんとしても打破しようと——十代の若者だけが発揮できるあらん限りの切実さでそう願った——、デトロイト近郊に暮らしていたこの一六歳の少年は、イーグルスカウト〔訳注　アメリカのボーイスカウトの頂点〕を目指して一九九〇年代なかばに暴走し始めた秘密プロジェクトの一環として、母親の家の裏庭にあった納屋に核反応炉をつくったのである。*

『化学実験宝典』という、一九五〇年代のリール式教育映画のようにへきえきするほど真面目な調子の本に影響され、デイヴィッドはこぢんまりと始めた。だが、化学にどんどんのめり込んで常軌を逸したふるまいに及び、つきあっていた女の子の母親からパーティーで客に話しかけることを禁止されたこともある。食べている物の化学的性質について食欲を削ぐことを口走るからだが、口に物を含んだまましゃべるのがマナー違反だとすれば、これは知的マナーの欠如だ。だが、彼の興味は理論の上だけで満たされるものではなかった。大人になる前の多くの化学者と同じように、彼もすぐさま化学実験キットでは物足りなくなって、家の寝室の壁やカーペットを吹っ飛ばしてだめにするほど派手に化学と戯れるようになった。すぐさま地下室へ、のちに裏庭の納屋へと追いやられたが、むしろそのほうが好都合だった。しかし、多くの駆けだしの化学者とは違って、デイヴィッドは化学の達人にはならなかったようである。あるとき、ボーイスカウトの集会の前に、彼は肌をオレンジ色に染めてしまった。取り組んでいた疑似日焼け薬がはじけて顔にかかったのだった。また、化学に疎い者しかやらないような扱いだが、精錬したリンをドライバーですりつぶそうとして（それはまずいよ）容器を誤って爆発させている。眼科の医者は数カ月後になっても、彼の目からプラスチックの破片を取り出していたという。

そんなことがあったあとも災難は絶えなかったが、彼を弁護すると、それはますます複雑なプロジェクトにとりかかっていたからだ――核反応炉の。手始めに、彼は核物理学にかんして拾い集めた少ない知識を応用した。その知識の源（みなもと）は学校ではなく（彼はごく平凡な、そのうえ貧乏な生徒だった）、手紙を書いて取り寄せた、原子力を熱烈に推進するパンフレットや、架空の学生のために実験を考案したいという一六歳の「ハーン教授」の策略に引っかかった、政府の役人との手紙のやりとりだった。

なかでも、デイヴィッドは主な三種類の核反応――核融合、核分裂、放射性崩壊――について学んだ。水素の核融合は恒星のエネルギー源であり、最も強力で効率のいい反応なのだが、地球では原子力としてほとんど貢献していない。核融合を起こすのに必要な温度や圧力を簡単には再現できないからである。そこでデイヴィッドはウランの分裂と、分裂の副産物である中性子の放射能に頼った。ウランのような重い元素は、正電荷を持つ陽子を小さな核のなかに留め置くのに苦労する。同じ電荷は反発し合うからだ。そこで、緩衝材（かんしょうざい）として中性子も詰め込む。重い原子が二つに分裂してだいたい同じ大きさの軽い原子になると、軽くなった原子は中性子の緩衝材をそれほど多く必要としないため、余計な中性子を吐き出す。ときどき、そうした中性子が近くの重い原子に吸収され、それが不安定になってまた中性子を吐き出す、という連鎖反応になる。爆弾なら連鎖反応は起こしっぱなしでいいが、核反応炉の場合は、核分裂を長続きさせなければならないので、微妙な制御が必要となる。デイヴィッドが直面した動作上いちばんの障害は、ウラン原子が核分裂して中性子を放出したあと、その結果としてできる軽い原子が安定になり、連鎖反応が長続きしないことだった。こうなると、並の核反応炉は燃料切れになってゆっくり停止する。

このことに気づき――そして原子力でイーグルスカウト記章を取ろうという当初の目的(これは本当)を、こう書いていても吐き気がしてくるほどはるかにエスカレートさせ――、彼は放射性物質を巧みに組み合わせることを通じて燃料を自前で用意する「増殖炉」をつくることにした。増殖炉の最初のエネルギー源となるのはウラン二三三の粒で、これはあっさり核分裂する(二三三という数字は、このウランに中性子が一四一個と陽子が九二個含まれていることを意味する。中性子のほうが多いことに注目)。だが、このウランは少しだけ軽い元素であるトリウム二三二のカバーで覆われることになる。この分裂が起こったあと、トリウムは中性子を一個吸収してトリウム二三三になる。不安定なトリウム二三三はベータ崩壊を経て電子を一個吐き出す。自然界では電荷は常に正負のバランスを取るので、負電荷を持つ電子を失ったトリウムは、中性子を一個陽子に変えもする。ここで陽子が一個追加されることにより、トリウムは周期表で隣の元素であるプロトアクチニウム二三三に変わる。これも不安定なのでプロトアクチニウムは電子を一個吐き出し、もともとのウラン二三三になる。放射性を示す元素をうまく組み合わせれば、ほとんど魔法のように燃料が増えるのである。

デイヴィッドはこのプロジェクトを週末にやった。両親の離婚後、母親とは週末だけ同居していたからだ。身の安全を考え、彼は歯医者で使われる鉛のエプロンをかけて自分の臓器を守り、裏庭の納屋で何時間か過ごすたびに服と靴を捨てた(母親と継父は、息子がさほど着ていない衣服を捨てていることには気づいており、変だと思っていたことをのちに認めている。二人はデイヴィッドは自分たちより頭がよいのだから、自分でわかってやっているとと思っていたのだった）。

デイヴィッドがこのプロジェクトでやったいろいろな作業のなかでは、きっとトリウム二三二を見つくろうのがいちばん簡単だっただろう。トリウム化合物は融点がとても高く、そのため熱せられるとひときわ明るく輝く。家庭向け電球用には危なすぎるのだが、産業用、特に鉱山ではトリウムランタンが一般的だ。針金のフィラメントを芯にする代わりに、トリウムランタンではマントルと呼ばれる繊維でできた小さな網を使う。デイヴィッドは卸売業者に数百枚の交換用マントルを注文したが、特に何も訊かれなかった。次に、ここに化学にかんする彼の知識の向上が見てとれるが、彼はマントルをブローランプで熱し続けて溶かし、トリウムの灰をつくった。そして、ワイヤーカッターで切り開いたバッテリーから集めた一〇〇〇ドル分のリチウムで、この灰を処理した。反応性の高いリチウムと灰をブンゼンバーナーで熱することで、トリウムが精錬され、デイヴィッドは炉心用の良質なカバーを手に入れた。

残念ながら、というか、もしかすると幸いなことに、デイヴィッドにどれだけ放射性元素にかんする化学が身についていたとしても、物理学が身についていなかった。デイヴィッドにはまずウラン二三五が必要だった。それが発する放射線でトリウムをウラン二三三にするためだ。そこで彼はガイガーカウンター（放射線を検出するとカリカリカリと音を立てる機器）をポンティアックのダッシュボードに取り付けて、森の中をうろつけばウランの在りかに出くわすはず、とばかりにミシガン州の田舎を走り回った。だが、ふつうのウランはほとんどがウラン二三八で、放射線源としては弱い（なにしろ、化学的に区別のつかないウラン二三五とウラン二三八を分離して鉱石を濃縮する方法を突き止めたことが、マンハッタン計画の大きな成果の一つであるほどだ)。デイヴィッドはそのうち、チェコ共和国の怪しい供給元からウラン鉱をいくらか手に入れたが、やはりそれはふつうの濃縮されていないウランで、放射性の高い類のものではなかった。結局この方針を諦めたデイヴィッドは、トリウムへの照射用に「中性子銃」をつくり、それで焚き付けとなるウラン二三三を得ようとしたが、この銃はほとんどうまくいかなかった。

メディアがのちにセンセーショナルに書き立てた記事を見ると、デイヴィッドが納屋で核反応炉をほとんど完成させていたかのようにも読めるが、実際にはそうでもない。伝説の核科学者アル・ギオルソはかつて、デイヴィッドが反応を起こそうとして使った核分裂物質は少なくとも、必要な量の一〇億分の一〇億分の一しかなかったと推定している。デイヴィッドは確かに危険な物質を集めており、被曝(ひばく)量によっては自分の寿命を縮めていたかもしれない。だが、寿命を縮めることはたやすく、放射線によって体に障害をこうむる方法はいくらでもある。対して、こうした元素を利用する方法は実に少なく、何か役に立つものを取り出すには適切なタイミング調整や制御を要するのである。

それでも、デイヴィッドの思惑を知った警察はためらわなかった。ある晩遅く、駐車車両で何かをごそごそ探している彼を見つけた警察は、彼をタイヤを盗もうとしている不良だと思った。警察が彼を拘束して質問攻めにしたあと、彼のポンティアックを捜索したとき、いかにも親切だが愚かなことに、デイヴィッドは放射性物質が満載だと警告した。警察は奇妙な粉の入った小瓶を見つけたことから、彼を逮捕して尋問した。さすがに、納屋にあった「やばい」装置についてはデイヴィッドも口にしなかった。どのみち、自分が進歩しすぎてクレーターをつくってしまわないかと怖くなり、すでにほとんど分解してあったのだが。デイヴィッドをどこが担当するかについて政府機関どうしで論争が続き――原子力で不法に世界を救おうとしたものはそれまで誰もいなかった――、この件は何カ月も長引いた。そのあいだ、デイヴィッドの母親は家が処分されることを恐れて、ある晩、実験室と化していた納屋に忍び込み、なかにあったものをほとんどすべて廃棄している。数カ月後にようやく、当局が隣家の裏庭から防護服に身を包んで納屋の捜索にやってきた。そのときでさえ、残されていた缶や工具は背景濃度の一〇〇〇倍の放射線濃度を示していたという。

彼に悪意はなかったため（そして９・１１がまだ起こっていなかったため）、デイヴィッドはほぼ大目に見られた。だが、彼は親と自分の将来について言い争い、高校を出ると海軍に入隊した。原潜の仕事に就く日を待ち望んだわけだが、海軍にしてみれば、デイヴィッドの前歴を考えると核反応炉の仕事には就かせず、厨房に配属してデッキの掃除を命じる以外の選択肢はなかったろう。彼にとっては残念ながら、制御下・監視下にある科学に携わる機会は与えられなかった。与えられていれば、彼の熱意と芽生えようとしていた才能が役に立ったかもしれない、かどうかは神のみぞ知るだが。

放射性ボーイスカウトの物語の結末は哀しい。軍を除隊したあと、デイヴィッドは地元に戻り、特に目的もなくふらついた。数年はおとなしくしていたのだが、二〇〇七年、警察は彼が自分のアパートで煙検知器にいたずらをしていた（実際には盗んでいた）ところを捕まえた。デイヴィッドの前科を考えるとこれは重大な犯罪だ。というのも、煙検知器には放射性元素のアメリシウムが使われているからだ。アメリシウムはアルファ粒子の確実な供給源で、検出器の内部で常時電流を流すのに使われている。煙がアルファ粒子を吸収すると電流が遮られ、けたたましいアラームが鳴る仕組みだ。だが、デイヴィッドはアメリシウムを天然の中性子銃をつくるのに使っていた。アルファ粒子はいくつかの元素から中性子をたたき落とすからだ。実は、彼は一度ボーイスカウトだった時代にサマーキャンプで煙検知器を盗み、捕まって追い出されたことがあった。

二〇〇七年にメディアに流出した顔写真を見ると、デイヴィッドの天使のような顔は赤いあばただらけだ。急性のニキビができたのを一つ残らず出血するまで掻いたかのように。だが、三一歳の男にふつうニキビはできないことから、彼はさらなる核実験を行いながら自分の思春期をもう一度生きていたと結論せざるを得ない。科学はいま一度デイヴィッド・ハーンを欺いた。彼は周期表が策略に満ちていることにまったく気づかなかった。表の下のほうに並ぶ重い元素はふつうの使い方では毒性はないが、毒の回廊に存在する元素の常として、生命に破滅をもたらす程度には正道を外れているのである。

第10章
元素を二種類服(の)んで、しばらく様子を見ましょう

Cu 29　V 23　Gd 64　Ag 47　S 16　Rh 45

周期表は気まぐれで、毒の回廊にたむろするいかにもそれらしいならず者を除くと、ほとんどの元素がわかりにくい。よく知られていない元素の生体内でのふるまいは当然、よく知られてはいない――たいてい悪さを働くが、ときどき善(よ)いこともするようだ。ある環境で毒となる元素が違う環境では命を救う薬になることがあり、思わぬやり方で代謝される元素が病院に新たな診断ツールをもたらすこともありうる。元素と薬が連携プレーをはかることによって、周期表という意識を持たない化学物質の寄せ集めから生命そのものの立ち現れる仕組みさえもが明らかになりうる。

いくつかの元素は驚くほど昔から、医学的に評判がいい。ローマの役人はおそらく兵士より健康だった。食事に銀食器を使ったからだ。また、硬貨が原野でどれほど無用でも、初期のアメリカ開拓民はたいてい、良質な銀貨を少なくとも一枚手に入れるのにお金を使った。この銀貨は、荒野を進むほろ馬車の旅で牛乳を入れておくビンのなかに隠された――盗まれないようにするためではなく、牛乳が

悪くならないようにするためだ。名うての紳士で天文学者だったティコ・ブラーエにいたっては、一五六四年に薄暗い大広間で行われた、酔ったうえでの決闘で鼻梁を失ったとき、銀の交換鼻を注文したと言われている。銀は流行だったし、もっと大事なことに感染症を抑える作用があったからだ。唯一の難点はどこからみても金属色だったことで、ブラーエはファンデーションのビンを持ち歩き、義鼻に絶えず塗らなければならなかった。

好奇心旺盛な考古学者がのちにブラーエの身体を掘り出したところ、頭蓋骨の前面に緑色の皮膚を見つけた――つまり、ブラーエはおそらく銀ではなく、もっと安くて軽い銅の鼻をつけていたのだ*（あるいは、迎える相手に応じてイヤリングのように鼻を付け替えていたのかもしれない）。銅であれ銀であれ、この話には納得がいく。どちらも長いこと民間療法だとして片づけられていたが、現代科学はこの二つの元素に殺菌作用があることを確認している。銀は日常的に使うには高価だが、銅製のダクトや配管は、今では公衆衛生対策としてビルの内部で標準的に使われている。公衆衛生において銅が用いられるようになったのは、一九七六年にアメリカが建国二〇〇周年を祝った直後、フィラデルフィアのホテルで疫病が発生したときが始まりだ。その年の七月、建物の空調系の湿ったダクトのなかに、それまで知られていなかった細菌が忍び込んで増殖し、冷気に乗って通気孔へと渡った。数日のうちに、宿泊していた数百人が「流感」で倒れ、三四人が亡くなった。ホテルはその週にアメリカ在郷軍人会（American Legion）に会議場を貸しており、犠牲者がそろって会員だったわけではないが、この病気は在郷軍人病（Legionnaire's disease）あるいはレジオネラ症として知られるようになった。

この集団発生への対応として通された法律により、より清潔な空調系と水回りが義務づけられ、銅はインフラ整備用として最もシンプルで安い方法となってきた。ある種の細菌や菌類や藻類は、銅製のものの上を移動しているうち、吸収した銅原子によって代謝の邪魔をされ（人間の細胞は影響を受けない）、目詰まりを起こして数時間で死んでしまう。この効果――微量金属作用と呼ばれる「自己滅菌」効果――により金属は木材やプラスチックより滅菌能力が高いのだが、だからこそ公共の場のドアノブや手すりは黄銅製なのであり、大勢の手に触れるアメリカの硬貨のほとんどが、九〇パーセント近い銅を含んでいるか、（ペニーのように）銅でコーティングされているわけである。* 空調ダクトの銅管も、内部にうようよしている不快な菌を掃除するのである。

もぞもぞ動く小さな菌に対し、少々当てにならないものの同じように致命的なのが二三番元素のバナジウムで、こちらは男性が興味を持ちそうな作用も持っている。これまで考案されたなかで最高の殺精子剤なのだ。ほとんどの殺精子剤は、精細胞を取り囲む脂質の膜を溶かし、中身をそこらじゅうにまき散らす。残念ながら細胞はどれも脂質の膜を持っているので、通常用いられる殺精子剤は膣の内面に炎症を起こし、女性はカンジダ感染症に感染しやすくなる。困ったことだ。しかしバナジウムは膜を溶かして中身をぶちまけることはせず、単に精子のしっぽのクランク軸にひびを入れる。するとしっぽが折れて、精子はオール一本のこぎ船のようにぐるぐる回り続けるしかなくなる。*

バナジウムが殺精子剤として市場に出回らない理由――そしてこれは医薬品に絡む決まり文句でもある――は、ある元素なり薬品なりが試験管のなかで望ましい効果を示すからといって、その効果を活かした薬品をつくって人間が服用しても大丈夫、ということには必ずしもならないからだ。あのような効能があるものの、バナジウムはやはり身体が代謝できるかどうか疑わしい元素で、たとえば血糖濃度をどういうわけか上げたり下げたりする。穏やかな毒性がありながら、バナジウムの豊富な富士山の泉（といくつかのサイトが主張しているところ）から採られたバナジウム水が糖尿病の治療薬としてオンラインで売られているのにはこうしたわけがある。

ほかのいくつかの元素は、有効な医薬品への転身を果たしつつある。たとえば、今のところ無益なガドリニウムはガンの刺客になれるかもしれない。ガドリニウムの価値はペアになっていない、いわゆる不対電子が豊富なことにある。電子はほかの原子と喜んで結合しようとするが、自分が属する原子のなかでは互いにできるだけ離れようとする。さて、電子は殻に収まっていること、そして殻はさらに軌道と呼ばれる寝棚に分かれており、それぞれが電子を二個収容できることを覚えておられるだろうか。面白いことに、電子はバスで乗客が席を探すときのように軌道を埋めていく。ほかの電子から二人掛けを強要されるまでは、どの電子も軌道に一人掛けですわるのである。* 混み合ってきていよいよ二人掛けになるというとき、電子はえり好みをして、必ず自分と逆の「スピン」を持つ誰かの隣にすわる。スピンとは、電子の磁場に関連する性質だ。電子とスピンと磁場という取り合わせは妙に思えるかもしれないが、スピンを持つ荷電粒子はすべて、極微の地球であるかのように永続的な磁場を持つ。電子が自分と逆のスピンを持つ別の電子と組むと、互いの磁場が相殺される。

周期表で希土類が並ぶ行の中央に位置するガドリニウムは、一人掛けの電子の数が最も多い。ペアを組んでなく、磁場が相殺されていない電子が多いことから、ガドリニウムはほかのどの元素より強く磁化できる——磁気共鳴画像法（ＭＲＩ）におあつらえ向きの性質だ。ＭＲＩ装置では、強力な磁石を使って身体の組織をわずかに磁化してから、磁石を切る。磁場がなくなると、各々の組織は緊張を解いてそれぞれランダムな方向を向き、磁場では捉えられなくなる。このとき、ガドリニウムなどの強く磁化される物質は緊張が解けるまでほかより時間がかかるのだが、MRI装置はこの違いを拾う。つまり、腫瘍をターゲットとする薬剤――腫瘍を探してそれだけに結びつく化学物質――にガドリニウムをくくり付けることにより、医師はMRIスキャンで腫瘍をより簡単に特定できるようになるわけだ。ガドリニウムは基本的に腫瘍とふつうの部分との違いを強調し、腫瘍部分は装置に応じて、灰色っぽい組織の海に浮かぶ白い島か、明るい白い空に浮かぶインクのような雲に見える。

　さらに好都合なことに、ガドリニウムはガン診断以上の役に立つかもしれない。強い放射線で腫瘍を殺す手段をもたらす可能性があるのだ。ガドリニウムは、ペアを組んでいない電子が豊富であることから、身体のふつうの組織がうまく吸収できない中性子をたくさん吸収できる。中性子を吸収するとガドリニウムは放射性を示し、実際に放射線を発すると周囲の組織が破壊される。体内でナノサイズの核を起爆するなどふつうならまずいことだが、腫瘍にガドリニウムを吸収させることができれば敵の敵という感じの状況になる。おまけに、ガドリニウムはDNAを修復するタンパク質を抑制するので、腫瘍細胞はずたずたにされた染色体を修復できなくなる。ガンになったことがある方は誰もが同意すると思うが、ガドリニウムを用いたピンポイントな攻撃が実現すれば、化学療法や標準的な放射線治療に比べてきわめて大きな改善となる。この二つの技術は、ガンをやっつけるのにガン細胞の周囲もすべて焦がす焼夷(しょうい)弾のようなものだが、いつかガドリニウムによって、ガンの専門家が手術をせずに外科的な爆撃を仕掛けられるようになるかもしれない。*

かといってこの、六四番元素が特効薬だと言っているわけではない。原子は体内を漂う手段を持っており、身体が常用しないほかの元素と同様、ガドリニウムには副作用がある。ガドリニウムを身体からうまく排出できない患者の場合、腎臓に問題を引き起こすし、死後硬直の初期段階のように筋肉を硬くし、皮膚が獣皮のように固くなって呼吸が困難になるという報告もある。インターネットの世界を検索してみると、（MRI用として摂取した）ガドリニウムで健康を損なったと主張する人の数は少なくない。

実を言うとインターネットは、あまり知られていない薬用元素にかんする一般的な主張を探る場として興味深い。毒性金属ではない事実上どの元素をとっても（そしてたまに毒性金属についても）、それをサプリメントとして売っている代替(だいたい)医療サイトが見つかる。* そしてインターネットでは、おそらく偶然ではないと思うが、ほとんどどんな元素への曝露(ばくろ)についても訴訟を起こす気満々の、人身傷害専門の法律事務所も見つかる。今のところ、健康導師(グル)が発するメッセージのほうが法律家のメッセージよりも世間では広くはびこっていて、元素由来の医薬品（せき止めドロップの亜鉛など）は、民間療法にルーツを持つものを中心に人気が高まる一方だ。ここ一世紀ほど、世間は徐々に民間療法から処方薬へ乗り換えてきたが、西洋医学への信頼低下が一部の人を銀などの「薬」の自己投与に走らせている。*

銀を薬として使うことには科学的根拠がないわけではない——銅と同じ自己殺菌効果があるのだから。銅と銀との違いは、銀を摂取すると皮膚の色が青くなることだ。そして、決して元には戻らない。そして、聞いて想像するより実際の見た目は悪い。銀でやられた肌の色を「青い」と言うのはかなりひかえめな表現だ。世間がこう耳にしてイメージするのは楽しげな明るい青だが、実際の色は、血の気がなくて灰色っぽい、ゾンビ漫画の主人公のような青である。

幸い、銀沈着症と呼ばれるこの症状は命にかかわるものではなく、肌色の変化以外の害は引き起こさない。二〇世紀初頭には、梅毒の治療薬として硝酸銀を摂りすぎたのち（効かなかった）、見せ物の「青男」として生計を立てた男がいるくらいだ。現代になっても、モンタナ州の生存主義者［訳注　戦争などの災厄においてとにかく生き残ることを目指し、あれこれ備える人のこと］で過激なリバタリアン、豪胆蒼白のスタン・ジョーンズが、びっくりするほど肌の色が青いのにもかかわらず、二〇〇二年と二〇〇六年に上院選に出馬した。ジョーンズのいいところは、メディアと同じようにみずからも自分を茶化していることだ。街で出会った子どもや大人に指さされたときどういうリアクションをするのかと訊かれて、彼は真面目くさった顔で「ハロウィーンのコスチュームを試していると言うまでです」と答えている。

ジョーンズはまた、自分が銀沈着症にかかったいきさつも喜んで説明している。陰謀説にまるっきり弱い彼は、一九九五年にコンピューターの西暦二〇〇〇年問題が心配で仕方なくなり、特に来る終末に抗生物質が足りなくなる可能性を異常に恐れた。自分の免疫系に、それに対する備えをつけておかなければならない、と彼は思った。そこで、裏庭で密造酒づくりならぬ密造銀づくりにとりかかり、九ボルト電池をつないだ銀線を水の入ったたらいに沈めた――筋金入りの銀療法の伝道師さえこの方法は勧めない。これほど強い電流を流したら溶け出す銀イオンの量が多くなりすぎるからだ。だが、ジョーンズはこの秘薬を四年半、二〇〇〇年一月に西暦二〇〇〇年問題が消えてなくなるそのときまでせっせと飲み続けた。
この備えが空振りに終わったにもかかわらず、そして二期連続の上院選活動中にあぜんとした目で見られていたにもかかわらず、ジョーンズは懲りていない。彼が立候補した理由はもちろん、アメリカ食品医薬品局の注意を喚起するためではない。同局が元素の薬に対してよきリバタリアン風の介入を行うのは、急性の害を引き起こした場合か、誇大な約束をした場合に限る。二〇〇二年の選挙に敗れたのち、ジョーンズはある全国誌にこう語っている。「［銀の］過摂取は自分のせいですが、私は今でもこれが世界最高の抗生物質だと思っています。……アメリカが生物兵器で攻撃を受けるか、私が何かの病気にかかったら、私はすぐに服用を再開します。生きていることのほうが真っ青になることより重要ですから」

スタン・ジョーンズのアドバイスはともかく、現代最高の医薬品は元素単体ではなく複雑な化合物だ。それでもなお、現代医薬の歴史では、いくつかの思わぬ元素がひじょうに大きな役割を果たしている。この歴史には、ゲルハルト・ドマークのようなあまり知られていない勇気ある科学者が大きくかかわっているのだが、事の始まりはルイ・パスツールと、生体分子に利き手があるという彼が成し遂げた奇妙な発見にある。これが生きとし生けるものの真髄に迫っているのだ。

いま本書をお読みのあなたは十中八九、自分は右利きだという人だろうが、実は違う。左利きだ。あなたの体内のあらゆるタンパク質に含まれるアミノ酸はすべて、左巻きにねじれている。それどころか、これまで存在したあらゆる生命形態に含まれる事実上すべてのタンパク質は、もっぱら左手系だ。天文生物学者が隕石か木星の衛星で微生物を発見したら、真っ先にタンパク質の利き手を確認するだろう。左手系だったら、その微生物はひょっとすると混入した地球のものかもしれないが、右手系だったなら確実に地球外生命だ。

パスツールが利き手の存在に気づいたのは、化学者としてのキャリアを、生物由来の地味な欠片の研究者として始めていたからだった。一八四九年、彼は二六歳のときに、ワイン造りで生まれる害のない廃物である酒石酸の調査をあるワイナリーから依頼された。ブドウの種やイースト菌の残骸は分解されて酒石酸になり、ワイン樽のおりのなかに結晶として析出する。イースト菌からできた酒石酸には、特に興味深い性質があった。水に溶かし、鉛直方向の細いスリットを通した光をその溶液に通すと、光のすじが鉛直方向から時計回りに回るのだ。ダイヤルを回したときのように。工業的につくられた人工の酒石酸ではこんなことは起きない。鉛直の光のすじは鉛直のままである。パスツールはこの理由を突き止めようと考えた。

彼はこの現象が、人工／天然二種類の酒石酸の化学的性質とは無関係であることを確認した。どちらもまったく同じように反応し、元素組成も同じだった。結晶を虫めがねでのぞいてはじめて違いの存在に気づいたのである。イースト菌からできた酒石酸の結晶は、取り外された小さな左手の握り拳ばかりを寄せ集めたかのように、どれも決まった向きにねじれていたのに対し、工業生産された酒石酸の場合にはどちらのねじれもあった。すなわち、左手と右手の握り拳が混在していた。好奇心をそそられたパスツールは、塩粒ほどの結晶を右手系だけと左手系だけにピンセットでより分ける、という気が遠くなりそうな作業に取りかかった。それが終わると、それぞれを水に溶かして光のすじを当ててみた。すると彼の予想どおりに、イースト菌からできたものと同じタイプの結晶は光のすじを時計回りに回し、その鏡像の結晶は反時計回りに回した。そして、回転角はまったく同じだった。

　パスツールはこの結果を師のジャン・バティスト・ビオに知らせた。あのようにして光のすじを回転させる化合物の存在を初めて発見した人物である。老ビオはパスツールに実演を求めた――そしてあやうく卒倒しそうになった。その実験のエレガントさに深く感動したのである。一言で言うと、パスツールはそっくりだが鏡像関係にある二種類の酒石酸の存在を示したのだった。もっと重要なことに、パスツールはのちにこのアイデアを膨らませて、生命は決まった利き手の分子ばかりひいきしていること、すなわち「キラリティー」*と呼ばれる概念を示している。

　この見事な仕事について、パスツールはのちに自分はいくぶん幸運だったと認めている。酒石酸はたいていの分子と違って、キラルなこと〔訳注　自身の鏡像に重ねられないこと〕がわかりやすい。また、キラルなことと光のすじの回転（旋光性）との結びつきは誰も予想できなかったが、パスツールには旋光実験の先達たるビオがいた。巡り合わせの良さ（セレンディピティー）の最たるものは気候の協力だった。人工の酒石酸をつくるのに、パスツールはそれを窓の桟（さん）で冷やしたのだが、酒石酸が右手系と左手系の結晶に分かれるのは温度が二六℃を下回るときだけで、もっと暖かい季節だったら利き手を発見することはなかったかもしれない。それでも、幸運は成功の一要因でしかないことをパスツールはわかっていた。彼が言ったとおり「好機は備えある者にのみ味方する」のである。

　パスツールにはこのような「幸運」が生涯何度も訪れるほどの技量があった。彼が最初ではなかったが、滅菌されたフラスコ内の肉汁による巧みな実験を行い、空気には「生気をもたらす元素」がないこと、すなわち死んだ物質から命を呼び出せる精霊など存在しないことを決定的に示した。生命は、神秘的なことには違いないが、周期表に並んでいる元素だけでできているのだ。パスツールはまた、牛乳を熱して病原菌を殺すプロセスとして知られている低温殺菌を開発した。そして当時何より彼の名を高めたのが、狂犬病ワクチンで一人の少年の命を救ったことだった。これをもって彼は国の英雄となり、その名声を政治力に転化してみずからの名を冠した研究所をパリ郊外に開き、病気の病原菌説という自身による革命的な説の研究を進めた。

おそらく偶然ではなかろう。一九三〇年代のパスツール研究所で、数人の復讐心にはやる、執念深い科学者が、実験室製の初の薬が効く仕組みを突き止めた――その結果、同時代の微生物学者であるパスツールの知的後継者、ゲルハルト・ドーマクに新たな苦悩をもたらすことになった。

一九三五年一二月の初め頃、ドイツのヴッパータールにあったドーマクの家で、娘のヒルデガルトが階段で転んだ。手には裁縫針を握っていた。針は穴のほうから手に突き刺さり、なかで折れた。破片は医者が取り除いたが、数日後、ヒルデガルトは衰弱していた。高熱を出し、腕全体が容赦ない連鎖球菌に感染したのだ。容体が悪化するにつれ、ドマークも弱り果て、苦しんだ。というのも、こうした感染から命を落とすのが恐ろしいほどありふれた結末だったからである。細菌がひとたび増殖し始めたら、知られていたどんな薬もその貪婪な勢いを抑えられなかった。

ただ、一つだけ知られていない薬があった――というか、薬になりそうなものがあった。とはいえ、それは実はドマークが実験室でひそかに試していた赤色の工業用染料だった。一九三二年一二月二〇日、彼は一腹のネズミに致死量の一〇倍にあたる連鎖球菌を注射した。そして、もう一腹のネズミにも同じことをしたうえ、こちらにはその工業用染料であるプロントジルを九〇分後に注射した。クリスマスイブの日に、そのときまで無名の化学者だったドマークはこっそり実験室に戻ってなかをのぞいてみた。二番めの一腹は全部生きていた。最初のほうは全部死んでいた。

ヒルデガルトの看病に当たるドマークを葛藤させていたのはこの事実だけではなかった。このプロントジル——環構造を持つ有機分子で、ちょっと変わっていて硫黄原子を含む——には予想外の性質があった。当時のドイツ人は少々奇妙なことに、染料が細菌を殺すのは細菌の重要な器官を正しくない色に染めるからだと考えていた。だがプロントジルは、ネズミの体内の細菌には致命的だったが、試験管のなかの細菌にはまったく効かず、細菌は赤い溶液のなかで嬉々として泳ぎ回った。その理由は誰もわかっておらず、この点が未解明だったため、数多くのヨーロッパの医師がドイツの「化学療法」を攻撃し、感染症対策としては手術に劣ると退けていた。ドマーク本人さえ自分の薬をすっかり信用していたわけではない。一九三二年のネズミの実験からヒルデガルトの事故までのあいだ、暫定的な臨床試験はうまくいっていたのだが、ときおり深刻な副作用が発生していた（言うまでもなく、身体はロブスターのように明るい赤に染まった）。臨床試験では、効いたときのことを考えて患者が亡くなるかもしれないというリスクをあえて冒していたが、同じリスクを自分の娘に対して冒すかどうかは別問題だった。

このジレンマのなか、ドマークは自分が五〇年前のパスツールと同じ状況に立っていることに気がついた。フランスでのこと、若い母親が、狂犬にさんざん噛まれて自力で歩けないほどになっていた自分の息子をパスツールのもとへ連れてきた。このときパスツールが、まだ動物にしか試していなかった狂犬病ワクチンを投与したところ、男の子は命を取り留めたのだった。* パスツールは免許を持った医師ではなく、失敗したら刑事訴追されるおそれもあったのに、ワクチンを投与したのである。ドマークが失敗したら、そこに家族を殺したという重荷が加わることになろう。だが、ヒルデガルトはさらに弱っていき、彼は彼で、片方は元気に動き回り、片方が微動だにしなかったという、あのクリスマスイブに見た二腹のネズミたちの記憶を振り払えそうになかった。娘の医師から腕を切断せざるを得ないと告げられたとき、ドマークは慎重さを脇に置いた。考えられるあらゆる研究規定をほぼすっかり破って、彼は試薬を実験室からこっそり持ち出し、血のような色をした血清を娘に注射し始めた。

最初、ヒルデガルトの容体は悪化した。それからしばらく、熱は急上昇と急降下を繰り返した。そして突然、ネズミの実験からちょうど三年めの日に、ヒルデガルトの容体は落ち着いた。彼女は無傷の両腕と共に生きていけることになったのだった。

幸せに浸りながらも、臨床試験に先入観を持たせないよう、ドマークはこの秘密の実験のことを同僚には知らせなかった。しかし、同僚はヒルデガルトの件を聞くまでもなく、ドマークが大当たり――初の正真正銘の抗菌薬――を引いたことを知った。この薬がどれほど斬新なものだったかは、いくら強調してもしきれない。ドマークの時代がいろいろな意味で現代的だったのは確かだ。大陸内を短時間で行き来できる鉄道があったし、素早く国際通信できる電信もあった。ところが、一般的な感染症ですら、それにかかって生き延びる望みはほとんどなかったのである。プロントジルによって、有史以来人類を虐(しいた)げてきた疫病を克服できそうに思え始めたし、もしかすると根絶の可能性さえ見え始めたのだ。唯一残された謎は、プロントジルが効く仕組みだった。

著者としての立場はわきまえているつもりだが、次の説明にはおわびを添えねばならない。さんざんオクテット則の効用を説いたあとで言うのもなんなのだが［訳注　四六ページなどを参照］、「原子の最も外のエネルギー準位を八個の電子が満たしていると安定」というあれには例外があり、プロントジルが薬としてうまく働く大きな理由はオクテット則を破ることにある。具体的には、頑固な元素に囲まれると、硫黄は六個ある最外殻電子をすべて差し出し、八個ルールを一二個ルールにしてしまう。プロントジルの硫黄の場合は、電子一個をベンゼン環の炭素原子と、一個を短い窒素の鎖と、そして二個ずつを貪欲な酸素二個と共有する。六つの結合で一二個の電子というのも相当な数を操るお手玉だ。そして、こんな芸当は硫黄にしかできない。硫黄は周期表で三行めにあるので、八個を超える電子を引き受け、この重要な部分をまとめておけるくらいには大きいが、三行めでしかないので、適切な三次元構造ですべてを周りに収められるくらいには小さいのである。

本来ドマークは細菌学者でこうした化学にはまったく疎く、最終的に、プロントジルが効く仕組みの解明をほかの化学者に手伝ってもらえるよう、自分の結果を発表することにした。だが、配慮の求められるビジネス上の面倒な問題が存在した。ドマークが働いていた化学企業であるＩＧファルベンインドゥストリー社（ＩＧＦ、のちにフリッツ・ハーバーのツィクロンＢ［訳注　一〇九ページを参照］を製造する会社）は、プロントジルをすでに染料として販売していたが、一九三二年のクリスマスのあとにすぐ、プロントジルの特許範囲を医薬品にも拡張する申請を出していた。そして、この薬が患者に効いたという臨床的な証拠を得て、ＩＧＦは知的所有権の保護に熱心になっていた。ドマークが結果を発表したいと訴えたのに対し、会社側はプロントジルの医薬品としての特許が成立するまで待つよう強要した。この引き延ばしによってドマークと同社はのちに非難を浴びることになる。法律家が理屈をこねているうちに人が死んだからだ。成立したのち、ＩＧＦはドマークに、あまり知名度のないドイツ語話者のみが対象の雑誌に発表させ、プロントジルにかんする事実を他社に気づかれないようにした。

これほど気を使ったにもかかわらず、そしてプロントジルの革命的な効能にもかかわらず、この薬は発売してもまったく売れなかった。他国の医師は相変わらず難癖をつけ、多くは単純に効くはずがないと思っていた。一九三六年に、重い敗血性咽頭炎にかかったフランクリン・デラノ・ローズヴェルト・ジュニアの命をこの薬が救い、《ニューヨークタイムズ》紙の見出しをかざってようやく、プロントジルと孤独な硫黄原子は何か前向きな関心を持たれた。突如として、ドマークはＩＧＦが儲けようとしているお金をすべて稼ぎ出す錬金術師のようになり、プロントジルが効く仕組みがわかっていないことなど、どうでもいい事柄になってしまった。一九三六年には売上げが五倍に急増し、その翌年にまた五倍になったなら、いったい誰が気にしようか。

そのあいだに、フランスのパスツール研究所の科学者は、あまり知られていない雑誌に載ったドマークの論文を探り当てていた。フランス人たちは反知的所有権（特許が基礎研究を阻むことが我慢ならなかった）と反ゲルマン（ドイツ人が我慢ならなかった）が入り交じった空気のなか、ただちにＩＧＦの特許を破りにかかった（才能がつぎ込まれる動機としての敵意を侮ることなかれ）。

プロントジルは細菌に効き、そう宣伝されてもいたが、パスツール研究所の科学者は体内でどうなっているのかを追ううちに奇妙なことに気がついた。まず、細菌と戦っていたのはプロントジルではなく、その誘導体［訳注　化合物分子の小さい部分の変化によってつくられる化合物］であるスルホンアミドだった。哺乳類の細胞はそれをつくるのに、プロントジルを二つに割る。このことは、プロントジルが試験管のなかの細菌に効かない理由をただちに説明した。プロントジルを割って生物学的に「活性化」する哺乳類細胞が、試験管内になかったのである。もう一つ、スルホンアミドは中央の硫黄原子と六本脚の側鎖を使って、葉酸（ようさん）がつくられるのを妨げる。葉酸は、ＤＮＡの修復や増殖にあらゆる細胞が使う栄養素だ。哺乳類は葉酸を食べ物から摂（と）る。つまり、スルホンアミドは細胞の邪魔にならない。だが、細菌は葉酸を自前でつくらないと、有糸分裂して増殖することができない。つまり、ドマークは細菌の刺客ではなく細菌の産児制限法を発見していたことを、フランス人がここで証明したのだ！

　この、プロントジルの「活性化」の解明は仰天のニュースだったが、医学界を仰天させただけではなかった。プロントジルの重要な部分であるスルホンアミドは何年も前に発明されていたのだ。一九〇九年に――ＩＧファルベンインドゥストリーによって*――特許が取得されてまでいたのだが、同社は染料としてのみ試験していたため省みられていなかった。一九三〇年代半ばにその特許が切れた。パスツール研究所の科学者は陰でほくそ笑みながら自分たちの結果を発表し、世界中の人びとにプロントジル特許のかわし方を伝授した。ドマークとＩＧＦはもちろん、スルホンアミドではなくプロントジルこそが重要な成分だとして抗議した。だが、不利な証拠が蓄積されていき、彼らは主張を取り下げた。同社は生産投資で数百万単位の金額を失った。そして、競合他社が参入して別の「サルファ薬」〔訳注　スルホンアミドを持つ薬は総称としてサルファ薬と呼ばれる〕を合成したことで、おそらく数億人が利益を受けた。

ドマークは研究上は煮え湯を飲まされたが、同業者は彼の業績を理解しており、あのクリスマスにネズミの実験が成功してからわずか七年後の一九三九年、パスツールの後継者たる彼にノーベル生理学・医学賞を与えた。ところがあろうことか、このノーベル賞が逆にドマークの人生を暗転させる。ノーベル賞委員会が一九三五年の平和賞を反ナチジャーナリストの平和運動家に与えたのに対し、ヒトラーは嫌悪をあらわにして、ドイツ人がノーベル賞を受賞することを基本的に違法としていたのだ。そのため、ゲシュタポはドマークを「犯罪」に手をそめたかどで逮捕し手ひどく扱った。第二次大戦が勃発すると、自分の薬は壊疽(えそ)に苦しむ兵士を救えると（最初は信じようとしなかった）ナチを説得し、ドマークはみずからの名誉を少しばかり取り戻した。だが、その頃には連合国側もサルファ薬を手にしており、一九四二年には彼の薬がウィンストン・チャーチルの命を救っているのだが、救った相手がドイツを倒そうと意を決した男とあっては、ドマークの評価が上がるはずもなかった。

あるいはこれはもっとひどい話と言えるが、ドマークが娘の命を救うために信頼した薬は、危険な流行を見せたことがあった。人びとはどんな喉の痛みや鼻づまりにもサルファ薬を求め、まもなく万能薬か何かのように見なし始めた。人びとのこうした「信ずる気持ち」が、悪趣味なジョークとでも言うべき結果をもたらした。一儲けしようと目論んだアメリカのセールスマンがこの熱狂につけ込んで、不凍液で甘みをつけたサルファ薬を売り歩いたのだ。数週間で何百という人が命を落とした——こと話が万能薬となると人間はどこまでも信じたがるという一例である。

抗生物質は細菌にかんするパスツールの発見の頂点だったが、病気がどれも細菌によるものとは限らない。多くはその根っこに化学物質やホルモンの問題がある。そして、現代医学がこれらに対応し始めたのは、生物学にかんするパスツールの偉大なもう一つの洞察、すなわちキラリティーを受け入れてからのことだった。好機と備えある者にかんする意見を述べてほどなく、あれほどは示唆に富んでいないものの、パスツールはまた別の言葉を残した。その言葉はより深い驚異の念をかき立てる。というのも、まったくもって謎めいた何か——すなわち、生命を生かしているのは何か、ということに迫っているからだ。生命が深いレベルで利き手に偏った好みを持っていると突き止めたのち、パスツールはキラリティーが唯一「死んだ物の化学と生きた物の化学のあいだに現時点で引ける明確な境界線*」だと述べたのだった。生命の定義で悩んだことがあるなら、化学的にはこれが答えである。

パスツールの言明はそれから一世紀ほど生化学を導き、その間(かん)、医師は病気の理解について大きな進歩を遂げた。あの洞察はその一方で、病気の治療という真の目的を達成するには、キラルなホルモンやキラルな生化学物質が必要となるだろうと告げるものだった——そして、科学者はパスツールの金言が、どれほど鋭く有益であるにしても、自分たちの無知をやんわり強調していることに気がついた。つまり、科学者が実験室で営める「死んだ」化学と、生命を支えている生きた細胞の化学との隔たりを指さしながら、そこを超えるのは容易でないと、パスツールは併せて指摘していたのである。

だが、科学者による挑戦は止(や)まなかった。一部の科学者は、動物から得たエキスやホルモンを蒸留してキラルな化学物質を得たが、結局それでは手間がかかりすぎるということになった(一九二〇年代、二人のシカゴの科学者が、食肉解体場から入手した数トン分の雄牛の睾丸を裏ごしして、初の純粋なテストステロンを数百グラム手にしている）。もう一つ可能なアプローチは、パスツールによる区別を無視して、生化学物質を右利き版も左利き版も両方つくることだった。実はこれは割と簡単だ。なにしろ、利き手を持つ分子を生成する反応では、統計的に見て右利きも左利きも同じ確率でできるのだから。このアプローチでは、鏡像分子どうしが体内で違う性質を持つことが問題になる。レモンやオレンジの柑橘系（かんきつけい）のにおいは、どちらも同じ基本分子に由来しているのだが、片方は右利き、もう片方は左利きだ。左手系の生物の体内に利き手の違う分子が入り込んで害をなすことさえある。ドイツのある製薬会社が、一九五〇年代に妊婦のつわり防止薬を売り出したのだが、穏和で効能のある利き手の有効成分に、正しくない利き手の有効成分が混ざっていた。科学者が分離できなかったからだった。のちに発生した特異な出生異常――脚や腕がなく、カメが甲羅から手足を出したところのように手と足がついた子どもが生まれるなどした――から、サリドマイドは二〇世紀で最も悪名高い薬となった。*

サリドマイド禍（か）が明らかになり、キラルな薬の先行きはかつてなかったほど暗く見えた。だが、世間がサリドマイド児に同情を寄せていた頃、ウイリアム・ノールズというセントルイスの科学者が、モンサントという農業技術会社の自分の研究室で、ロジウムという元素を用いた実験を始め、このままさかという元素に脚光を浴びせた。ノールズは密かにパスツールを出し抜いて、性質をよく把握していれば、「死んだ」物質で生きた物質を活気づけられることを示したのである。

ノールズには、三次元に展開したい平面状の二次元分子があった。その三次元分子の左利き版が、パーキンソン病などの脳の病気に効きそうな効果を示していたからだ。ところが、正しい利き手のほうを得るのが難しかった。そもそも、二次元の物体はキラルなものになりえない。たとえば、右手の手形に切り抜いた平らなボール紙は、ひっくり返せば左手の手形になる。利き手の区別はz軸があって初めて現れるのだ。だが、反応にかかわる死んだ化学物質は利き手の作り分け方を知らず、*どちらもつくる。細工されない限り。

ここでノールズの用いた工夫がロジウム触媒だった。触媒とは、人間ののろい日常世界ではなかなかイメージできないほど化学反応を速めるもので、なかには反応速度を数百万倍、数十億倍、ときには数兆倍も速めるものもある。ロジウムの仕事はかなり速く、ノールズは、ロジウム原子一個で自分の用意した無数の二次元分子を三次元展開できることを発見した。そこで、彼はすでにキラルになっていた化合物の中心にロジウムを固定して、キラルな触媒をつくった。

巧妙だったのは、ロジウム原子を持つキラルな触媒とターゲットとなる二次元分子がどちらも、大の字に大きく広がって、かさばっていたことだった。そのため、反応しようと互いに近づくときは、二匹の太った動物がセックスをしようとするような感じになる。何が言いたいかというと、キラルな化合物はロジウム原子を決まった位置からしか二次元分子に突っ込めないのだ。そして、この位置関係からは、腕とおなかのたるみが邪魔になって、二次元分子は決まった方向へしか三次元分子に展開されないのである。

この、「合体中」に動ける範囲に制限のあることが、反応を加速するロジウム触媒の能力と相まって、ノールズはちょっと頑張れば——キラルなロジウム触媒をつくれば——正しい利き手の分子を大量に得られるようになったのだった。

それが一九六八年のこと。現代の薬品合成はこの瞬間に始まった――そして、この瞬間はのちに二〇〇一年のノーベル化学賞で報われている〔訳注　野依良治と共同受賞〕。

ところで、ロジウムがノールズのために量産した薬は、レボ-ジヒドロキシフェニルアラニン、略してL-ドーパという、オリヴァー・サックスの『目覚め』（邦訳は『レナードの朝』春日井晶子訳、早川書房など。症例を特に詳しく取り上げた二〇人のうちの一人がレナード）以来有名になった化合物だ。この本は、一九二〇年代に眠り病（嗜眠性脳炎）にかかったのちに重いパーキンソン病を発症した八〇人あまりの患者を、L-ドーパがゆすり起こしたときの様子を記録したものである。彼らは全員が入院生活を送っていたが、その多くが神経病が原因のもうろうとした状態で四〇年を過ごしており、カタトニー（緊張病）にかかりっぱなしの者も幾人かいた。サックスはそんな患者たちを「生気も、動きも、積極性も、意欲も、食欲も、情感も、欲望もまったくなく、……幽霊のように空虚で、ゾンビのように無気力な……休火山」と描写している。

一九六七年、ある医師がL-ドーパでパーキンソン病の患者を治療して大成功を収めた。L-ドーパは、ドーパミンという脳内化学物質の先駆物質だ（ドマークのプロントジルと同様、L-ドーパも体内で生化学的に活性化される必要がある）。しかし、この分子の右手系と左手系は分離するのがたいへん難しく、一ポンド（約四五三グラム）が五〇〇〇ドル（五〇万円前後）以上した。ところがサックスによれば奇跡のように――理由はわからなかったが――、「一九六八年の末に向けてL-ドーパの価格が急激に下がり始め」た。ノールズが開いた突破口によってこの薬が手に入りやすくなり、それからしばらくして、サックスがニューヨークで診ていたほとんど生気のない患者たちを治療し始めると、「一九六九年の春、……誰にも想像も予見もできなかった形で、こうした『休火山』が噴火したのである」

この火山の喩えは言い得て妙であり、薬効は穏やかとはほど遠かった。運動が過剰になると共に思考が加速してしまう者や、幻覚を起こす者、動物のように物をかじり始める者も出た。だが、忘れられた存在だった彼らは一様に、L‐ドーパによる興奮のほうをそれまでのぼんやりした状態より好んだ。サックスは、家族や病院スタッフが長いこと彼らを「事実上死んでいる」と見なしていたこと、そして自分でもそう思っていた患者が何人かいたと記す。ノールズの薬の左利き版だけが、彼らを生き返らせることができた。生命を支える性質は正しい利き手の化学物質にある、というパスツールの説の正しさがここでも証明されたのだった。

第11章
元素のだましの手口

N Ti Be K Na I

ロジウムのようなこれといった特徴のない灰色の金属がL・ドーパのような驚くべきものをつくり出すなど、だれも予想できなかったはずだが、数百年という化学の営みを経てもなお、元素は私たちを好ましいやり方とそうでもないやり方の両方で驚かせて止まない。たとえば、元素は私たちが無意識かつ自動的にする呼吸を妨害できる。意識的な感覚を混乱させられる。ヨウ素のように、人類最高の知性を欺くことさえできる。もちろん、化学者は元素のさまざまな性質——融点や地殻での存在比など——をよく把握しているし、重さ八ポンド（約三・六キロ）で二八〇四ページもある『化学・物理学ハンドブック』——化学者のクルアーン（コーラン）とも言うべき本——には、全元素のあらゆる物理的な性質が、あなたが必要とするかもしれない精度をはるかに超えて載っている。元素のふるまいは、原子レベルなら予測可能だ。ところが、生物というカオスの塊に出会うと、元素は相変わらず私たちをまごつかせる。何の新鮮みもない日常的な元素さえ、自然そのままの状態でない環境で遭遇すると、凶悪なことをして私たちを驚かす。

一九八一年三月一九日、ケープカナベラルにあるＮＡＳＡの宇宙センターで、五人の技師がシミュレーション用の宇宙船からパネルを一枚外し、後方のエンジン上部にある狭苦しい空間に入った。完璧にシミュレーションされた射ち上げをもって三三時間の「一日」が終わり、四月に控えたコロンビア号——当時最新鋭のスペースシャトルだ——初のミッションに向けて、当局はもっともな自信を持っていた。その日の正念場を乗り越えた技師たちは、満足し、疲労を感じながら、お決まりのシステム点検のためにその空間に潜り込んだ。数秒後、不気味なほど安らかに、彼らは倒れていった。

そのときまでＮＡＳＡは、三人の宇宙飛行士がアポロ一号の訓練中に起こった火事により死亡した一九六七年からずっと、地上でも宇宙でも死者を出していなかった。一九六七年当時のＮＡＳＡは、積荷を減らすことばかり気にかけており、宇宙船内には、全重量の八〇パーセントを窒素が占める通常の空気ではなく、純粋な酸素だけを循環させることにしていた。あいにく、一九六六年の技術報告書でＮＡＳＡが指摘していたとおり、「純粋な酸素中では大気中の窒素による薄弱化がなく、熱を一部吸収するなどの妨害がなされないため、〔炎は〕より速く、より熱く燃える」。酸素分子（O_2）の原子は、熱を吸収するとすぐさま分離し、近くの原子から電子を盗んで大暴れする。この浮かれ騒ぎが炎をより熱くするのだ。酸素に着火させるのには、ちょっとしたきっかけで十分である。一部の技師は、宇宙服の面ファスナーによる静電気によってさえ精力旺盛な純粋酸素は引火するのではないかと心配していた。それでも、同報告書は次のような結論を出した。「不活性ガスは引火性を抑える手段として検討されてきているが、……不活性添加物は不要であるばかりか、複雑さを増大させる」

この結論は宇宙空間でなら正しいかもしれない。大気圧は存在せず、内部に気体が少しあれば宇宙船が内側へつぶれないようにできる。だが、地球の重い大気のなかで行われる地上訓練では、NASAの技師は壁が内側にへこまないよう、はるかに多くの酸素をシミュレーターに注入しなければならなかった――これにより危険性がはるかに増した。なにしろ純粋な酸素のなかでは小さな火も狂ったように燃える。一九六七年のある日の訓練中に原因不明の火花が飛んだとき、炎がモジュールをのみ込んで、なかにいた三人の飛行士を火だるまにしたのだった。

災害が起こると白黒がおのずとつくもので、複雑になろうとならなかろうと、NASAはそれ以降のシャトルやシミュレーターすべてに不活性ガスが必要だと判断し、一九八一年のコロンビア号のミッションの頃には、火花が飛びかねないすべての空間に不活性な窒素ガス（N_2）が満たされていた。電子回路やモーターは窒素のなかでも問題なく動作し、仮に火花が飛んだとしても、窒素ガス――分子という形で酸素より強固にロックされている――が火を消すことになる。不活性ガスで満たされた空間に入る作業員はただ、ガスマスクを装着するか、あるいは窒素が排出され、吸っても大丈夫な空気が入るまで待てばいい――ただ、この予防措置が三月一九日にはとられなかった。誰かが危険なしの通報を早く出しすぎ、技師は何も知らずにあの空間に入り込んで、演出されていたかのように倒れ込んだ。窒素は神経や心臓の細胞が新たな酸素を取り込むのを阻（はば）んだだけではない。困ったときのために蓄えていた若干の酸素細胞をくすねて、最期を早めもした。救助員が五人全員を引きずり出したが、三人しか救えなかった。ジョン・ビョルンスタッドが命を落としたほか、昏睡状態だったフォレスト・コールがエイプリルフールの日に亡くなっている。

NASAに対して公平を期すと、窒素はここ数十年で、坑道内の鉱員や地下の粒子加速器の作業員などを窒息させてきた*。それも必ずホラー映画のような同じ状況で。なかに入った最初の一人がそれらしい理由もなしに数秒で倒れる。二人めが、ときには三人めも駆け寄って、同じように倒れる。とりわけ恐ろしいのは、死ぬ前に誰ももがき苦しまないところだ。パニックにはまずならない。酸素がないというのに。水中で逃げ場を失った経験がある方には信じがたいだろう。その場合、窒息したくないという本能があなたを水面へ急がせずにはいないから。だが、私たちの心臓も肺も脳も、実は酸素を検出する計器を持っていない。これらの器官が気にしているのは次の二点だけだ。何らかの気体をどんな気体でもいいから吸い込んでいること、そして二酸化炭素を吐き出していること。二酸化炭素は血液に溶けて炭酸になるので、呼吸のたびに二酸化炭素を追い出して炭酸濃度を抑えている限り、私たちの脳は警戒しない。これは、まったくもって進化上のその場しのぎだ。酸素濃度を監視するほうが理にかなっているはずではないか。私たちが欲しいのは酸素なのだから。だが、細胞にとっては炭酸濃度がゼロに近いかどうかの確認のほうが簡単で——そして、たいていそれで十分で——、そのため最小限のことしかしないのである。

窒素はこのシステムの裏をかく。窒素はにおいも色もなく、血管のなかで酸をつくることもない。私たちが吸ったり吐いたりするのも簡単で、そのため肺は警戒せず、脳の仕掛け線には何も引っかからない。窒素は、親しげに会釈しながら身体のセキュリティシステムのなかを動き回り、「優しく落とす」（皮肉なことに、窒素の列の元素はかつて「ニクトゲン」族と呼ばれていた。その語源は「窒息」や「絞殺」を意味するギリシャ語）。NASAのあの作業員たち——彼らが最初の犠牲者となったコロンビア号には暗い運命が待ち受けており、二二年後にテキサス州上空で空中分解することになる——はおそらく、窒素によりもうろうとして、目まいがしたりだるさを感じたりしただろう。だが、三三時間も働いたあとなら誰でもそう感じるだろうし、二酸化炭素を問題なく吐き出せたので、それ以上何も感じないうちに意識がなくなり、窒素が脳をシャットダウンしたのだった。

身体の免疫系は、細菌などの生き物と戦う必要があるため、呼吸器系より生物学的に高度だ。とはいえ、だまされない方法をもっと心得ているというわけでもない。周期表は免疫系に対する化学的な計略をいくつか駆使して、少なくとも身体のためにではあるが身体を欺く。

一九五二年、スウェーデンの医師ペル＝イングヴァール・ブローネマルクは、骨髄が新しい血球をつくる仕組みを研究していた。肝のすわった彼はこの様子を直接見たいと考え、ウサギの大腿骨に穴を開けて、卵の殻ほどの薄さで強い光を通すチタン製の「窓」でそこを覆った。観察は成功し、彼は高価なチタン膜を外して別の実験に使おうと考えた。ところが面倒なことに、チタンが剝がれようとしない。このときの窓（と、かわいそうなウサギ）は諦めたが、同じことがのちの実験でも起こったことから——チタンは必ず大腿骨にしっかり固定された——、彼はどうなっているのかを詳しく調べることにした。このとき目撃したことのせいで、ブローネマルクはふと、できたての血球の観察など全然つまらないものに思えてきてしまい、さらには、補綴学という活気のなかった分野に革命がまき起こされたのだった。

古代から、医師は失われた四肢の代わりに不格好な木製の義手・義足を付けた。産業革命中から金属製の義肢が一般的になり、第一次大戦で相貌を醜くした兵士は取り外し可能なスズ製の顔をつくっている――このマスクのおかげで兵士は人混みのなかをじろじろ見られずに歩けた。だが、金属や木材を体内に埋め込むという理想の解決策は誰も成し得ていなかった。素材が金であれ、亜鉛であれ、マグネシウムであれ、あるいはクロム処理した豚の膀胱であれ、免疫系がそうした試みをすべてはねつけたのだ。血液の専門家だったブローネマルクはその理由を知っていた。ふつうは、血球の集団が外からの異物を取り囲み、コラーゲンという滑らかな繊維質でできた拘束服でくるむ。このメカニズム――部外者を立ち入り禁止にして侵入を防ぐこと――は、たとえば狩猟事故で受けた散弾の場合には好都合だ。しかし、細胞は異物が悪さをするか役に立つかを区別できるほど利口ではなく、どんな新しい義肢も移植後数カ月でコラーゲンに覆われ、ずれたりゆるんだりし始めることになる。

この反応は身体が代謝する鉄などに対しても起こるし、身体はチタンを芥子粒ほども必要としないことから、チタンが免疫系から受け入れられる元素とは、その候補としても考えにくいことだった。ところが、ブローネマルクが発見したのは、チタンがなぜか血球に催眠術をかけられる、ということだった。この二二番元素は免疫反応をまったく起こさないばかりか、本物の骨とのあいだに何も違いがないかのように、身体の造骨細胞をだまして自分にはり付かせることができる。チタンは身体のために身体を欺き、みずからを身体に完璧に合体させられるのだ。一九五二年以降、チタンは歯のインプラント、義指のネジ受け、人工関節の受け口などで標準的に使われている。一九九〇年代には、私の母も股関節に装着した。

いかなる巡り合わせの悪さか、まだ若かった母の股関節の軟骨を関節炎が取り去ってしまい、ささくれだったすりこぎとすり鉢のごとく、骨と骨が擦れ合うようになった。母は三五歳のときに股関節の全置換手術を受けることにした。一端にボールが付いたチタンの大釘を、頭部を切り落とした大腿骨に、レールを抑える釘のように打ち込む一方、ボールの受け口を骨盤にはめ込むのである。数カ月後、母は何十年ぶりに痛みなしで歩けるようになり、私は嬉々として母がボー・ジャクソン〔訳注　野球とアメフトの両方でスター選手だった〕と同じ手術を受けたと言いふらしたものだった。

残念ながら、幼稚園の先生としての仕事をおろそかにできなかったことも一因で、母の人工股関節は九年後におかしくなった。痛みと炎症がぶり返し、外科医のチームが再び手術しなければならなくなったのである。切開してみると、受け口のプラスチック部品が剝がれ始めており、母の身体は律儀にもこの部品と周囲の細胞を攻撃してコラーゲンで覆っていた。だが、骨盤に固定されていたチタン部品に問題はなく、新しいチタン部品を取り付けるためにわざわざ外さなければならなかった。同じ病院で股関節全置換手術を二度受けた最も若い患者となった記念に、メイヨークリニックの外科医たちは母に元の受け口を贈った。母はそれを封筒に入れて今も家に取って置いている。大きさはテニスボールを半分に切ったくらいで、一〇年以上たってもなお、珊瑚のような白い骨がダークグレーのチタン表面のところどころにしっかりこびりついている。

意識の及ばない免疫系よりさらに高度なものが感覚器官――触覚と味覚と嗅覚――で、これらは実体としての身体とそこに宿る精神との橋渡し役ということになっている。だが、高度化が新たなレベルに達すると、どんな生きた系にも新たな思いがけない脆弱性がもたらされるものである。実を言うと、チタンの英雄的な欺きは事の例外だ。世界にかんする真の情報として、そして危険から身を守るために、私たちは自分の感覚を信じているのに、感覚が実はいかにだまされやすいかを知るというのは屈辱的だし、少々怖くもある。

あなたの口のなかにある警報用の受容体は、舌がやけどする前にスプーン一杯分のスープを吐き出すよう指示するが、奇妙なことに、チリソースに含まれる唐辛子にはカプサイシンと呼ばれる化学物質が含まれていて、同じ受容体を刺激する。ペパーミントが口のなかをひんやりさせるのは、ハッカのメントールが冷たさの受容体をぐいと摑んで、北極からの風が吹き抜けたような震えを残していくからだ。触覚のみならず、元素は嗅覚と味覚にも同じようないたずらを仕掛ける。ある種のテルル化物を自分の身体にほんのわずかでも振りかけた人からは、それから数週間ほどきついニンニク臭が漂い、他人はその人が部屋にいたのが数時間後になってもわかるだろう。もっと不可解なことに、四番元素のベリリウムは砂糖のような味がする。人間は生きるために、糖からすばやく得られるエネルギーをどの栄養素よりも必要としており、原野で食べ物を求めて数千年も狩猟採集をしてきたのだから、私たちは糖を検出するかなり高度な装置を手にしているのではないか、とあなたは思うかもしれない。ところが、ベリリウム——色が薄くて融点が高めの不溶性金属で、原子は小さく、環構造を持つ糖分子とはとても似つかない——は、糖とまったく同じように味蕾(みらい)を刺激するのである。

この偽装だけなら笑い事で済むかもしれない。しかし、ベリリウムは微量なら甘いが、ちょっとでも多くなると急に毒になる。* ある推定によると、人類の最大で一〇分の一がベリリウムに過敏で、ピーナッツアレルギーの周期表版とも言うべき急性ベリリウム症にかかる。そうでない者でも、ベリリウムの粉末にさらされると、シリカの微粉末を吸い込んだときのように、化学物質による肺炎によって肺を傷める。史上最も偉大な科学者に数えられるエンリコ・フェルミもそれを思い知った一人だった。若い頃自信家だったフェルミは、放射性ウランの実験でベリリウムの粉末を使った。ベリリウムがこうした実験で重宝されたのは、放射性物質に混ぜると、放たれた中性子の速度を落とすからだ。また、中性子を無益に空気中に解き放ったりせず、ウラン格子のなかへ戻して中性子をもっとたたき出す役割も果たす。後年になると、イタリアからアメリカへ移住したあとのことだが、フェルミはこの反応にますます自信を深めて、初の核連鎖反応をシカゴ大学内のスカッシュコートで起こしている（幸い、彼はそれを止められるほど精通していた）。だが、フェルミが原子力を手なずけていた一方で、ベリリウムがフェルミをだまし続けていた。彼は若い頃にこの「化学者の粉砂糖」をあまりに多く吸い込んでいたため、五三歳のときに肺炎を患（わずら）い、酸素ボンベにつながれた。肺はぼろぼろになっていた。

こうしてベリリウムはわきまえているべき人を惑わせるのだが、その一つの理由は人間の味覚の仕組みがずいぶん奇妙だからだ。とはいえ、五種類ある味蕾のなかには文句なしに信頼できるものもある。苦味の味蕾は食べ物、特に植物から窒素を含む毒性の化学物質を探し出す。リンゴの種（たね）に含まれているシアン化物がその一例だ。うま味の味蕾はグルタミン酸に照準を合わせている。グルタミン酸はアミノ酸の一種で、タンパク質合成に役立つので、この味蕾はあなたの注意をタンパク質が豊富な食べ物へと促す。それにひきかえ、甘味と酸味の味蕾は簡単にだまされる。ベリリウムのだましの手口は、ある種の植物の実に含まれる特別なタンパク質と同じだ。ミラクリンというなんともそれらしい名前の付いたそのタンパク質は、食べ物の味が上書きされたことを悟らせずに不快な酸味を抜き去るので、リンゴ酢はリンゴ汁のような味になり、タバスコはマリナーラソースのような味になる。どういうやり口かというと、酸味の味蕾を効かなくしたうえ、みずから甘味の味蕾と結合し、酸がつくった自由な水素イオン（H^+）に対する感度を大きく上げるのだ。同じような仕組みで、誤って塩酸や硫酸を口にしてしまった人は、ものすごく酸っぱい生レモンスライスを口に無理やり突っ込まれたかのように、歯痛を思い出すことが多い。だが、ギルバート・ルイスが証明したように、酸は電子などの電荷と親密な関係を持っている。なので、分子レベルで「酸っぱい」とは、味蕾が開いて水素イオンが飛び込んだときの味というだけの話だ。私たちの舌は酸から電気——荷電粒子の流れ——を起こす。イタリアの伯爵で「ボルト」という単位名の由来であるアレッサンドロ・ボルタは、一八〇〇年前後にこのことを巧妙な実験で示している。ボルタはボランティアを集めて横一列に並べ、決まった側(がわ)の隣の人の舌をつまませた。その状態で両端の二人が電池の端子に触れたところ、すぐさま、並んでいた全員が隣の人の指を酸っぱいと感じたという。

塩味の味蕾も電荷の流れの影響を受けるが、その相手は特定の元素の電荷に限られる。塩味の味蕾を最も強く刺激するのがナトリウムなのだが、その化学的ないとこ分であるカリウムはそれにただ乗りしてやはり塩味を刺激する。どちらの元素も天然では電荷を持つイオンとして存在し、舌が検出するのはナトリウムやカリウムそのものではなく、もっぱら電荷のほうだ。私たちがこの塩味にかんする味覚を発達させたのは、ナトリウムやカリウムのイオンが神経細胞の信号伝達や筋肉の収縮に使われるからで、これらから供給される電荷がないと、私たちは文字どおり脳死し、心臓は止まる。私たちの舌は生化学的に重要なほかのイオン、たとえばマグネシウムやカルシウム*のイオンでもぼんやりと塩味を感じる。

もちろん、味とはきわめて複雑なものなので、前の段落で言ったほどきっちりした塩味ではないし、ナトリウムやカリウムを真似する生理学的に無用のイオン（リチウムやアンモニウムなど）からも、私たちは塩味を感じる。それに、ペアを組む相手によってはナトリウムやカリウムから甘味や酸味を感じることがあるうえ、さらには塩化カリウムのように、同じ分子が低濃度では苦いのに高濃度になると岩塩の味に変質する、というおとぎ話のようなケースもある。カリウムは舌の機能を停止させることもできる。生のギムネミン酸カリウム――ギムネマシルベスタという植物の葉に含まれている化学物質――を噛んでいると、酸味を甘味に変えるミラクルタンパク質ことミラクリンは効かなくなる。それどころか、ギムネミン酸カリウムを噛んだあとは、舌や心臓がふつうはブドウ糖かショ糖か果糖から得る麻薬のような快感が消えてなくなる。舌の上に砂糖を山盛りにしても砂だらけとしか感じなくなるのだ。*

これらのどの話からもわかるのは、味覚が元素調べのガイドとしてはおそろしく当てにならない、ということだ。ありふれたカリウムが私たちを欺くというのも奇妙だが、脳の快楽中枢を過剰に熱くさせたり報いたりすることは、栄養素にとっては優れた戦略なのかもしれない。ベリリウムの場合、私たちが欺かれるのは、フランス革命後のパリにいた科学者が単離するまで、純粋なベリリウムに出会ったことのある人類が一人もいなくて、そのため私たちが健全な不快感を進化させる時間がなかったからだ。要は、私たちは少なくとも部分的には環境の産物なのであり、実験室で化学情報を解析したり、化学実験を計画したりするうえで脳がどれほど優れていても、感覚は独自の結論を出して、テルルをガーリックだと思ったり、ベリリウムを粉砂糖だと感じたりするのである。

味わいは今でも私たちの原始的な悦びの一つで、その複雑さには驚くべきものがある。味わいの一つの要素であるにおいは、神経回路による論理処理を飛ばして脳の感情中枢に直接つながっている唯一の感覚だ。そして、触覚や嗅覚と連携した単一の感覚として、私たちの情緒の深淵にほかの感覚が単独で達するよりはるかに奥深くまで潜り込む。キスするときに私たちが舌を絡めたりするのにはわけがあるのだ。ただ、周期表が絡んだときは口を閉ざすのがいちばんである。

生きている身体は複雑きわまりなく、ブラジルで蝶が羽ばたけば……という意味で実にカオス的なので、元素を一つランダムに選んで血流なり肝臓なり膵臓なりに注射したらどうなるかは、まったくわからないも同然だ。感情や思考さえその例に漏れない。人間が持つ最高の機能——論理、知恵、判断——も同じように、ヨウ素のような元素による欺きに弱い。

あるいはこれは驚くことではないのかもしれない。なにしろ、ヨウ素は化学構造自体に人をだます要素が組み込まれているのだから。元素は周期表で「行」の左から右へ少しずつ重くなっており、一八六〇年代にドミートリー・メンデレーエフは、原子量の増加が表の周期性の原動力であり、このことが原子量の増加を物質の普遍的な法則にしている、と言った。問題は自然の普遍法則には例外がつきものだということで、メンデレーエフも腹の底では、表の右下隅のほうに存在するいかんともしがたい例外のことを知っていた。テルルとヨウ素が周期表でそれぞれ似た性質を持つ元素のしかるべき

「列」に存在するためには、五二番元素のテルルが五三番元素であるヨウ素の左側に来なければならない。だが、テルルのほうがヨウ素より重く、メンデレーエフが「測定器に欺かれているはずだ」といくら化学者に怒りの矛先(ほこさき)を向けても、テルルは頑固にヨウ素より重くあり続けた。事実は事実なのだから。

今にして思えば、この逆転現象は害のない化学的計略であり、メンデレーエフを辱(はずかし)めるためのジョークだったのかもしれない。現在知られている九二種の天然元素にはこのような逆転が四組あること——アルゴンとカリウム、コバルトとニッケル、ヨウ素とテルル、トリウムとプロトアクチニウム——、そして逆転は人工の超重元素のなかにもいくつかあることがわかっている。だが、メンデレーエフの時代から一世紀後にヨウ素は、トランプの詐欺師がマフィアの暗殺に巻き込まれたかのように、油断のならない大がかりな策略に巻き込まれた。ご存じの方もいるかもしれないが、インドに暮らす一〇億の人びとのあいだで今も言い継がれている噂によると、平和の賢人マハトマ・ガンディーはヨウ素を毛嫌いしていた。ガンディーはウランとプルトニウムも、それらによって実現された爆弾を思って嫌っていたかもしれない。だが、影響力の大きいガンディー伝説を我が事のように言いたがる現代の信奉者によると、ガンディーのこの五三番元素への憎しみは、彼のなかでは格別なものであったらしい。

一九三〇年、ガンディーは有名な塩の行進でインドの人びとを率いてダンディーを目指し、イギリスによる塩への重税に抗議した。塩は、地勢的な理由で貧しいインドのような国が自力で生産できる数少ない産品の一つだった。民衆は海水を汲んで水を蒸発させ、乾いた塩を麻袋に入れて街角で売っていた。イギリス政府が塩の生産に課していた八・二パーセントという税率は、沙漠の民ベドウィンが砂をひとすくいするたび、あるいはエスキモーが氷をつくるたびに課税するかのような、強欲で無茶な数字だった。これに抗議するため、ガンディーと七八人の支持者は、三月一二日に三八〇キロを超える道のりの行進を始めたのである。村に寄るたびに人数が増えていき、膨れあがった人びとの列は、四月六日に海辺の街ダンディーに着いた頃には三キロ以上に伸びていた。ガンディーは群衆を自分の周りに呼んで集会を開き、そのクライマックスで塩分の豊富な泥の塊（かたまり）を両手ですくってこう叫んだ。「この塩で私は［大英］帝国の土台を揺るがしている！」。これはインド亜大陸版「ボストン茶会事件」とも言うべき事件だった。ガンディーは違法かつ無税の塩をつくるよう皆を促し、一七年後にインドが独立を果たす頃になると、いわゆる食塩（コモンソルト）はインドでまさに一般的（コモン）になっていた。

　唯一の問題は、健康にとって重要な栄養素であるヨウ素がインド人のコモンソルトにほとんど入っていないことだった［訳注　食塩にヨウ素を添加するかどうかは各国の事情によって異なり、日本では入っていない。厚生労働省のサイトによると、海産物を主とした高ヨウ素摂取の伝統的食習慣を持つ日本では、不足が問題となることはない］。西洋諸国は二〇世紀前半までに、食事にヨウ素を加えることが、出生異常や知能発育不全を防ぐために政府がとりうる最も安価で効果的な健康対策であることを突き止めていた。塩は安く、この元素を行き渡らせる簡単な手段だったことから、一九二二年のスイスを皮切りに、多くの国が塩をヨウ素入りにすることを必須にしており、インドの医師も、国内の土壌にはヨウ素が欠乏しており、出生率が驚異的に高いことから、自国でも塩にヨウ素を添加すれば、何百万人という子どもを深刻な奇形から救えると考えるようになった。

だが、ガンディーによるダンディーへの行進から数十年たったのちも、塩の生産は人民の人民による産業で、西洋がインドに押しつけたヨウ素入りの塩は植民地主義の臭いを失っていなかった。健康への恩恵が明らかになっていき、インドの近代化が進むにつれ、ヨウ素入りでない塩の禁止は一九五〇〜九〇年代にかけてインドの州政府間に広まっていったのだが、反対の声もあった。一九九八年、禁止を拒否していた三州に対してインド政府がコモンソルトを禁止したところ、激しい抵抗が起こった。個人経営の製塩業者は処理コストの増加に抗議し、ヒンドゥー教至上主義者やガンディー信奉者は西洋科学の侵食を声高に非難した。一部の心配性の者たちなどは、これといった根拠もなく、ヨウ素入りの塩により引き起こされるガン、糖尿病、結核、そしてなぜか「不機嫌さ」を心配した。こうした反対勢力が半狂乱になって活動した結果、わずか二年後に――国連とインドじゅうの医師がおののいたことに――首相はコモンソルトを違法とすることを撤回した。厳密には、コモンソルトは該当三州に限って合法になったのだが、この動きは事実上の承認と解釈された。ヨウ素入りの塩の消費は全国で一三パーセント急落し、続いて出生異常が多発した。

幸いなことに、この撤回は二〇〇五年までしか続かず、新たな首相がコモンソルトを再び禁止した。だが、インドのヨウ素問題はほとんど解決していない。ガンディーの名における怒りは今でも人びとのなかに渦巻いているのだ。国連はガンディーとの絆がそれほど強くない世代にヨウ素の慈愛を説こうと、塩を家の台所からこっそり学校へ持ってくるよう奨励している。学校で生徒と教師が化学実験を行い、ヨウ素入りかどうかを確かめるのだ。しかし、ずっと負け戦(いくさ)が続いている。国民のために十分なヨウ素入りの塩をつくるのに、国の支出は一年に一人当たり一セントで済むのだが、輸送費が高く、現時点では国土の半分で――五億人ほどが――ヨウ素入りの塩を安定入手できていない。このことによる影響は出生異常よりさらに暗い。微量のヨウ素が欠乏すると、首の甲状腺が醜く膨れあがる病気である甲状腺腫を引き起こす。欠乏が長いこと続けば甲状腺が縮む。甲状腺は脳内ホルモンをはじめとするホルモンの産生や分泌をつかさどるので、これなしでは身体はスムーズに機能しない。あっという間に知的能力を失ったり知的障害に発展したりすることさえありうる。

これまた二〇世紀の傑出した平和主義者であるイギリスの哲学者バートランド・ラッセルは、かつてヨウ素にかんするこうした医学的事実を用いて、不滅の魂の存在に対する議論を展開したことがある。「思索に使われるエネルギーは化学的な源泉を持っているように思われる。たとえば、ヨウ素不足は賢者を白痴に変える。精神現象は物質的な構造と密接な関係があるように見える」。言い換えると、ヨウ素はラッセルをして、理性や感情や記憶が脳内の物質的な状態に依存していることを気づかせたのだ。彼は「魂」を身体から切り離せないと見て、人間の豊かな精神生活――あらゆる栄光とほとんどの苦悩の源泉――は徹頭徹尾化学とかかわりがあると結論付けたのだった。私たちは頭のてっぺんからつまさきまで周期表に支配されているのである。

第４部　元素に見る人の性（さが）

第12章
政治と元素

Cm 96　Po 84　Lu 71　Hf 72　Pa 91　La 57　Mt 109

人間の精神と脳は、知られている限り最も複雑な構造だ。この二つは抗い(あらが)がたく、入り組んだ、往々にして相反する欲望で人間を苦しめており、周期表のような簡素で科学的に純粋なものにさえそうした欲望が反映されている。つまるところ、周期表をつくったのは過ちを犯す人間なのだ。それにも増して、周期表は高尚と不浄の接点、すなわち森羅万象について知ろうという大志――人類の最も崇高な精神――がこの世をなす世俗の諸事――私たちの悪行や限界――と交わることを強いられる場でもある。周期表に現れている私たちの挫折や失敗は、人間のさまざまな営みに分類できる。たとえば経済や心理学、芸術に――ガンディーの遺産とヨウ素添加の試みの話で紹介したような――政治。元素には科学史があるように社会史もある。

元素の社会史をたどるなら、ガンディーの頃のインド同様、列強に手駒のように扱われた国から始めて、ヨーロッパを巡るのがいちばんだろう。国際舞台に出たり入ったりを繰り返してきたことから、ポーランドは安っぽい舞台巡業がごとく「移動式の国」という言われ方をしてきた。ポーランドを取り巻く強国――ロシア、オーストリア、ハンガリー、プロイセン、ドイツ――は、「神の遊び場」と呼ばれることもあるこの平らで無防備な地域に長らく戦争の前線を置き、かわるがわる政治的に分割してきた。ここ五世紀からいずれかの年をランダムに選んでその時の地図を見たら、ポルスカ（ポーランド語でポーランドのこと）は載っていない可能性が高い。

まさにそのポーランドが存在せず、メンデレーエフが彼の偉大な表をつくっていた一八六七年、最も傑出したポーランド人の一人であるマリア（マリー）・スクウォドフスカがワルシャワで生まれた。その四年前に独立を求めて失敗に終わった蜂起以来（ポーランドの独立運動はほとんどが暗い運命をたどった）、ワルシャワはロシアが支配していた。女性の教育にかんして帝政ロシアの考え方は遅れていたため、父親がみずから彼女を教育している。彼女は若い頃から科学の才の片鱗を見せていたが、けんか腰の政治グループに属して独立を呼びかけてもいた。言っても無駄な者たちを相手にさんざん運動したのち、マリアはポーランドでワルシャワと並ぶ文化の一大中心地だったクラクフ（当時はオーストリアに併合されていた……）に行ったほうが賢明だと気づく。ところがクラクフでも、切に求めた科学教育を受けられず、結局、彼女は遠くパリのソルボンヌに向かった。博士号を取ったら祖国に戻るつもりでいたのだが、ピエール・キュリーと恋に落ち、そのままフランスにとどまった。

一八九〇年代、マリーとピエールのキュリー夫妻は、科学史上最も実り豊かと言えるかもしれない共同研究をスタートさせている。放射能は当時きらびやかな新分野で、ウランという最も重い天然元素にかんするマリーの仕事は、化学的性質と物理的性質が独立だという初期の重要な洞察をもたらした。ウランでありさえすれば、純粋なウランでも鉱物中のウランでも発する放射線の量は同じだった。

あるウラン原子とその周りの原子との電子結合（化学的性質）が、その原子の核が放射性を示すかどうか、そして示すならどういう場合か（物理的性質）に影響しないからだった。これで、科学者は何百万種という化学物質を当たって放射能をいちいち測定する必要がなくなった（融点などを求める場合は別）。周期表に載っている九〇かそこらの元素を研究すればよくなったのである。うっとうしいクモの巣が取り払われて、建物を支える梁が見えるようになったがごとく、この分野は一気に単純になった。キュリー夫妻はこの発見により、一九〇三年にノーベル物理学賞を共同受賞した。

この時期、パリでの生活にマリーは満足しており、一八九七年には娘のイレーヌを授かっている。だが、彼女は自分をポーランド人だと思い続けていた。言ってみれば、マリーは二〇世紀に爆発的に増えた人種――難民科学者――の初期の実例ということになる。人間による多くの営みと変わらず、科学にも絶えず政治がつきまとう――中傷しかり、嫉妬しかり、せこい策略しかり。科学における政治に目を向けたからには、その例を挙げずに済ますわけにはいかない。その点、強国の蹂躙が科学もゆがめうることについて、二〇世紀には最高の（つまり最もひどい）史実がそろっている。政治は最も偉大な女性科学者であろう二人のキャリアをいたく傷つけたし、周期表の書き直しという純粋に科学的な努力さえ化学者と物理学者のあいだに亀裂を生んだ。そして何より、自分たちが式を理路整然と理解するように、周りの世界が問題を理解するよう願いつつ、実験室での仕事に没頭した科学者の愚かさを、政治ほどあからさまに示すものはない。

ノーベル賞を受賞して間もなく、マリーはまた別の基本的な発見を成し遂げる。ウランを精錬する実験を終えたあと、彼女は興味深いことに気がついた。いつもなら捨ててしまう残った「廃物」の示す放射能がウランの三〇〇倍強かったのだ。この廃物に未知の元素が含まれていることを期待しつつ、彼女は夫と共に、かつて死体の解剖に使われていた小屋を借りると、意味のある研究をするのに足るわずか数グラムの残留物を得るため、数トン分のピッチブレンド（ウラン鉱）を大鍋で煮詰め、彼女いわく「長さが私の背丈くらいある鉄の棒」でかき回した。このうんざりするほど単純な作業には何年もかかったが、その努力は、二種類の新元素として実を結んだ――さらに、その二種類はそれまで知られていたどれよりはるかに強い放射性を持つ元素だったことから、彼女は一九一一年には二回めとなるノーベル賞を、今度はノーベル化学賞部門で受賞した。

同じ基礎的な仕事が違う賞で表彰されるというのも妙に思うかもしれないが、原子にかんする当時の科学で分野の区別は今ほどはっきりしていなかった。初期の物理学賞および化学賞受賞者の多くが周期表絡みの仕事で受賞しているが、それは当時の科学者がまだ周期表の並べ直しをしていたからだ（グレン・シーボーグと同僚らが九六番元素をつくり、マリーの仕事を称えてキュリウムと名付けてようやく、この仕事は化学に分類されることが確定している）。それでもなお、初期にノーベル賞を複数回受賞したのはマリー・キュリーだけだ。

新元素の発見者として、キュリー夫妻は命名権を得た。この奇妙な放射性金属が呼び起こしたセンセーション（発見者の一人が女性だったからではない）を利用しようと、マリーは二人が単離した最初の元素を、存在しない祖国にちなんで――ポーランドのラテン語名であるポロニアから――ポロニウムと名付けた。それまで政治的な意図をもって名付けられた元素はなく、マリーは自分の大胆な選択が世界の注目を集めて、ポーランド人による独立闘争に勢いを与えると思っていた。ところがさっぱりだった。その件について世間はちらっと見てあくびをしただけで、代わりにマリーの私生活の下世話なネタばかりを貪るように追いかけた。

まず、痛ましいことに一九〇六年、通りを走る馬車がピエールをひき殺してしまった*（ピエールが二度めのノーベル賞を受賞しなかったのはこのためだ。賞は現存の人物にしか与えられない）。数年後、ドレフュス事件（フランス軍がドレフュスという名のユダヤ人士官のスパイ容疑をでっちあげ、反逆罪に処した）でいまだ揺れ動いていた国で、権威あるフランス科学アカデミーは、女性であることと（これは事実）、そしてユダヤ人である疑いがあること（これは間違い）を理由に、マリーの入会を却下した。その後まもなく、彼女と、科学上の同僚である――のちに親密な関係が発覚した――ポール・ランジュバンは、ブリュッセルでの会議に一緒に出席した。休暇を共に過ごす二人に腹を立てたランジュバンの妻は、ポールとマリーのラブレターを品のない新聞社に送りつけ、同紙はおいしそうなところをすっかりぶちまけた。侮辱されたランジュバンはマリーの名誉を守るために拳銃での決闘に何度か挑んだが、誰も撃たれなかった。妻が夫を椅子でKOしたのが唯一の「傷害」沙汰だった。

このスキャンダルが起こったのが一九一一年。スウェーデン科学アカデミーは、巻き添えを食って政治的な失墜を招くことを恐れて、マリーに対する二度めのノーベル賞の推薦を取り消すかどうかを議論した。結局そんなことはできないという、科学にとって正しい結論に達したが、彼女の名誉をおもんぱかって式典に出席しないよう求めた。だが、彼女はかまわず堂々と出席している（マリーには慣習を無視する癖があった。かつて、高名な男性科学者の自宅を訪ねたとき、彼女は暗闇で光る放射性金属のビンを見せるため、その科学者ともう一人の男性を暗いクローゼットに招き入れた。ちょうど目が慣れてきた頃、そっけないノックで観察が中断された。男性二人のどちらかの妻が、マリーが魔性(ましょう)の女だという評判を知っていて、クローゼットのなかでの長居が過ぎないかと勘繰ったのだった)。

苦難だらけの私生活*を送っていたマリーが、ささやかな喜びを見出すときがやってきた。第一次大戦の激動とヨーロッパ列強の分裂でポーランドが復活し、ここ数世紀で初めて独立の味を味わったのだ。しかし、発見した最初の元素を彼女がポーランドにちなんで名付けたことはまったく貢献していない。それどころか、はやまった判断だったと言える。ポロニウムには金属としての用途がない。あまりにすぐ崩壊するので、逆にポーランドをあざける喩えになりかねなかったほどだ。また、ラテン語が過去のものとなった今、この名前が連想させるのはポロニアではなく、ハムレットから「こうるさい老いぼれ」(小田島雄志訳、白水社より引用)呼ばわりされたポローニアスだ。もっと悪いことに、彼女が発見したもう一つの元素、ほのかに青く光るラジウムは、たちまち世界中で一般消費者向けの製品に使われだした。ラジウムで裏張りされた水がめ「レビゲーター」から、ラジウムがしみ出た水を健康飲料として飲む人までいたくらいだ(競合企業のラディトール社は、ラジウムとトリウムをしみ出させておいた水をボトル売りした)*。結局、ラジウムのほうが兄弟分の影をすっかり薄め、ポロニウムがまき起こすことをマリーが願った、まさにそんなセンセーションを引き起こしたのだった。

さらに、ポロニウムは喫煙による肺ガンとのかかわりを指摘されて久しい。タバコの葉がポロニウムをきわめてよく吸収して葉にため込めるからだ。それを灰にして吸い込めば、煙が肺胞を放射能で痛めつける。世界に数ある国のなかで、ポーランドを何度も征服したロシアだけが、今でもわざわざポ

ひところ流行（はや）った「レビゲーター」は、放射性物質のラジウムで裏張りされた陶製の水がめだ。これに水を入れて一晩置くと放射性を示す水ができる。使用法では、レビゲーターから新鮮な水を毎日6杯以上飲むよう勧めていた。(National Museum of Nuclear Science and History)

ロニウムを生産している。だからこそ、元KGBスパイのアレクサンドル・リトビネンコがポロニウムのまぶされた寿司を食べて、髪の毛ばかりか眉毛もすっかり抜け落ちた、十代の白血病患者のような姿でビデオに登場したのだ。有力な容疑者となったのはクレムリンのかつての雇い主である。

歴史を振り返ると、リトビネンコのドラマに匹敵しそうな急性ポロニウム中毒は一例しかない――マリーの細身でもの悲しい目をした娘、イレーヌ・ジョリオ＝キュリーの話だ。イレーヌも優秀な科学者で、夫のフレデリック・ジョリオ＝キュリーと共にマリーの仕事を引き継ぐと、まもなくその一段上を行った。放射性元素を発見しただけではなく、おとなしい元素に素粒子をぶつけて人工放射性元素に変える方法を突き止めたのだ。この仕事に対し、イレーヌも夫婦で一九三五年にノーベル賞を受賞している。悲しいかな、イレーヌが原子を狙う砲撃手として頼ったのがポロニウムだった。そして、ポーランドがナチスドイツの手から奪回されて（と言ってもソ連の手先として支配されることになるのだが）まもない一九四六年のある日、ポロニウム入りの容器が実験室で爆発し、イレーヌはマリーのお気に入りの元素を吸い込んだ。リトビネンコのようにその姿が世間の目にさらされることはなかったが、二二年前の母親と同じように、イレーヌは一九五六年に白血病で亡くなっている。

イレーヌ・ジョリオ＝キュリーになすすべもなく訪れた死は、二重の意味で皮肉となった。なにしろ、彼女が可能にした安い人工放射性物質は、以来重要な医療ツールになっている。わずかばかり摂取された放射性「追跡子（トレーサー）」は生体内の器官や軟組織を、骨をX線で撮るのと同じくらい効率よく照らし出す。事実上、世界の至るところの病院がトレーサーを使っており、この路線を放射線医学という一分野が専門的に扱っている。それを思うと、トレーサーの事始めが大学院生のトリックだったというのは驚きだ——その院生はジョリオ＝キュリーの友人で、トリックは下宿の女主人への意趣返しのためだった。

一九一〇年、マリー・キュリーが二度めのノーベル賞を受賞する直前のこと、若きゲオルク・ド・ヘヴェシーが自分も放射性現象を研究しようとイギリスにやってきた。彼が属したマンチェスター大学の研究所長アーネスト・ラザフォードがすぐさまド・ヘヴェシーに割り当てたのが、非放射性原子を含む鉛の塊（かたまり）から放射性原子を分離する、という途方もなく難しい作業だった。実は、あとでわかったのだが、これはヘラクレスも逃げだす難事であるどころか、不可能であった。ラザフォードは、ラジウムDとして知られていた放射性原子を鉛とは違う物質だと考えていたのだが、実際には放射性の鉛で、それゆえ化学的に分離できなかったのである。このことを知らなかったため、ド・ヘヴェシーは鉛とラジウムDを分離しようと地道な努力を二年も無駄に続けた末に諦めたのだった。

ド・ヘヴェシー——はげあがり、顎は細く、口ひげをはやした、ハンガリー出身の貴族——もまた、私生活の不満に直面していた。祖国から遠く離れていても、ド・ヘヴェシーの身体は風味豊かなハンガリー料理に慣れており、下宿の賄いのイギリス料理が合わなかった。そこへきて、出される料理にパターンがあることに気づいた彼は、高校のカフェテリアが月曜のハンバーガーを木曜のビーフチリにリサイクルするがごとく、女主人が「新鮮な」と言って毎日出す肉が新鮮とはほど遠いのではないかと疑った。問い詰めたが女主人に否定され、彼は証拠を探すことにした。

なんと偶然にも、その頃のド・ヘヴェシーは実験室である突破口を開いていた。ラジウムDは相変わらず分離できていなかったが、それを逆手に取れることに気づいたのである。彼は溶存する鉛を少しだけ生き物に注入し、それが通る道のりを追えないかと考え始めていた。生き物は放射性の鉛もそうでない鉛も同じように代謝し、ラジウムDは移動しながら放射能というビーコンを発し続けるはずで、これがうまくいけば、血管や器官の内部という前例のないほど細かいところまで分子を実際に追えるようになるというわけである。

自分のアイデアを生き物で試す前に、ド・ヘヴェシーは死んだ動物の細胞で試すことにした。別の思惑もあっての試験である。彼はある晩、夕食で肉を多めに取ると、女主人が背を向けている隙に「やばい」鉛を肉に振りかけた。女主人はいつものように彼の食べ残しを回収し、ド・ヘヴェシーは翌日、研究所の同僚だったハンス・ガイガーの新しい放射線検出器を下宿に持ち込んだ。ド・ヘヴェシーがその晩出された肉料理に検出器を向けると、案の定、ガイガーカウンターはカリカリカリカリと勢いよく音を立てた。ド・ヘヴェシーはこの証拠を突き付けて女主人を問い詰めた。だが、科学の徒として、放射性現象の不思議の説明に必要以上に念を入れたに違いない。科学捜査の最新ツールを駆使して証拠を鮮やかに押さえられた女主人は、感心してまったく怒らなかったという。ただ、それを機にメニューを変えたかどうかは記録に残っていない。

元素トレーサーの発見からまもなくド・ヘヴェシーのキャリアは花開き、彼は化学と物理学にまたがる研究に取り組み続けた。だが、この二分野ははっきり分かれつつあり、多くの科学者がどちらかを選んでいた。化学者の興味の対象はそれまでどおり原子単位での相互結合で、物理学者の場合は原子の個々の部品と、物質について語るにはとっぴだが美しくもある手法、すなわち量子力学と呼ばれる新分野だった。ド・ヘヴェシーは一九二〇年にイギリスを離れ、量子力学の巨人であるニールス・ボーアと共に研究しようとコペンハーゲンに渡った。そのコペンハーゲンで、ボーアとド・ヘヴェシーはそれと知らずに、化学と物理学のあいだの割れ目を広げることで、実世界で政治的な不和を招いたのだった。

一九二二年、周期表の七二番元素の枠は相変わらず空いていた。化学者は、五七番（ランタン）から七一番（ルテチウム）までのすべてが希土類（きどるい）の「DNA」を持っていることを突き止めていたが、七二番元素についてはよくわかっていなかった。分離しづらい希土類の最後にくっつけるべきか――だとすると、元素ハンターはその頃発見されたルテチウムの試料をふるいに掛ける必要があった――、それとも暫定的に遷移（せんい）金属に分類し、それ専用に列を割り当てるべきか、誰もわからなかったのである。

伝説によると、ニールス・ボーアは研究室で独り、七二番元素がルテチウムのような希土類ではないことの、ほとんど化学に頼っていないように見える証明をつくりあげた。ここで念頭に置くべきは、化学では電子の役割がまだよく知られていなかったこと、そしてボーアが証明の土台にしたのが量子力学という妙な数学だったとされていることだ。量子力学によると、元素が内側の電子殻に隠しておける電子の数には限りがある。ルテチウムとそのf軌道はあらゆる袖の下や隙間に電子を詰め込んでおり、ボーアは次の元素からは電子を外に出してふつうの遷移金属のようにふるまうしかないと考えた。そこで、ド・ヘヴェシーと物理学者のディルク・コスターに、ジルコニウム――表で七二番元素の上にあり、化学的性質が似ていると予想された元素――の試料を精査するよう指示した。もしかすると周期表史で最も苦労しなかった発見かもしれないが、ド・ヘヴェシーとコスターは七二番元素を一発で見つけている。二人はそれを、コペンハーゲンのラテン語名であるハフニアからハフニウムと名付けた。

その頃までに、量子力学は多くの物理学者から支持されていたが、化学者には醜くて直観に反すると思われていた。彼らの考え方が古くさかったわけでも、彼らが現実主義者だったからでもない。量子力学による電子のおかしな数え方が現実の化学とほとんど関係がなさそうに見えたのだ。だが、ハフニウムにかんするボーアの予言は実験室に一歩も足を踏み入れずになされており、化学者は苦い思いをさせられた。偶然にも、ド・ヘヴェシーとコスターによる発見は、ボーアが一九二二年のノーベル物理学賞をまさに受け取る直前だった。二人はストックホルムに電報で知らせ、ボーアは受賞記念講演で二人の発見を発表している。この発見は量子力学を革命的な科学に見せた。化学でできるより深く原子の構造を掘り下げたからだ。口コミ作戦が始まり、メンデレーエフの場合と同じように、ボーアの同業者はまもなくボーア――すでに科学的神秘主義に傾いていた――に託宣者のような地位を与えた。

というのが伝説なのだが、事実は少々違う。ボーアに先立って少なくとも三人の科学者――うち一人はボーアに直接影響を与えている――が、一八九五年というずいぶん前に、七二番元素をジルコニウムのような遷移金属に結びつける論文を書いている。三人は時代を先走っていた天才などではなく、量子力学の知識あるいは興味をほとんど持っていなかった月並みな化学者だった。どうやらボーアは、ハフニウムの位置を決めるにあたって彼らの議論をいただき、周期表での位置に絡むあまり胸ときめかないが現実味はあった化学的な議論を、自分の量子力学的な計算を用いて正当化した、ということのようである。*

とはいえ、大方の伝説の例に漏れず、重要なのは事実ではなく成り行き、すなわち物語に対する世間の反応だ。そして、この神話が広まるにつれて世間ははっきりと、ボーアが量子力学だけでハフニウムを発見したと信じたがった。物理学はそれまで常に、自然という機械をより小さな部品に還元することで発展してきており、多くの科学者にしてみれば、ボーアはほこりをかぶったカビ臭い化学を、専門性の高い、急に難解になった物理学の一分野に還元したのだった。科学哲学者もこの物語に乗じて、メンデレーエフの化学は死に、ボーアの物理学が原子にかんする科学を支配すると宣言した。科学的な議論として始まったものが、領域と境界にかんする政治的な論争に発展したのである。それが科学、それが人生。

この伝説はまた、その渦中にいたゲオルク・ド・ヘヴェシーを祭り上げもした。一九二四年には同業者がド・ヘヴェシーをハフニウムの発見でノーベル賞に推薦していたのだが、素人画家でもあったフランスの化学者との優先権争いがあった。ルテチウムを一九〇七年に発見していたジョルジュ・ユルバン——希土類元素の試料でヘンリー・モーズリーに恥をかかせようとして失敗した化学者——は、それからずいぶんあとになって、ハフニウム——希土類版のハフニウム——が試料に混ざっていてそれを発見していたと主張したのだ。大方の科学者がユルバンの仕事は説得力に欠けると見ていたものの、不幸にも、一九二四年のヨーロッパは数年前まで続いていた不愉快な出来事でいまだ二分されており、優先権の議論は国家主義的な色合いを帯びた（ボーアとド・ヘヴェシーは実際にはそれぞれデンマーク人とハンガリー人なのに、フランス人は二人ともドイツ人だと思っていた。フランスのある雑誌など、すべてに「フン族の臭い」をかぎとっている。アッティラ王じきじきに元素を発見したかのように)。ド・ヘヴェシーが化学と物理学の二重「市民権」を持っていたため、化学者も彼を信用せず、このことが政治的な論争と相まって、ノーベル賞委員会による彼への授与を阻んだ。同委員会は一九二四年を該当者なしとした。

がっかりしつつも屈することなく、ド・ヘヴェシーはコペンハーゲンを離れてドイツへ渡り、化学物質のトレーサーにかんする重要な研究を続けた。彼は暇ができると、人体が水分子を平均してどれくらい素早く循環させるか(九日かかる)の調査に協力を申し出て、特別な「重」水(じゅうすい)*——水素原子に中性子が一個余計にある水——を飲んでは尿の重さを毎日量(はか)りまでしている(女主人と肉の件の時もそうだったが、彼は正式な研究手順を踏むことに熱心ではなかった)。そうこうするあいだも、イレーヌ・ジョリオ゠キュリーなどの化学者が彼を再三ノーベル賞候補に推していたが、実っていなかった。受賞が毎年かなわず、ド・ヘヴェシーはしだいに気落ちしていった。だが、ギルバート・ルイスの場合とは違って、この明らかな不当行為はド・ヘヴェシーへの同情を呼び起こし、妙なことに、受賞していないことが国際社会における彼の地位を強固なものにした。

ところが、ユダヤの血を引いていたド・ヘヴェシーは、まもなくノーベル賞を受賞できないことより深刻な問題に直面する。彼はナチ政権下のドイツを一九三〇年代に離れてコペンハーゲンに戻り、そこにとどまっていたのだが、一九四〇年八月、ナチの突撃隊がボーアの研究所にもやってきた。そして、いざというとき、ド・ヘヴェシーは勇敢だった。二人のドイツ人——うち一人はユダヤ人に同情的な擁護派、もう一人はユダヤ人——が、一九三〇年代に金でできたノーベル賞メダルをボーアのもとへ送って預かってもらっていた。ドイツではナチに没収されるおそれがあったからだ。ところが、ヒトラーは金の輸出も国家犯罪としていたため、デンマークでメダルが見つかったら二重の犯罪に問われる可能性があった。ド・ヘヴェシーはメダルを埋めることを提案したが、ボーアは簡単にばれると反対した。そこで、のちに回想しているように、ド・ヘヴェシーは「侵攻してきた軍がコペンハーゲンの街中を行進している間、私は手を休めることなく〔マックス・フォン・〕ラウエとジェイムズ・フランクのメダルを溶かしていました」。溶かすのには王水を使った。王水とは硫酸と塩酸を混ぜた腐食性の強い混合液で、金のような「王の金属」を溶かしたことから錬金術師を魅了した（だが、ド・ヘヴェシーによるとなかなか溶けなかった）。ボーアの研究所を捜索したナチは、建物じゅうで金目（かねめ）のものや不正行為の証拠をあさり歩いたが、オレンジ色の王水の入ったビーカーには手をつけなかった。ド・ヘヴェシーは一九四三年にやむなくストックホルムへ逃げたが、戦勝記念日ののちに荒らされた実験室に戻ってみると、これといって目立たないあのビーカーは手つかずの状態で棚に載っていた。彼は金を抽出し、スウェーデンアカデミーはのちにフランクとラウエのメダルを鋳直した。この時期の苦い体験に対してド・ヴェシーがこぼした文句はただ一つ、コペンハーゲンを空けていたあいだ実験ができなかったことだけだった。

こうした冒険のさなかも、ド・ヘヴェシーはイレーヌを初めとする同業者との共同研究を続けた。さらに、ド・ヘヴェシーは期せずして、二〇世紀最高の科学的発見の一つを逃すというイレーヌの大失態を目撃することになる。それを実際に発見する栄誉に輝いたのはまた別の女性であり、ド・ヘヴエシーと同じようにナチによる迫害を逃れたオーストリア系ユダヤ人だった。不幸なことに、その女性、リーゼ・マイトナーの政治的対応（世界にかんしても、科学にかんしても）は、ド・ヘヴェシーより悪い結果を招いたのだった。

マイトナーと、彼女よりわずかに年下の共同研究者オットー・ハーンがドイツで一緒に仕事を始めてまもなく、九一番元素が発見された。発見者であるポーランドの化学者カジミェシュ・ファヤンスは、一九一三年にこの元素の短命な原子だけを見つけており、「短い」という意味のラテン語から「ブレヴィウム」と名付けた。そこへ、マイトナーとハーンが一九一七年に、実はこの元素のほとんどの原子が一万年単位で存在することを突き止めた。そうなると「ブレヴィウム」では少々間が抜けている。二人は「アクチニウムの親」を意味するプロトアクチニウムと名付け直した。崩壊して（最終的に）アクチニウムになるからである。

当然、ファヤンスは「ブレヴィウム」の却下に抗議した。彼は上流社会ではそれなりに品位ある人物と見なされていたが、彼と同時代の学者によれば、研究のことになると好戦的で無神経になりがちだった。実はこんな話がある。（ド・ヘヴェシーが受賞しそこねたとされている）空席だった一九二四年の化学賞を、ノーベル賞委員会が放射性物質にかんする仕事に対してファヤンスに授与することを投票で決めておきながら、あるスウェーデンの新聞にファヤンスの写真と記事が「K・ファヤンスがノーベル賞受賞へ」という見出しで公式発表前に掲載されたことから、傲慢な態度に対する罰として撤回したというのだ。ファヤンスは、自分に敵意を抱く有力メンバーが個人的な理由で受賞を阻んだと絶えず口にしていた*（スウェーデンアカデミーは公式見解として、その年の賞を空席にして賞金を基金の助成に充てたと説明し、スウェーデンから基金に高い税金を課せられていることに不満を表明した。だが、この言い訳が発表されたのは世間が大騒ぎしたあとのことだ。当初はただ、いくつかの部門に授与はなく、それを「該当者なし」だったせいにしていた。同アカデミーは「かかる情報は常に秘密にされる」としているため、真相は永遠に謎である）。

いずれにせよ、「ブレヴィウム」は敗れ去って「プロトアクチニウム*」が残り、マイトナーとハーンは今でもこの九一番元素の共同発見者として名を連ねることがある。ところが、新しい名前につながった仕事に絡んで、また別のもっと興味をそそる物語がある。寿命の長いプロトアクチニウムを発表した科学論文は、ハーンに対するマイトナーの尋常ならざる献身ぶりを示す最初の印だ。いわゆる男女関係ということではなく――マイトナーは独身を通しており、彼女に恋人がいたという証拠は誰も見つけていない――、少なくとも仕事のうえで、彼女はハーンにぞっこんだった。それはおそらく、ハーンが彼女の真価を認識しており、女性であるマイトナーに上司がまともな実験室を与えることを拒んだとき、木工室を改装して彼女と共に仕事をすることを選んだからだろう。木工室で孤立しながらも、二人は心地よい関係を築いていった。ハーンは化学にいそしんで、放射線試料に含まれている元素を特定し、マイトナーは物理学にいそしみ、ハーンの言うとおりである理由を突き止めた。ふつうでは考えられないことだが、発表された最終的なプロトアクチニウムの実験は、ハーンが第一次大戦中の毒ガス戦に時間をとられていたことから、すべてマイトナーが行っている。にもかかわらず、マイトナーはハーンの手柄になるようにしておいた（この好意を覚えておこう）。

第一次大戦が終わって二人はパートナー関係を復活させたが、二度の大戦にはさまれた二〇年、ドイツの科学は刺激にあふれていた一方で、政治では恐ろしいことが起こっていた。ハーン――がっしりした顎に、口ひげの、いかにもというドイツ人――は、一九三二年にナチが政権を取っても身構える必要は何もなかった。だが、立派なことに、ヒトラーが一九三三年にユダヤ人科学者を残らず国外追放したとき――難民科学者の初の大発生である――、ハーンは教授職を辞して抗議した（講義には出続けたが）。マイトナーのほうは、厳格なオーストリアのプロテスタントの家で育てられてはいたが、祖父母にユダヤ人がいた。彼女らしいことだが、そしてもしかするとついにまともな研究室が与えられたからか、彼女は身の危険を軽く見積もり、核物理学にかんする数々のきらめく新発見に没頭した。

なかでも最大の発見がなされたのが一九三四年で、エンリコ・フェルミがウラン原子に原子核粒子をぶつけて初の超ウラン元素をつくったと発表した。実は間違いだったのだが、周期表がもはや九二個の枠にとどまらないというアイデアに人びとは唖然とした。核の物理的性質にかんして花火のように打ち上がる新しいアイデアに、世界中の科学者が忙しく働いた。

同じ年、この分野の主導者の一人、イレーヌ・ジョリオ＝キュリーも粒子をぶつける実験を行っていた。慎重な化学分析の末、彼女はその新しい超ウラン元素が、希土類の先頭にあるランタンと奇妙な類似性を示していると発表した。これもまた予期せぬ結果だった――あまりに予期せぬ結果に、ハーンは信じなかった。ウランより重い元素が、周期表でウランに近くもなんともない軽い金属元素とまったく同じようにふるまうはずがないではないか。彼はフレデリック・ジョリオ＝キュリーにやんわりと、あのランタンとの関連付けはでたらめであり、自分がイレーヌの実験をやり直して、発見された超ウラン元素がランタンとは似ても似つかないことを示してみせると伝えた。

一九三八年には、マイトナーの周りで世界が音を立てて崩壊していった。ヒトラーは大胆にもオーストリアを併合し、オーストリア人全員を自分のアーリア系同胞として歓迎した――ユダヤ人と縁がある者を除いて。みずからの選択で目立たないよう数年を過ごしていたところが、マイトナーは突然ナチによる虐殺の対象になったのである。そして、ある同僚化学者が自分を突き出そうとしたことから、彼女は衣類と一〇ドイツマルクだけを手に逃げざるを得なくなった。彼女はスウェーデンに亡命し、皮肉なことに、ノーベル科学研究所の一つでの職を引き受けた。

こうした辛苦のなかでも、ハーンはマイトナーに忠実であり続け、二人は手紙をやりとりしたりときおりコペンハーゲンで会ったりしながら、隠れて交際しているかのように共同研究を続けている。そんな一九三八年の暮れ、密会にやってきたハーンがいくぶん動揺していた。イレーヌ・ジョリオ＝キュリーの実験を追試したところ、ハーンはイレーヌの元素を見つけたのだが、それがランタン（とイレーヌが見つけていたその隣の元素、バリウム）と似ているどころか、当時知られていたあらゆる化学試験の結果として、ランタン（とバリウム）そのものだったのである。ハーンは世界最高の化学者と目されていたが、この発見は「それまでのあらゆる経験と矛盾してい〔た〕」とのちに認めている。鼻をへし折られた彼は、わけがわからないとマイトナーに打ち明けた。

マイトナーはわかっていた。超ウラン元素に取り組んだすべての大科学者のなかで、眼力鋭いマイトナーだけが二つとも超ウラン元素などではないことを把握していた。彼女独りが（甥で新たな研究パートナーのオットー・フリッシュとの議論ののち)、フェルミの発見が新元素ではないことに気づいていた。核分裂だったのである。フェルミはウランを壊して軽い元素をつくりながら、その結果の解釈を誤った。そして、イレーヌが見つけたエカランタンは単なるランタンで、初のミニ核爆発の残留物だったのだ！　イレーヌの論文の初期の草稿を当時その段階で見ていたド・ヘヴェシーによると、イレーヌは思いもよらないこの発見にあと一歩まで迫っていた。だが正しい解釈を信ずるほど「自分を十分に信じていなかった」とド・ヘヴェシーは回想している。マイトナーは自分を信じており、彼女はハーンにほかのみんなが間違っているのだと説いた。

当然のごとく、ハーンはこの仰天の結果を発表したがったが、マイトナーとの共同研究、そして彼女への負い目が、発表を政治的に微妙なものにしていた。二人は善後策を話しあい、従順にも彼女は重要な論文にハーンと彼の助手の名前だけを載せることに同意した。すべてを説明していたマイトナーとフリッシュによる理論的貢献は、のちに別の雑誌に掲載された。この発表により、核分裂はドイツによるポーランド侵攻と第二次大戦勃発の直前に生まれたのだった。

ここから、本当の話とは思えないような一連の出来事がスタートし、ノーベル賞史上最もひどい見落としへと発展する。ノーベル賞委員会は、マンハッタン計画のことを知らない一九四三年にはもう、核分裂に対して賞を与えることを決めていた。問題は、誰がふさわしいか？　ハーンについてははっきりしていた。だが、戦争がスウェーデンを孤立させており、委員会の決定に不可欠な、マイトナーの貢献にかんする科学者への聞き取り調査ができなくなっていた。そのため、委員会は科学誌に載った情報に頼った――だが、それらは数カ月遅れて届くか、そうでなければまったく届かず、届いた雑誌の多く、特に権威あるドイツのものからマイトナーは閉め出されていた。化学と物理学のあいだに現れ始めていた亀裂も、分野をまたぐ仕事に報いることを難しくしていた。

一九四〇年から授賞を中断していたスウェーデンアカデミーは一九四四年、さかのぼって賞の授与を始めた。まずはようやくド・ヘヴェシーが、空席だった一九四三年の化学賞を受賞した——ただこれは、多くの難民科学者に栄誉を与えようという政治的な意思表示という意味合いもあったと思われる。一九四五年になると、核分裂を巡って委員会が分裂した。マイトナーとハーンにはどちらにも有力な内部支持者がいたのだが、ハーンの支持者のほうはふてぶてしくも、マイトナーがここ数年——彼女がヒトラーから逃れていた時期に——「たいして重要な仕事をしていない」と指摘した（近くのノーベル研究所で仕事をしていたマイトナーに委員会が直接話を聞かなかった理由は明らかではない。ただし、賞に値するかどうかについて本人に事情聴取するというのは一般にやり方としては良くない）。マイトナーの支持者は共同受賞を主張しており、時間があればおそらく押し切れただろう。だが、その支持者が思いがけなく死去すると、枢軸側寄りの委員らが動き、ハーンは一九四四年に単独受賞したのだった。

恥ずべきことに、受賞を知らされたハーンは（その時、ドイツの原爆開発に携わっていた疑いで連合国側に身柄を拘束されており、のちに釈放されている）、マイトナーを弁護しなかった。その結果、彼が上司に歯向かって木工室で一緒に仕事をすることを選んだほど尊敬していた女性は、何も得なかった——ある歴史家らが言うところの「学問分野間の偏見、政治への鈍さ、無知、そして性急さ*」の犠牲者となったのである。

過去の記録からマイトナーの貢献が明らかになったのち、委員会は一九四六年以降にこの状況を正すこともできたはずだ。マンハッタン計画に従事した者たちさえ、彼女の仕事にどれほど負っていたかを認めている。ところが、《タイム》誌がかつて「オールドミスの強情さ」をもつと指摘したことでも有名な同委員会は、過ちを認めようとしない傾向がある。生きているうちに繰り返し推薦されていた――とりわけ、ノーベル賞を失った辛さを誰よりも知るカジミェシュ・ファヤンスによって――にもかかわらず、彼女は受賞することなく一九六八年に亡くなっている。

だが、喜ばしいことに、「歴史は独自の貸借対照表（バランスシート）を持っている」。超ウラン元素である一〇五番元素はもともと、一九七〇年にグレン・シーボーグとアル・ギオルソらによって、オットー・ハーンにちなむハーニウムという名前を授けられていた。だが、命名権を巡る論争のなかで、化学関連の委員会が――ハーニウムという名前に、現実のポーランドが受けた仕打ちを加えるかのように――一九九七年に同元素からその名前を剥奪してドブニウムと名付けた。元素の命名にかんする風変わりなルール*――基本的にひとつの名前にチャンスは一度しか与えられない――により、ハーニウムが新元素名として考慮されることは今後一切ない。ハーンが得たのはノーベル賞だけだ。そして、同委員会はそれからすぐ、毎年与えられる賞よりはるかに得がたい栄誉でマイトナーを報いた。一〇九番元素はこれから未来永劫、マイトネリウムの名で知られていくことになるのである。

第13章

貨幣と元素

Zn 30　Au 79　Te 52　Eu 63　Al 13

周期表に政治をともなった歴史があるというなら、貨幣とのあいだにはもっと長い馴れ合いの関係がある。多くの金属元素の物語が貨幣史を絡めずには語れないのだが、それはつまりこうした元素の歴史が通貨偽造の歴史と絡んでいることを意味する。時代によって家畜、香辛料、ネズミイルカの歯、塩、カカオ豆、たばこ、甲虫の脚、チューリップが貨幣として通用していたが、どれをとってもだまされそうなほどの偽造は不可能だ。そこへいくと金属は簡単に偽造できる。遷移金属は電子配置が特に似ていることから化学的性質や密度も似ており、混ぜて合金をつくれるし、合金の成分として入れ替えが効く。貴金属とそれほど「貴」ではない金属のさまざまな組み合わせは、数千年にわたって人びとをだまし続けている。

紀元前七〇〇年頃、ミダスという名の王子が、現在のトルコにあったフリギア王国を継いだ。さまざまな神話によると（二人のミダス王の話が一緒くたにされているのかもしれないが）、彼は波瀾の人生を送っている。たとえば、嫉妬深い音楽の神アポローンが当時の竪琴の名手と勝負したとき、判定を求められたミダスは、アポローンより相手のほうがうまいと評したせいで、耳をロバの耳に変えられた（音楽を聴く耳がそれほどないなら、人間の耳に値しないということか）。また、彼は古代最高のバラ園を持っていたとも言われている。科学上の話としては、スズの発見者だとか（正しくない。だが彼の王国内に埋蔵されてはいた）、「黒鉛」（グラファイト）や「鉛白」（美しい、明るい白の、毒性を持つ鉛顔料）の発見者だとか言われることもときどきある。もちろん、触れたものが何でも金になるという、あの冶金的特殊能力がなかったら、誰もミダス王のことなど覚えていなかっただろう。彼がそんな力を得たのは、シーレーノスという酔っぱらいの半身半山羊が、ある晩ミダス王のバラ園で酔いつぶれたときに世話をしてやったからだ。国王のもてなしにいたく感謝したシーレーノスから報酬の申し出があったとき、ミダス王は自分が触れるものすべてを金に変える力を望んだ――喜んだのも束の間、抱き寄せた娘の命が奪われたほか、食べ物も唇に触れたとたん金になり、しばらくは自分の命まで危うくしている。

　明らかにどの話も実在の王に起こったことではなかろう。だが、ミダス王がこんな伝説的な地位を得ておかしくない証拠ならある。すべてはミダス王の王国の近隣で紀元前三〇〇〇年頃始まった青銅器時代にまでさかのぼる。スズと銅の合金である青銅（ブロンズ）の鋳造は当時のハイテク分野だった。青銅そのものはいつまでたっても高価だったが、技術のほうはミダス王の治世の頃にはほとんどの王国に広まっていた。ミダス王のものと世間で言われていた王の遺骨（のちに父親のゴルディアースのものと判明）は、フリギアの王墓から発見されたとき、碑銘入りの青銅の大鍋や立派なボウルに周りを囲まれており、むきだしだった遺骨そのものにはただ一つ青銅のベルトが着けられていた。ここで、「青銅」と言うならもっと具体的なことを示す必要がある。水素と酸素の比が二対一と決まっている水とは話が違い、スズと銅をどんな比率で混ぜ合わせた合金もすべて青銅と認められ、古代世界の青銅は産出地のスズと銅とほかの元素との割合によって色が違っていた。

フリギア近くの金属鉱床の大きな特徴は、亜鉛を含む鉱石が豊富なことだった。亜鉛とスズの鉱石は天然では混ざっていることが多く、鉱石どうしで見間違われやすい。面白いことに、亜鉛に銅を混ぜても青銅にはならない。できるのは真鍮（しんちゅう）（ブラス）だ。そして、知られている最も古い真鍮の鋳造場が、どこあろう、ミダス王がかつて支配していた小アジアの一角にあるのである。

まだピンと来ませんか？　なんでもいいから青銅製のものと真鍮製のものを持ってきて比べてみよう。青銅にも光沢はあるが、銅のような色合いがある。ほかのものと見間違うことはないだろう。そこへいくと真鍮の光沢はもっと魅力的で、もっと繊細で、もっと……金っぽい。とすると、ミダス王が触れたら金になったというのはもしかすると、領内にあたる小アジアの一角の土壌で彼が亜鉛に手を付けたというだけのことかもしれない。

この説を確かめるため、二〇〇七年、トルコのアンカラ大学の冶金学教授が数名の歴史家とミダス王時代の原始的なかまどを再現した。そこに地元産の鉱石をくべて融（と）かし、できたどろどろの液を鋳（い）型（がた）に流し込んで冷やしてみた。するとあら不思議、固まって妙に金色をした塊（かたまり）ができたのである。だからといって、ミダス王時代の人びとが、王の貴重な亜鉛入りのボウルや像やベルトが本当に金だと信じていたかどうかは知る由（よし）もない。それに、彼の伝説をこうした物品がつくりあげたとは限らない。おそらくは、小アジアの当地にのちに住み着いたギリシャの旅人が、自分たちの青銅よりはるかに光り輝くフリギアの「青銅」に魅せられていったというだけだろう。彼らが祖国へもたらした話が時代と共に膨らんで、金の輝きを持つ真鍮が本物の金ということになり、地元の英雄が現世で持つ力が、触れただけで貴金属をつくる超自然的な力に変わっていったのだ。そののち、詩人オウィディウスの才能によって物語が洗練されて『変身物語』（中村善也訳、岩波書店など）に取り入れられ、なんともそれらしい由来を持つ神話となったのである。

人類の文化において、ミダス王よりさらに深いところにある原型（アーキタイプ）が幻の黄金都市だ——旅人がはるか異郷の地で何かにつまずいたと思ったら想像を絶する財宝だったというやつである。スペイン人は一六世紀にエルドラドという想像上の黄金郷を探し求めた。近代という（その頃より少しは）現実的な時代、この夢はゴールドラッシュという形をとることが多い。歴史の授業を少しでも聞いていたアメリカ人なら知っているように、現実のゴールドラッシュはきつく、汚く、危険な営みであり、熊やシラミが出たり、鉱山が崩れたり、哀愁漂う売春宿や賭博場が乱立したりしていた。それに、ゆくゆく富豪になる可能性はほとんどゼロだった。だが、想像力が少しでもある者なら誰でも、平凡な人生のすべてをなげうって、純金の塊を掘り当ててやろうと乗り込むことを夢見るものだ。大冒険願望と財産欲は、人間の性（さが）に組み込まれていると言っていい。そんなことだから、過去にはゴールドラッシュが何度も起こっている。

自然は、当然のように、自分の宝物を簡単には手放したがらない。そこで、素人探鉱者を欺こうと黄鉄鉱（おうてっこう）（二硫化鉄）をつくり出した。変な話だが、黄鉄鉱の光沢は、漫画の金や私たちが金に対して抱くイメージと同様、本物の金より輝いて見える。少なからぬ数の未熟者や欲に目がくらんだ者が、愚者の金ラッシュ(フールズ・ゴールドラッシュ)で欺かれてきた。なかでも、意表を突かれた者が史上最も多かったと思(おぼ)しきゴールドラッシュが、一八九六年にオーストラリア内陸部の未開の原野で起こっている。黄鉄鉱を愚者の金とするなら、オーストラリアでのこのゴールドラッシュ――ついにはやけになった探鉱者が自分の家の暖炉をつるはしで壊し、瓦礫(がれき)をふるいにかけた――は、ひょっとすると初めて「愚者の愚者の金」によって引き起こされたゴールドラッシュかもしれない。

パトリック（パディー）・ハナンを初めとする三人のアイルランド人が、一八九三年にオーストラリア内陸部を旅していたときのこと、家から三〇キロ以上離れたところで馬の一頭が蹄鉄をなくした。これは史上最も幸運な物損かもしれない。それから数日で、三人は土を一センチも掘ることなく、あたりを歩き回っただけで八ポンド（約三・六キロ）分の金の塊を集めた。正直だが愚かにも、三人は役所に権利を登記して、その場所を公(おおやけ)の記録に載せた。一週間もしないうちに、「ハナンズファインド」の名で知られるようになったその地に何百人という探鉱者が運試しになだれ込んだ。

このだだっぴろい大地での仕事は、掘るというより採集だった。最初の数カ月、かの砂漠地帯においては金のほうが水より豊富だったほどだ。悪いことではなさそうに聞こえるが、さにあらず。金は飲めないし、また、探鉱者の数が膨れあがるにつれて、必需品の値が上がり、採掘地を巡る争いが激烈になった。そのうち金を拾うのではなく掘らなければならなくなり始めたが、本格的な街をつくったほうが簡単に金儲けできると考えた者もいた。ハナンズファインドにビールの醸造所や売春宿が次々できたほか、家が建てられ、舗装道路までつくられた。レンガやセメントやモルタル用として、建築業者は掘削で出た要（い）らない岩を集めた。探鉱者が岩を捨てるので、彼らが掘り続けている限りそれを使うのがいちばんだった。

と、彼らは思っていた。金は超然とした金属だ。鉱物や鉱石に金が混ざって見つかったりはしない。なにしろ、金はほかの元素と結合したりせず、薄片や塊はたいてい金の単体だ――いくつかの珍しい合金を除けば。金と化合してこの例外をつくる唯一の元素はテルルである。妖婦のようなこの元素は、一七八二年に初めて単離された。テルルが金と化合してできる鉱物は、名前はケバく――クレンネライト（クレンネル鉱）、ペッツァイト（ペッツ鉱）、シルバナイト（シルバニア鉱）、カラベライト（カラベラス鉱）――、化学組成も負けないくらいぞっとする。H_2OやCO_2といったきれいな整数比ではなく、たとえばクレネライトは$(Au_{0.8}, Ag_{0.2})Te_2$だ。こうしたテルル化物の色はさまざまで、そのうちの一つであるカラベライトは黄色っぽく輝く。

実際、カラベライトの輝きは色合いの暗い金より真鍮や黄鉄鉱に近いのだが、一日じゅう陽差しの下にいたら勘違いするくらいは近いと言える。想像してみよう。薄汚い一八歳の新参者が、袋いっぱいに詰めたカラベライトの塊をハナンズファインドの街の鑑定人のところへ苦労して持ち込んでみたら、これは鉱物学者がクソ鉱石（バゴシャイト）一袋と分類するものだと退けられるところを。また第11章で触れたように、一部のテルル化物（カラベライトではない）は刺激臭を持っている。それはニンニクを一〇〇〇倍強くしたような臭いで、簡単にはとれないことで知られている。売っぱらって、臭わないよう道路に埋めて、本物を探して掘削に戻るに限る。

だが、ハナンズファインドへの流入は続き、食糧や水の値段はぜんぜん下がらなかった。必需品を巡る緊張が高まって本格的な暴動が起こったこともある。また、状況が深刻になるにつれ、掘っては捨てていた黄色っぽいテルル岩にかんする噂がいくつか広まった。必死に掘りまくる探鉱者がカラベライトのことをよく知らなくても、地質学者は以前からよく知っており、性質も把握していた。その一つが比較的低い温度で分解することで、おかげでずいぶん楽して金を分離できる。カラベライトは一八六〇年代にコロラド州で初めて見つかっていた。*歴史家は、ある晩に火をおこしたキャンパーが、かまどとして輪に並べた岩から金がにじみ出るのに気づいたのではないかと考えている。まもなく、この類（たぐい）の話がハナンズファインドにたどり着いた。

一八九六年五月二九日、ついに大混乱が発生する。ハナンズファインドの街づくりに使われていたカラベライトの一部に岩一トン当たり五〇〇オンス（約一四キロ）の金が含まれていて、探鉱者がすぐさま最後の一オンスまであさり始めたのだ。まずは廃物の山に殺到してひっかきまわし、捨てられていた岩を探した。目当ての岩がきれいさっぱりなくなると、今度は街そのものを狙った。舗装で埋められていた穴はただの穴に戻り、舗道は剝ぎ取られた。カラベライト入りレンガ造りで新居にしつらえた煙突や暖炉を、家主が何のためらいもなくばらしたことは容易に想像がつく。

それから数十年、まもなくカルグーリーと名を変えたハナンズファインド周辺は、世界最大の金の産出地となった。ゴールデンマイルとも呼ばれる地域とカルグーリーの自慢は、金の露天掘りにかけては世界のどこにも負けないことだった。のちの世代は、父親の世代の愚者の愚者の金（ゴールド）ラッシュから教訓——岩をむやみに捨てたりしない——を得たようである。

ミダス王の亜鉛やカルグーリーのテルルは、意図せぬ欺瞞(ぎまん)というまれな例だ。貨幣史では、この二つの罪のないケースを除けば、どこを見ても意図的な通貨偽造だらけである。ミダス王の時代から一世紀後、初の本格的な貨幣として、琥珀(こはく)金（エレクトラム）と呼ばれる金と銀の天然合金でできた硬貨が小アジアのリュディアに出現した。それからまもなく、別の途方もなく裕福な古代の支配者、リュディア王のクロイソスが、本格的な通貨システムを確立する過程で、琥珀金を精錬して銀貨と金貨をつくる方法を見出した。このクロイソスの偉業から数年とたたない紀元前五四〇年、ギリシャのサモス島の王だったポリュクラテスが、金めっきした鉛の塊でスパルタの敵を買収し始めている。それ以来、贋金づくりたちは鉛、銅、スズ、鉄などの元素を、安酒場がビールのジョッキに水を混ぜるかのように使ってきた――実際の貨幣の価値を少しばかりかさ上げするために。

今日(こんにち)、通貨偽造は文句なしの不法行為と見なされているが、貨幣史の大半において、一国の貴金属通貨は経済の健全性と強く結びついており、どこの王も偽造をもっと重い罪――反逆罪――だと考えていた。こうした重罪を犯した者は、軽くても首つりに処された。通貨偽造はいつの時代も、機会費用という概念――真っ正直に仕事をしたほうが「タダ」のお金をつくるのに何百時間も費やすよりはるかに儲かるという基本的な経済法則――を理解しない人びとを魅了してきた。にもかかわらず、こうした犯罪者をくじきつつ、誰でも間違いようなく使える通貨体系をつくるには、優れた頭脳の力を必要としてきた。

その一人がアイザック・ニュートンだった。微積分法や不朽の万有引力の法則を打ち立ててからずいぶんあとの一七世紀末、彼は王立鋳貨局の長官になった。五十代なかばだったニュートンは実入りのいい官職を求めていただけなのだが、偉いことに熱心に職務に当たった。当時、硬貨の偽造――特に、縁を削り、そのくずを融かして新しい硬貨をつくる「クリッピング」――がロンドンの貧しい地域で流行っていた。偉大なるニュートンに図らずもスパイ、下層民、酔っぱらい、盗っ人との関わりができた――そして、彼はこの関わりを堪能した。敬虔なキリスト教徒だったニュートンは、自分が挙げた不届き者を旧約聖書の神による天罰として処刑し、慈悲の嘆願を拒んだ。悪名高かったが有罪を逃れ続けていた「贋金師」のウイリアム・チャロナー――ニュートンが鋳貨局で不正をしていると何年もあおっていた――の場合など、首つりに処したうえ、公開で腸抜きまでしている。

ニュートンの着任当時、偽造と言えば硬貨だったが、ほどなく世界の金融システムはニセ札という新たな脅威に直面することになる。モンゴルの帝王フビライ＝ハンは、一三世紀に自国に紙幣を導入した。最初、この新制度はアジアで急速に広まった――使うことを拒むとフビライ＝ハンに処刑されたことも一因――が、ヨーロッパでは普及しては廃れという調子だった。それでも、イングランド銀行が一六九四年に紙幣を発行し始めた頃には、紙幣の利点が明らかになってきた。硬貨造りに必要な鉱石は値が張ったし、硬貨そのものがかさばったし、硬貨に基づく富は分布に偏りがある鉱物資源にあまりに大きく左右された。また、金属細工の知識がそれまでの数世紀に広まっていたことから、大方の者にとって紙幣より硬貨のほうが偽造が簡単だった（今では状況が逆転している。レーザープリンターがあればそれなりの二〇ドル札を誰でもつくれるのに対し、流通できそうな五セント硬貨をつくる価値が仮にあったとしても、そんなことができる知り合いがあなたに一人でもいるだろうか？）。

かつては、硬貨に使われる金属の持つ合金に優しい化学的性質が贋金づくりたちに味方したが、紙幣の時代の今では、ユウロピウムなどの金属が持つ独特の化学的性質が偽造と戦う政府を援護している。そうした性質の元をたどると、どれも原子内の電子の動きに行き着く。私たちはここまで電子を用いた結合、すなわち原子間の電子の動きばかりを取り上げてきた。だが、電子は自分が属する核の周りを絶えずぐるぐる回ってもいて、太陽の周りを回る惑星によく喩えられる。これはきわめて優れた類推ではあるが、欠点があって文字どおりには受け取れない。理論上、地球が太陽の周りを回る軌道はほかにも多数ありえたが、電子は核の周りを好きな通り道では回れず、さまざまなエネルギー準位に存在する軌道に収まって動く。エネルギー準位１と２のあいだ、２と３のあいだなどにはエネルギー準位がなく、そのため電子の通り道はきわめて限られる。電子は「太陽」から決まった距離の軌道のみをとり、その軌道も縦長で妙な角度へ延びている。また、惑星とは違い、電子は――手持ちのエネルギーが熱や光によって高くなると――低エネルギーの軌道から空の高エネルギーの軌道へジャンプできる。そして、高エネルギー状態には長くとどまれないため、すぐに落下する。だが、これは単純な上がったり下がったりではない。電子は落下するときに光を発してエネルギーを捨てるのだ。

発する光の色は、エネルギー準位の始点と終点の高さの差に応じて違ってくる。準位間の差があまりない落下（２から１へなど）では、エネルギーの低い赤色光のパルスが放たれ、差が大きい落下（５から２へなど）では、エネルギーの高い紫色光のパルスが放たれる。電子の飛び先は、小数点のつかない、きっちりした整数のエネルギー準位に限られているため、発する光の色も限られる。原子内の電子が発するのは、電球のような白色光ではなく、元素固有のきわめて純粋な色の光だ。軌道の高さは元素によってさまざまなので、元素はそれぞれ固有の組み合わせで色を放つ――この色の組み合わせこそローベルト・ブンゼンが彼のバーナーと分光器で観測したものだ。電子が整数準位(レベル)の軌道にだけ飛び移り、小数準位(レベル)の軌道には決して飛び移らないという認識は、のちに量子力学の基本的な洞察となった。量子力学に絡んで耳にする妙な話はどれも、この不連続ジャンプから直接あるいは間接的に導かれる。

ユウロピウムもこうした仕組みで光を放つのだが、あまり上手ではない。この元素とその兄弟分であるランタニドは、やってきた光や熱を効率よく吸収することができないのだ（化学者がこれらを長いこと区別できなかった理由のひとつ）。だが、原子の世界で光は国際通貨で、さまざまな形態に兌(だ)換(かん)でき、ランタニドは単なる吸収ではない方法で光を放つことができる。その仕組みは蛍光*と呼ばれており、たいていの人にはブラックライトやサイケな色使いのポスターでおなじみだろう。一般に、ふつうの発光には電子だけがかかわるが、蛍光には分子全体がかかわる。そして、電子の場合は吸収する色と発する色が同じ（黄色が入射すれば、黄色を発光）なのに対し、蛍光分子は高エネルギー光（紫外光）を吸収しておきながら、そのエネルギーを低エネルギーの可視光として放つ。結合している分子に応じて、ユウロピウムは赤や緑や青の光を発する。

この多芸さが贋金づくりたちの悩みの種(たね)で、ユウロピウムを優れた偽造対策ツールにしている。実際、ヨーロッパ連合（EU）は、自分にちなんだ名を持つこの元素を紙幣のインクに使っている。このインクをつくるのに、欧州中央銀行付きの化学者は蛍光染料にユウロピウムイオンを混ぜており、ユウロピウムイオンは染料分子の一端を摑んでいる（どの染料なのかは誰も知らない。報道によると、この件に立ち入ることをEUが禁止しているからだ。法を守る化学者は推測するしかない）。秘密にされてはいるが、化学者ならユウロピウム染料が二つの部分で構成されていることは知っている。その片方は「受け器」と呼ばれるアンテナで、分子の塊を形作っている。このアンテナは入射光のエネルギー（ユウロピウムが吸収できない）を捉えて振動エネルギー（ユウロピウムが吸収できる）に変換し、身をくねらせて分子の一端へと伝える。すると、ユウロピウムが電子を刺激し、電子は高いエネルギー準位（レベル）へジャンプする。だが、電子がジャンプして落下して発光する直前に、入射されたエネルギーによる波の一部がアンテナへ「反射」される。単独のユウロピウム原子では起きないことだが、分子ではかさばるほうの部分が反射されたエネルギーを弱めて散らしてしまう。この損失のせいで、電子が落下したときに色の違う低エネルギー光を発するのである。

それで、こうして発する色が変わることがなぜ便利なのか？　蛍光染料はうまく選ばれているので、ユウロピウムは可視光の下では目立たず、贋金づくりたちは完璧な模造品ができたと思うかもしれない。ところが、ユーロ紙幣を特殊なレーザー光の下に置くと、見えないインクをレーザーがくすぐる。紙そのものは真っ黒に見える一方で、ユウロピウムが混ぜられたランダムな向きの蛍光繊維が、深宇宙の写真に写った銀河のように染め分けられて浮かび上がり、紙幣に木炭画のように描かれているヨーロッパの地図は、宇宙から異星人の目で見ているかのような緑色になる。淡い色の星の輪は明るい黄色か赤になり、遺跡や署名や隠し紋章が深い青で光る。当局はこの仕掛けに反応しない札を探すだけで偽造紙幣を見つけられる。

つまり、一枚の紙幣に二種類のユーロが印刷されているのだ。片方は私たちが日々目にしているもの、そしてもう一つはその上に直接あしらわれている隠れユーロ——一種の埋め込み暗号である。この効果を模造するのは専門技術なしにはきわめて難しく、ユウロピウム染料は、ほかの安全対策と相まって、ユーロをこれまで考案されたなかで最も複雑精妙な通貨にしている。確かにユーロ紙幣をもってしても偽造を止めることはできない。人間にお金の所有欲がある限りおそらく不可能だろう。だが、撲滅に向けた周期表総出の戦いにおいて、ユウロピウムは最たる貴金属のなかで確固たる地位を築いたのである。

こうした偽造はあれど、歴史を通じて多くの元素がまっとうな通貨として使われてきている。なかには、アンチモンのように失敗に終わった元素や、悲惨な状況下で通貨代わりとなった元素もあった。第二次大戦中に強制収容所を兼ねた化学工場で働かされていたとき、イタリアの作家で化学者のプリーモ・レーヴィは、マッチの軸ほどもない小さなセリウムの棒をくすね始めた。セリウムは打ちつけると火花を飛ばすことからライターの火打ち石にうってつけで、彼は文民の一般労働者を相手にセリウムの棒をパンやスープと交換した。レーヴィがこの収容所に送られてきたのは大戦末期、飢えと闘い続け、セリウムの交換取引を始めたのがようやく一九四四年一一月。彼はそれが二カ月分の食糧になり（つまり命をつなぐことができ）、よってソビエト軍が来るまで持ちこたえられると予想した（実際に一九四五年一月に解放されている）。彼にセリウムの知識があったからこそ、ホロコースト後に書かれた名作『周期律』が今の私たちにある。

ほかの元素通貨の提案はあまり現実味がなく、むしろ突飛だ。かつて、核の熱狂にはまったグレン・シーボーグは、プルトニウムが世界金融の新たな金（きん）になると考えた。原子力用にたいへん貴重だからというのがその理由である。おそらくシーボーグの風刺としてだと思うが、あるSF作家は、グローバル資本主義の通貨には放射性廃棄物が優れていると考えた。それから打ち抜かれた硬貨なら間違いなく素早く循環するからというのがその理由である。そして、経済危機が起こるたび、必ず誰かが金本位制や銀本位制の復活を口にする。二〇世紀に入るまで、大方の国で紙幣は金または銀の現物と等価なものと見なされており、紙幣を金または銀に自由に交換できた。一部の文学者はライマン・フランク・ボームによる一九〇〇年の著書『オズの魔法使い』――ドロシーが銀の靴を履き（映画とは違ってルビーのではない）、金色のレンガの道を歩いて、ドル札の緑と同じ色の都へ向かった――が実は金本位制に対する銀本位制の優位を説く象徴だと考えている。

金属を礎（いしずえ）に置く経済がどれほど古臭く見えても、そうした意見には一理ある。金属は簡単には現金化できないが、金属市場は最も安定した富の長期的源泉に数えられている。金や銀である必要さえない。一オンス（約二八グラム）単位であなたが実際に買えるなかで最も貴重な元素はロジウムだ（だからこそ、ギネスブックはただのプラチナディスクの上を行こうと、ビートルズのメンバーだったポール・マッカートニーが一九七九年に史上最も売れた音楽家となったことを祝うのに、ロジウムディスクを贈ったのである）。だが、周期表に載っている一つの元素をもとにいちばん短期間で大金持ちになった者と言えば、アルミニウムを手なずけたアメリカの化学者、チャールズ・ホールだ。

一九世紀を通して多くの優れた化学者がそのキャリアをアルミニウムにささげたが、のちにこの元素の地位が向上したか悪化したかは判断が難しい。デンマークの化学者とドイツの化学者が一八二五年の同時期に、この金属を古代から知られていた収斂剤（アストリンゼント）であるミョウバン（猫のシルベスターのよ

小ぎれいな身なりの技師が、ワシントン記念塔の先端にかぶせられているアルミニウム製キャップを磨いているところ。アメリカ政府が1884年にこの塔の先端にアルミニウムをかぶせたのは、アルミニウムが世界で最も高価な（したがってインパクトが最も強い）金属だったからで、金よりもはるかに値が張った。（Bettmann/Corbis）

うなアニメのキャラクターが、ときどき飲み込んでは口をすぼめるあの粉）から抽出した。その光沢から、冶金学者はアルミニウムをすぐさま、銀や白金と同じ貴金属に分類した。一オンスが数百ドルもした。

二〇年後、フランス人が抽出法を工業用に拡張する方法を突き止め、アルミニウムが商業製品として手に入るようになった。とはいえ、ものすごく値が張り、まだ金より高かった。その理由は、地殻で最もありふれた金属――重量にして八パーセントもあり、金より何億倍も豊富である――なのに、まとまった単体としては見つからないからで、必ず何かと、たいてい酸素と堅く結合している。単体の試料を調達するのは奇跡に等しいとされた。フランスはかつて、王冠の宝石の隣にフォートノックス〔訳注　金塊が貯蔵されていると言われているアメリカ陸軍基地〕ばりにアルミニウムの延べ棒を展示していたし、皇帝ナポレオン三世は晩餐会で貴重なアルミニウム製食器を特別な客だけに出していた（それほどでもない客は金製のナイフやフォークを使った）。アメリカはというと、自国産業の技量をひけらかすため、一八八四年に政府の技師がワシントン記念塔の先端に六ポンド（約二・七キロ）あるアルミニウム製のピラミッド形キャップをかぶせた。ある歴史家によると、このピラミッドを一オンス削り取れば、この塔を建てた労働者全員の賃金一日分を賄えたという。

アルミニウムは世界で最も貴重な物質として六〇年にわたって輝かしく君臨していたが、その後まもなく、一人のアメリカ人化学者が何もかも台無しにした。アルミニウムは、その性質――軽くて、強くて、見た目がきれい――が製造業者を魅了していたし、地殻に広く分布していて、金属生産に革命を起こす可能性も秘めていた。人びとの頭から離れなかったわけだが、酸素から分離する効率の良い方法を誰も突き止められていなかった。オハイオ州のオーバーリン大学では、フランク・ファニング・ジューエットという化学教授が、この元素を手なずけた者にはアルミニウム版エルドラドが待っているという話をして、学生を楽しませたものだった。そして、少なくともそのうちの一人が、指導教官の話を真っ正直に受け止める純真さを持っていた。

晩年のジューエット教授は、大学時代の旧友相手に「私の大発見は人材の発見だった」と自慢した――それがチャールズ・ホールである。ホールはオーバーリン大学の学部生時代を通して、ジューエットと一緒にアルミニウムの分離に取り組んでいた。その後、彼は失敗に次ぐ失敗を重ね続けたが、失敗の質が少しずつ上がっていた。そしてついに一八八六年、ホールが手作りのバッテリー（送電線などなかった）からアルミニウム化合物の溶液に電流を流すと、電流のエネルギーが化合物を壊してアルミニウムを解放し、それがタンクの底に銀色の小さな塊となって集まった。このプロセスは安上がりだし簡単で、巨大な水槽でも実験装置と同じようにうまく働くはずだった。賢者の石以来、最も望まれていた化学的成果だったのを、ホールが見つけたのである。「アルミニウムの天才少年（ボーイワンダー）」はまだ二三歳だった［訳注　「ボーイワンダー」はバットマンの相棒ロビンの異称］。

だが、ホールがすぐに財をなしたわけではない。フランスの化学者ポール・エルーが多かれ少なかれ同じプロセスを同時期に偶然発見していた（今日（こんにち）、ホールとエルーはアルミニウムの市場価格を暴落させた発見の栄誉を分けあっている）。一八八七年にはオーストリア人がまた別の分離方法を開発して、競争が重くのしかかってきたことから、ホールはすぐさま、のちに正式名をアルミニウム・カンパニー・オブ・アメリカ、さらにはその略称だったアルコアへと変えていく会社をピッツバーグで起業した。同社はやがて史上最も成功したベンチャー企業の一つとなる。

アルコア社のアルミニウム生産量は指数関数的な速さで増えていった。一八八八年の最初の数カ月、同社は細々と一日五〇ポンド生産していたのが、二〇年後には需要を満たすために毎日八万八〇〇〇ポンド出荷しなければならなくなっていた。そして、生産が拡大する一方で価格は急落した。ホールが生まれるずっと前、ある男が開いた突破口によりアルミニウムの価格は七年で一ポンド五五〇ドルから一八ドルにまで下がっていた。五〇年後、ホールの会社は価格をインフレ調整なしで一ポンド二五セントにまで落としている。こんな成長の上を行くのはアメリカ史ではおそらくただ一度、八〇年後のシリコン半導体革命*中ぐらいなもので、私たちの時代におけるコンピューター界の大物のように、ホールは大儲けした。一九一四年に亡くなった時、彼はアルコア社の株を三〇〇〇万ドル相当持っていた*(現在の価値にして約六億五〇〇〇万ドル)。そして、ホールのおかげで、アルミニウムは私たちが知っているようなまったくありふれた金属になり、缶入り飲料の缶や、当たると甲高い音を立てる金属バットや、飛行機の機体の主な材料となっている(おかげでかつての威光はもうないが、今もワシントン記念塔の先端にかぶさっている)。アルミニウムを世界で最も貴重な金属と思うか、それとも生産的な金属と思うかは、あなたの好みと性格によるだろう。

ちなみに本書(の原書)では、アメリカでしか使われていないaluminum(アルミナム)ではなく、国際つづりのaluminium(アルミニウム)を一貫して用いているが、この不一致*のルーツはこの金属の急激な増産にある。一三番元素の存在を予想した一九世紀初頭の化学者はどちらの綴りも使っていたのだが、最終的にはiが一個多いほうに落ち着いた。こちらの綴りは当時発見されたbarium(バリウム)、magnesium(マグネシウム)、sodium(ナトリウム)、strontium(ストロンチウム)と呼応していた。チャールズ・ホールも、電流プロセスの特許申請では一貫してiが一個多いほうを使っている。ところが、あの光り輝く金属の広告を打つとき、彼は言葉にルーズになった。広告のチラシでiを省いたのは意図的だったのか、それとも思いがけない間違いだったのかについては今も議論があるが、alminumを見たホールは素晴らしい造語だと思った。彼はあの母音を永遠に落として一音節短くし、やはり同社が生産していた高級感あるplatinum(白金)と呼応させた。彼の新しい金属はあっという間に広まり、経済的にきわめて重要になったため、alminumはアメリカ人の心に消えがたく刻み込まれた。アメリカでの常として、金(カネ)がものを言うのである。

第14章

芸術と元素

Dy 66　Pr 59　Sr 38　Ru 44　Ra 88　Li 3

科学はその歴史を通じてますます高度になっていったが、それに合わせて費用もかかるようになり、金が——それも大金が——科学を営めるかどうか、いつ営めるか、そしてどう営めるかに影響し始めた。一九五六年には事態はすでに、ドイツで生まれたイギリスの作家シビル・ベッドフォードが、「宇宙の法則が厩舎の裏に建てた作業場で楽しく取り組めたようなもの」だったころとは隔世の感があると書き記すほどになっていた*。

もちろん、ベッドフォードが恋しく思った一八〜一九世紀に、科学を営めるちょっとした作業場を持てた者などほとんどおらず、いたとしてもたいてい領地持ちの紳士だった。なるほど、新元素を発見するような者の大部分が上流階級だったわけである。これといって何もせず、よくわからない岩が何でできているかを議論するようなヒマは、そうでない者にはなかったのだ。

貴族社会の痕跡は今も周期表に残っており、それを読み取るのに化学の知識は少しも要らない。ヨーロッパのどこでも紳士は古典の教育をしっかり受けていて、多くの元素名——セリウム、トリウム、プロメチウムなど——がギリシャ・ローマ神話に由来している。プラセオジム、モリブデン、ジスプロシウムといったへんてこな名前はラテン語とギリシャ語の折衷（せっちゅう）だ。ジスプロシウムとは「小さな隠れたもの」というような意味で、兄弟分元素から分離するのが難しいことから付けられた名前であり、プラセオジムが「緑色の双子」という意味であることにも似たような経緯がある（双子のもう一方はネオジムで、こちらは「新しい双子」）。貴ガスの名前には「よそ者」とか「怠惰」とかいう意味のものがあるし、誇り高きフランス紳士さえ、一八八〇年代になってもなお、新元素の正式名に「フランス」や「パリ」ではなく、言語学的に見て死に絶えつつあった「ガリア」（ガリウム）や「ルテティア」（ルテチウム）をそれぞれ選んでいる。ユリウス・カエサルに媚びを売るように。

　こうした事情——科学者が科学より古典語についてよく教育されていた——は今の私たちには奇異に映るが、科学は何世紀ものあいだ、職業というよりは切手集めのような素人趣味*だった。科学はまだ数学化されてなく、参入障壁が低く、影響力を持つ貴族、たとえばヨハン・ヴォルフガング・フォン・ゲーテが、適格かどうかに関係なく科学議論に強引に首を突っ込めた。

　今日（こんにち）のゲーテはその広範な知識と情感に訴える力で、多くの批評家がシェイクスピアに次ぐ地位を与える作家として知られているほか、著作以外でも、政府やあらゆる分野の政策論議で積極的な役割を演じていた。彼をこれまで生を受けた最も偉大で教養あるドイツ人に挙げる人は今も多い。だが、実を言うと、ゲーテに対する私の第一印象は「ちょっとした食わせ物」だった。

　学生時代のある夏休み、私は某物理学教授のもとで働いた。彼は素晴らしく話上手だったのだが、電線のようなきわめて基本的な備品をいつも切らしていて、地下にある学部の備品室へ行って頭を下げる役目を私が負わされていた。かの地下牢の主（ダンジョン・マスター）はドイツ語を話す男だった。日の当たらない仕事にふさわしく、彼はたいていひげを剃っておらず、蔓（つる）か巻きひげかというような髪を肩まで伸ばしていて、身長が一六七センチどころではなかったら、あの太い腕と広い胸板はずいぶん大きく見えたことだろう。私はドアをノックするたび身震いがしたもので、彼が目を細めて、問いかけというよりあざけりで、「先生は同軸（ズイク）ケーブルも持ってない？」と言ってきたらどう返していいやら見当も付かなかった。

この人物との関係は、彼が共同で担当していた（必修）科目を私が次の学期に取ったときに改善された。その科目は実習で、何かを組み上げたり配線したりという単調な作業を延々と続けるのだが、何もできない待ち時間に二人で何度か文学の話をした。ある日、彼がゲーテを持ち出したのだが、私はゲーテを知らなかった。彼によると「ゲーテはドイツのシェークスピアで、うぬぼれドイツ人のくぞったれどもがやたらと引用したがる。むかづくぜ。そのうえ『えっ、ゲーテだけど知らない？』なんて言いやがる」

彼はゲーテをドイツ語の原書で読んだが凡庸だったと言い切った。当時の私はまだ、強い意見をどんなものでもスゴイと感心する若者で、彼の批判を聞いてゲーテが偉大な思索家かどうかに疑念を抱いた。時が過ぎ、幅広い読書経験を経たのち、私はゲーテの文才を認められるようになったが、いくつかの分野でゲーテが凡庸だったことについては、かの実習担当氏に一理あることを認めざるをえなかった。世界を変える新時代の作家だったというのに、ゲーテは哲学や科学にかんしても何か言わずにはいられなかった。好事家（こうずか）のような大いなる熱意を持って、そして好事家程度の力量で。

一八世紀後半から始めて、ゲーテは色彩の仕組みにかんして彼なりの理論をつくりあげた。アイザック・ニュートンの理論に異を唱えるためである。ただ、ゲーテは科学と同じくらい詩心にも頼っており、「色彩は光の行為である。行為であり、受苦である」（『自然と象徴』冨山房所収の「『色彩論』序」高橋義人訳より引用）といった型破りな議論を展開した。実証主義者を気取るつもりはないが、この言明にはまったく意味がない。また、小説『選択的親和性』（邦訳は『親和力』柴田翔訳、講談社など）に、結婚は化学反応のように働くというまことしやかなアイデアを盛り込んでいる。それによると、カップルABをカップルCDに出会わせると、四人とも自然に化学的な不義を働いて新しいペアをつくり、AB＋CD→AD＋BCになるかもしれないというのだ。そして、これはただの含意とか比喩とかではない。登場人物が彼らの人生におけるこの代数学的な組み換えを実際に議論する。この小説にほかにどんな良さ（特に情感の描写）があるにしろ、ゲーテは科学に手を出さないほうがよかった。

ゲーテの傑作『ファウスト』にさえ、錬金術にかんする陳腐な考察や、もっとひどいことに（錬金術は少なくともクールだ）、岩石がどのように形成されたかにかんする「ネプチュニスト」と「プルトニスト」*による無益なソクラテス的対話篇が盛り込まれている。ゲーテもその一人だった水成論者（ネプチュニスト）は、岩は海――海神ネプチューンの支配下――の水に含まれる鉱物からできたと考えていた。彼らは間違っていた。火成論者（プルトニスト）――冥界の神プルートーにちなんだ呼び名で、『ファウスト』で彼らの主張は悪魔によってじきじきに、それもけっこう本格的に論じられた――は、火山や地球深部の熱がほとんどの岩を形成したという正しい議論を展開した。例によって、ゲーテは負ける側（がわ）を選んだ。それが彼の美意識にかなっていたからだ。『ファウスト』は今なお科学の傲慢さを描く強烈な物語として『フランケンシュタイン』と並ぶ作品なのだが、一八三二年に亡くなったゲーテが、『ファウスト』の科学と哲学はまもなく崩れ去り、世間が今ではこの作品の文学的価値だけを認めて読んでいると知ったとしたら、さぞがっかりしたことだろう。

それでもなお、ゲーテは一つ、科学一般と特に周期表に不朽の貢献をした――学究の徒への支援を通じてである。一八〇九年、ゲーテは国の宰相として、空席となったイェーナ大学化学教授にふさわしい科学者を選ぶ責務を負っていた。友人たちからの推薦を聞いたゲーテは、先見の明を発揮して、自分ではないヨハン・ヴォルフガングを選んだ――ヨハン・ヴォルフガング・デーベライナーである。彼は化学の学位もこれといった実績もない田舎者で、薬、織物、農業、醸造などの仕事がうまくいかなかったことからようやく化学に挑戦したという輩だった。だが、産業界での職務経験から得た実践的なスキルはゲーテのような紳士が決して学ぶことがないものであり、大いなる工業的飛躍の時代に高く評価された。ゲーテはすぐさまこの若者に強い興味を抱き、二人は嬉々として、赤キャベツがなぜ銀のスプーンを曇らせるのか、ポンパドール伯爵夫人〔訳注　ルイ一五世の愛人〕の歯磨き粉の成分は何か、といった当時話題の化学トピックについて何時間も語り合った。だがこの友情も、氏と育ちの大いなるギャップを消し去ることはできなかった。ゲーテはもちろん幅広い古典教育を受けており、今日でも彼はすべてに通じた最後の人物と（少し大げさに）崇められることが多い。芸術と化学と哲学の重なりが大きかった当時はありえたのである。彼はまた、よく旅をした国際人だった。ゲーテがイェーナでの職を与えたときのデーベライナーはドイツを出たことさえなく、彼のような田舎者よりゲーテのような紳士の知識人のほうが科学者としてはふつうだった。

そうと知るとうなずけることながら、デーベライナーによる科学への大きな貢献は、名前の由来がギリシャ語でもなければローマの詩人オウィディウスによる一節でもない希元素、ストロンチウムが着想のもとになっている。ストロンチウムは周期表のようなものの存在を知らせる初の兆しだった。シェイクスピア劇で有名なグローブ座からそう遠くない、ロンドンの赤線地区内にあった病院の実験室で、ある医師が一七九〇年にストロンチウムを発見し、自分が研究していた鉱物の産地——スコットランドのストロンチアンという鉱業の村——をもとに名前を付けた。デーベライナーは二〇年後にこの医師の仕事を取り上げた。デーベライナーの研究は（実用性に注目）元素の重さを精確に量（はか）る手法を見つけることに的を絞っており、ストロンチウムは新しく希少で、やりがいがあった。ゲーテに励まされ、彼はこの元素の性質を調べ始めた。ところが、ストロンチウムにかんする数字の精度が上がるにつれ、彼は不思議なことに気がつく。重さがカルシウムとバリウムのちょうど中間にあたっていたのだ。さらに化学的性質を調べてみると、化学反応でバリウムやカルシウムと同じようにふるまった。ストロンチウムは自分より軽い元素と重い元素の二つを混ぜ合わせたような感じだったのだ。

興味を持ったデーベライナーは、ほかの「三つ組」を探して、さまざまな元素の重さを精確に量り始めた。すると、塩素と臭素とヨウ素、硫黄とセレンとテルルなどの組が見つかった。どれも真ん中の元素の重さがその化学上のいとこ分たちの中間ほどだった。偶然ではないと確信した彼は、こうした元素を今の私たちが周期表で列と認識するものにまとめ始めている。実を言うと、五〇年後に最初の周期表をつくった化学者たちは、デーベライナーによるこの縦の列から出発したのだ。*

ところで、デーベライナーからドミートリー・メンデレーエフまで、周期表が一つもできずに五〇年が過ぎた理由は、三つ組にかんする仕事が収束しなかったことにある。ストロンチウムやその近所の元素を使って、物質を整理する普遍的な方法を探せばよかったものを、化学者は（キリスト教や錬金術、さらには数が真に形而上学的な現実を何らかの形で体現するというピタゴラス学派の考え方に影響されて）そこらじゅうで三つ組を探したり、三つ組を数秘術の域まで掘り下げたりし始めた。三つ組計算のために三つ組を計算し、あらゆる三位一体関係をそれがどれほどこじつけでも何か神聖なものとして祭り上げた。それでもなお、デーベライナーのおかげだが、ストロンチウムは元素にかんするより大きな普遍的体系で正しく配置された初の元素だった。そして、ゲーテによる当初の信頼とのちの支援がなければ、デーベライナーはこうした一切を突き止められなかっただろう。

さらにまた、デーベライナーは自分を終始支えた天才的眼力を持つパトロンの株をなおも上げるような業績を残している。一八二三年に、初の持ち運び可能な着火装置を発明したのだ。この装置は、燃焼ガスである水素を白金が大量に吸着できるという興味深い性質を利用していた。どんな料理や暖房にもまだまだ火が必要だった当時、これは計り知れない経済的恩恵をもたらした。デーベライナーランプと呼ばれたこの着火装置は、デーベライナーにゲーテに迫るほどの世界的名声を与えた。

このように、ゲーテは科学にかんする自身の仕事ではたいした成果を上げていないが、彼の作品は科学が高貴なものであるという考え方を広めるのに貢献し、彼の支援は化学者の注意をさりげなく周期表へ向けた。彼には少なくとも科学史における名誉ある地位が与えられていい――これで彼も最終的には満足してくれるだろう。ゲーテといい勝負の人物の言葉を借りれば（お世話になった実習担当氏、失礼！）「科学史とは科学そのもの」なのだから。

ゲーテは科学の知的な美を重んじた。科学の美を重んじる者は往々にして、周期表の対称性と、表でバッハのように変奏される繰り返しに大きな喜びを覚える。それでも、周期表の美がすべて抽象的というわけではなく、さまざまな方法で芸術のインスピレーション源となる。金や銀や白金はそれぞれのものが美しいし、カドミウムやビスマスなどの元素は、鉱石や油絵の具のなかで明るく色鮮やかな顔料（がんりょう）として花開く。元素はまた美しい日用品づくりにおいて、デザイン面での貢献が小さくない。元素の合金は往々にして強度や柔軟性に微妙な差をつけ、それがデザインを機能的なものから目を見張るものへと変える。そして適切な元素を添加することで、万年筆のようなふつうの物でも荘厳の域に迫るデザイン*――と言って面映（おもは）ゆくなければ（熱狂的な万年筆ファンには問題なかろう）――を実現できる。

一九二〇年代末、伝説のハンガリー人（のちにアメリカに亡命）デザイナーのラースロー・モホリ＝ナジが「強制的な陳腐化」と「人為的な陳腐化」のあいだに理論上の線を引いた。強制的な陳腐化はテクノロジーの絡むものがふつうにたどる道筋で、歴史書の定番だ。鋤（すき）がトラクターに、マスケット銃がガトリング銃に、船体が木製から鋼鉄製に、といった移り変わりである。対照的に、二〇世紀には人為的な陳腐化が支配的で、今後その傾向はますます強まる、とモホリ＝ナジは主張した。人びとが消費財を棄てるのは使えなくなったからではなく、身近な人がより新しくて魅力的なデザインのものを持っているから棄てるのだ。モホリ＝ナジ――芸術家であり、ちょっとしたデザイン哲学者だった――は、人為的な陳腐化を物質主義的でおとなげない「倫理の崩壊」だと糾弾した。そして、信じ難い話だが、万年筆というふつうの物が、何でもいいから何か技術的に進んだ流行りものを、という世間の欲張ったニーズの一例に見えた時期がかつてあったのである。

そんなフロド〔訳注　『指輪物語』の登場人物〕の魔法の指輪としての万年筆のキャリアは、一九二三年に一人の男と共に始まった。二八歳のとき、ケネス・パーカーは同族経営だった会社の重役たちを説き伏せ、新デザイン――贅沢なデュオフォールド――に資金を集中させた（彼は賢くも、創業者で重役らの上司だった父親のパーカーがアフリカとアジアを巡る長い船旅に出るのを待って動いたため、父親は拒否権を発動できなかった）。大恐慌中の最悪の時期だった一〇年後、ケネスは再び賭に出て、バキュマチックというまた別の高級モデルを投入した。それからわずか数年で、ケネス（社長になっていた）はまた新デザインを出したくてうずうずしていた。彼はモホリ＝ナジのデザイン理論をすでに読んで吸収していたのだが、人為的な陳腐化に対する道徳上の非難に縛られるどころか、まったくもってアメリカ流に受け取っていた。これは大儲けのチャンスだ。消費者はもっといい物があれば買う、たとえ不要でも。この考え方のもと、彼は一九四一年に史上最高の万年筆と広く認められている製品を投入した。パーカー51である。製品名は、持っていなくてもいっこうにかまわないこの素晴らしいモデルが売り出されたときの、パーカー・ペン・カンパニーの創業年数に由来している。

エレガンスそのものだった。キャップは金めっきかクロムめっきで、クリップは金のフェザーがあしらわれた矢。太く丸味を帯びた胴軸は、シガリロのように取り上げたくなるほど魅力的で、ブルーシーダー、ナッソーグリーン、ココア、プラム、レイジレッドといったしゃれた色が取り揃えられて

愛好家はよくパーカー 51 を史上最高の万年筆に挙げる——と同時に、分野を問わず最も洒落たデザインの 1 つだとも言う。この万年筆のペンポイントは、耐久性の高い希元素ルテニウムでつくられていた。（Jim Mamoulides, www.PenHero.com）

いた。インディアブラックの首軸は内気なカメの頭のようで、次第に細まる先にはカリグラフィーペンのような端正な口。そこから小さな金のペン先（ニブ）が引っ込み加減の舌のように出てインクを送り出す。「ルーサイト」という新特許のプラスチックでできた滑らかな軸のなかでは、新特許のシリンダー機構が新特許のインクを送り出す——このインクは書の歴史始まって以来初めて、紙の上で蒸発して乾くのではなく、紙の繊維のなかに染み込んで吸収によって瞬時に乾く。キャップが軸にパチッとはまる仕組みにさえ特許が二件取得されていた。同社の技術者は筆記用具の天才だった。

この逸品ただ一つの難点が金のニブの先端、ペンポイントとも呼ばれる、実際に紙に触れる部分だった。金は軟らかい金属で、筆記による苛酷な摩擦で変形する。同社は当初、ニブにオスミリジウムのリングを付けていた。オスミリジウムはイリジウムとオスミウムの合金で、どちらの元素も硬さに不足はなかったのだが、希少で高価だし、輸入頼みなのも頭痛の種だった。急に不足したり市場価格が高騰したりしたら、パーカー51は一巻の終わりだ。そこでわざわざイェール大学から冶金学者を雇い入れて代替品を探した。同社は一年もしないうちに、ルテニウムを使ったペンポイントの特許を申請している。それまで廃物同然の元素だったルテニウムにより、ようやくほかの部分のデザインにふさわしいペンポイントができたのだった。ルテニウムは一九四四年からすべてのパーカー51でペンポイントに使われ始めた。*

さて、率直なところ、技術的にどれほど優れていようとも、パーカー51でもほかの大方のペンでも基本的な仕事――インクを紙の上に送り出すこと――にほとんど違いはない。だが、デザインの予言者モホリ＝ナジなら見透かせてしかるべきだったように、ファッションが必要性に勝った。同社は公告を通じて、人類の筆記具がこの新しいペンポイントをもって究極の域に達したことを消費者に確信させ、人びとは同社製の古いモデルを捨ててこのモデルに飛びつき始めた。パーカー51――「世界一欲しがられている万年筆」――はステータスシンボルとなり、超一流の銀行家やブローカーや政治家が小切手やバーの勘定やゴルフのスコアへの署名に使うただ一つのペンとなった。司令官だったドワイト・D・アイゼンハワーも、一九四五年にヨーロッパでの第二次大戦を終わらせる条約に署名する際、パーカー51を使っている（太平洋側ではダグラス・マッカーサーがやはりパーカーのこちらはデュオフォールドを使った）。こうした宣伝効果に、終戦時に世界を包んだ楽観的な空気が相まって、一九四四年に四四万本だった販売数は、一九四七年には二一〇万本に急増した――これは驚異的な数字だ。当時は安くても一二・五〇ドル、最高で五〇ドル（今の価値で一〇〇〜四〇〇ドル）もしたし、補充可能なインクカートリッジと耐久性の高いルテニウムのペンポイントのおかげで誰も買い替える必要はなかったのだから。

自論がどれほど巧みにマーケティング戦略に翻案されたかを知ったらさぞ心を痛めたであろうモホリ＝ナジさえ、パーカー51は称えざるをえなかった。手のなかでのバランス、外観、インクのなめらかな走り——モホリ＝ナジはすっかり魅了され、これぞ完璧なデザインと評したことがある。一九四四年にはパーカー社の相談役の仕事を引き受けてさえいて、それ以降、パーカー51は誰あろう彼がデザインしたのではないかという噂が何十年も絶えなかった。同社は一九七二年までパーカー51のさまざまなモデルを売り続けた。価格が二番めに安い競合他社製品の倍もしたのに、それまで生産されたことがあったどんな万年筆よりも売れ、販売総額は四億ドル（現在の価値で数十億ドルにあたる）にもなった。

当然のことながら、パーカー51が消え去ってほどなく、高級万年筆市場はしぼみ始めた。理由は明らかだ。パーカー51がほかの万年筆を劣っているように見せて繁栄していたあいだ、万年筆はタイプライターなどのテクノロジーによって強制的に陳腐化されつつあったのだ。だが、この移り変わりには紹介したい皮肉な物語がある。それはマーク・トウェインに始まり、しずしずと周期表へ戻っていく。

一八七四年にタイプライターの実演を見たトウェインは、経済が世界的に停滞していたにもかかわらず、その場で一二五ドル（今でいう二四〇〇ドル）というずいぶんな金額を出して一台買った。そして一週間もしないうちに、彼はそれに向かって手紙を書き、自分がどれほどそれをどこかへやってしまいたいかをつづっている（すべて大文字で。小文字はなかった）。「苦痛で仕方がない」と彼は嘆いた。トウェインの場合、本気の文句と気むずかしい外面とを区別するのが難しいので、大げさに言っただけなのかもしれない。だが、一八七五年にはタイプライターを人にやり、二社が出した新しい「泉(ファウンテン)の」ペン［訳注　これがのちに「万年筆」と訳されるようになった］を推薦している。高価なペンを愛(め)でる彼の気持ちは、「さんざん罵(ののし)らないとうまく書けない」ようなことがあっても衰えなかった。この二品はパーカー51とはほど遠かった。

それでもなお、トウェインは誰よりも、タイプライターがゆくゆく高級万年筆に勝つよう仕向けている。彼は一八八三年の『ミシシッピの生活』（吉田映子訳、彩流社）で初めて出版社にタイプ原稿を送った（秘書相手の口述筆記。トウェインが打ったわけではない）。そして、タイプライター会社のレミントンにこの機械の推薦を依頼されたとき（不本意ながらもう一台買っていた）、彼はにべもない手紙を書いて断っている――レミントン社はそれを逆手に取ってそのまま公表した。* アメリカ一の人気者だったに違いないトウェインが持っていると認めただけでも、十分な推薦になっていたのだ。

愛していたペンを罵り、毛嫌いしていたタイプライターを使うというこの話は、トウェインが抱えていた矛盾を浮き彫りにしている。文学的にゲーテの対極と言えるかもしれないほど庶民的かつ民主主義的だったトウェインも、テクノロジーにかんしてはゲーテと同じく相反する二つの感情を抱いていた。トウェインは科学を営んでいるふりはしなかったが、彼もゲーテも科学上の発見に心躍らせた。

それと同時に、ホモサピエンスがテクノロジーを正しく使えるほど賢いかどうかを二人とも疑問視していた。ゲーテの場合はこの疑念そのものが『ファウスト』になったわけだが、トウェインの場合は今の私たちがSFと思っておかしくない作品を書いた。いやマジで。彼は少年が船で川を下る小説と趣（おもむき）のがらりと異なる短篇をいくつも書いており、侵略やテクノロジー、ディストピアに時空旅行、そして「悪魔に売り渡す」（未訳）という突飛な物語では、周期表に載っている危険な元素まで取り上げている。

この三〇〇〇語ほどの物語の舞台は、一九〇四年前後に起こった架空の鉄鋼株暴落からまもない頃だ。お金で苦労するのがいやになった語り手は、自分の不滅の魂をメフィストフェレスのような悪魔に売ることを決意する。取引を詰めるため、語り手と悪魔は真夜中にどことも知れぬ暗い場所で会い、ホットトディを飲みながら、滅入るほど安い魂の取引価格について話しあう。ところがすぐ、二人の会話は悪魔の身体の尋常ならざる特徴へと脱線する――なんとすっかりラジウムでできているのだ。

この話が書かれた年の六年前、マリー・キュリーが放射性元素にかんする話で科学界を仰天させた。これはまっとうなニュースだったが、生半可（なまはんか）な詳細を「悪魔に売り渡す」に盛り込みたくなるくらい、トウェインは科学界の動向に注目していたに違いない。ラジウムの放射能は周囲の空気を帯電させる。そのため悪魔はぼうっと青く光り、語り手はそれを見て喜ぶ。また、岩に体温があるかのように、ラジウムは常に周りのものより温度が高い。放射線でみずからを熱するからなのだが、この熱はラジウムの濃度が高くなるほど指数関数的に増す。そのため、トウェインが描いた身長六フィート一インチ（約一八五センチ）、体重「九〇〇ポンド（約四〇〇キロ）を超える」悪魔は、指先で葉巻に火をつけてみせられるほど熱い（ただし、「ヴォルテールのためにとっておく」と言ってすぐさま消したが。それを聞いた語り手は、名だたる偉人――ゲーテも含まれている――に配れるよう葉巻をもう五〇本差し出す）。

その後、物語は放射性金属の精錬にかんする詳細に少々立ち入る。この部分はトウェインの白眉とはほど遠い。だが、優れたSFの例に漏れず予見的だ。出会った人間を焼いてしまわないよう、ラジウムの身体を持つ悪魔は、これもマリーによって発見された新元素であるポロニウムでできた保護皮を着ている。科学的に言ってこれはでたらめもいいところだ。ポロニウムの「透明で、ゼラチン膜のように薄い」外皮があれほどの量のラジウムから発せられる熱を封じ込められるはずがない。だがここはトウェインを大目に見たい。ポロニウムはもっと大掛かりでドラマチックな目的に使われるのだから。悪魔の脅しの根拠になっているのだ。「俺がこの皮を脱ぎ捨てれば、世界は一閃の炎と一吹きの煙とともに消えてなくなり、消滅した星の残骸はせいぜいにわか雪のような灰となって宇宙空間に飛び散ることになるのだ！」

らしいことだが、トウェインは悪魔を一方的に強いものとして物語を進めることができなかった。封じ込められているラジウムの熱はあまりに強く、悪魔はすぐに、巧まざる皮肉だが、「俺は燃えている。内なる苦痛に苛まれている」と認めている。ジョークはともかく、トウェインはすでに一九〇四年の時点で核エネルギーの驚異的な力に震えていた。もう四〇年長生きしていたら、豊富な原子エネルギーではなく核ミサイルを人間が追究するのを見て、彼は頭を振ったに違いない――落胆しながら、だがまったく驚かず。ゲーテが自然科学に手を出して火傷したのとは違い、トウェインによる科学絡みの物語からは今なお教訓を読み取れる。

トウェインは周期表の下のほうを調べて絶望感を抱いた。だが、芸術家と元素にまつわるどの物語も、詩人のロバート・ローウェルのそれほど、哀しく辛く、ファウストの悲劇を思わせるものはなさそうだ。彼の物語に絡んでいるのは宇宙創成の頃から存在する元素のひとつ、周期表のほぼてっぺんにあるリチウムである。

一九三〇年代初期にローウェルがプレップスクール〔訳注　有名大学への進学を希望する裕福な家庭の子女が通う私立の高校〕に通っていたころの友人は、シェイクスピアの『テンペスト』（小田島雄志訳、白水社など）のがなり立てる半獣人キャリバンから、彼に「カル」というあだ名を付けていた。狂気のローマ皇帝カリグラから思いついたと言う向きもいるが、いずれにしてもかの告白詩の詩人にふさわしい。彼は狂気の芸術家を体現していた――その天賦の才はゴッホやポーと同じく、私たちのほとんどがアクセスできず、ましてや芸術に活かすなどとうていかなわぬ精神領域からほとばしっていた。不幸なことに、ローウェルは詩の余白の外で自分の暴走を抑えられず、狂気は実生活のいたるところで顔を出している。友人宅の玄関に何かまくしたてながら姿を現したと思ったら、自分（ローウェル）が処女マリアだと確信していたとか。インディアナ州ブルーミントンで、自分がキリストのように両手を広げればバイパスを走る車を止められると思い込んだとか。講義で教えているとき、戸惑う学生をよそに、彼らの詩をテニソンやミルトンなどの古いスタイルで読んだり書き直したりして時間を無駄にしたとか。一九歳のときには、婚約者を捨ててボストンから車で、自分が弟子入りを望んだ詩人のテネシー州の邸宅へ押しかけている。彼はその詩人が自分を泊めてくれると思い込んでいたのだが、その詩人は自分の「宿」には空室がないことをいんぎんに説明し、とどまりたいなら芝生でキャンプしなければならないと冗談を言った。ローウェルはうなずくとその場を離れた――シアーズへ買い物に行ったのだ。彼は小振りのテントを買って戻り、しばらくその詩人宅の芝生の上で暮らしている。

文学好きはこうした話を喜んだ。一九五〇〜六〇年代のローウェルはアメリカ最高の詩人で、賞をいくつも取り、詩集をたくさん売った。誰もがローウェルの奇行を、紙一重で神の側にいる詩人ならではのふるまいだと思っていた。ところが、この時代に一つの分野をなした精神薬理学の言い分は違った。カルの身体には化学的不均衡が存在し、それが躁鬱病を引き起こしたというのである。世間に見えていたのは野人としての姿だけで、彼を廃人にしつつあった真っ暗な気分は見えていなかった――こちらの気分こそ彼を精神的に破綻させたし、経済的に破綻させつつもあったのだ。幸いなことに、一九六七年のアメリカにリチウムがその名に値する初の気分安定薬として登場した。深刻な状態だったローウェル――精神科の病棟に監禁され、医師にベルトと靴ひもを取り上げられていた――は薬物治療に同意した。

意外にも、薬としてあれだけの潜在能力を持ちながら、リチウムには生体におけるふつうの役割がない。鉄やマグネシウムのような必須ミネラルではないし、クロムのような必須の超微量元素ですらない。実際は、純粋なリチウムはこわいほど反応性の高い金属だ（ちなみに、ヘッドホンをシャカシャカ言わせて通りを歩いていた人のポケットのけばに火が着いたというニュースがあったが、この事故の原因は鍵やコインが小型のリチウム電池をショートさせたことだったらしい）。また、リチウム

（薬では炭酸リチウムという塩の形で存在する）は私たちが薬と言われて想像するような効き方をしない。たとえば抗生物質の場合、感染の真っ最中に投与すると微生物がやっつけられる。だが、躁で高ぶっているときや鬱でどん底のときにリチウムを摂取しても症状は改善されない。症状が再び起こるのを防ぐだけなのである。また、リチウムの効力は一八八六年にはすでに知られていたが、なぜそんな効力があるのかはつい最近までわかっていなかった。

　リチウムは気分を左右する多くの脳内化学物質に少々細工をするのだが、それによる効果は複雑だ。最も興味深いところでは、リチウムは体内時計である概日リズムを設定し直すらしい。ふつうの人の場合、周囲の状況、特に太陽が気分を左右し、その日のいつ疲れて眠くなるかを決める。ふつうの人が二四時間サイクルに従うところを、躁鬱病の人は太陽とは関係ないサイクルで活動する。この活動がやまないのである。彼らの気分がいいとき、脳は快活さをもたらす神経刺激物質を大量放出し、それを調整する弁が太陽光がなくなっても閉まらなくなる。この時の状態は「病的な熱狂」とも呼ばれる。そうなるとほとんど寝なくてよくなり、神が自分をイエス・キリストの器に選んだと信じ込んだ、二〇世紀のどこぞのボストン人にも負けないほど自信が膨む。だがやがてこの高揚が脳を消耗させ、精神が破綻する。重い躁鬱病患者が「黒い犬（憂鬱）」につかまると、何週間も病の床につくことがある。

　リチウムは体内時計を制御するタンパク質を調整する。体内時計は奇妙なことに、ＤＮＡ〔訳注　具体的には該当する情報が転写されたメッセンジャーＲＮＡ〕を使って、脳内奥深くの特別な神経細胞のなかで動いている。特別なタンパク質がそのＤＮＡに毎朝結びつき、決まった時間がたつと機能が低下して外れる。このタンパク質は太陽光によって繰り返しリセットされ、そのため本来よりずいぶん長持ちする。そのうえ、外れるとしても暗くなってからのことだ——外れた時点で、脳はＤＮＡがむき出しだと「気づいて」刺激物質作りを止めなければならないのだが、躁鬱病になるとこのプロセスがうまく働かなくなる。太陽光がなくてもこのタンパク質がＤＮＡにしっかり結びついたままになるからだ。活動をやめるべきだと脳が気づかないのである。リチウムはこのタンパク質をＤＮＡから外すのを手伝うので、患者は心を鎮められる。注目すべきことに、日中は引き続き太陽光がリチウムに勝り、あのタンパク質をリセットするので、夜になって太陽光がなくなった時にようやくリチウムはＤＮＡの解放を助けられる。つまり、リチウムは錠剤に入った太陽光どころか「抗太陽光」薬として機能するのだ。神経学的には、リチウムは太陽光による効果を取り消し、それによって体内時計の周期を二四時間に短縮する——ひいては、バブル経済のような浮かれた状態になることも、大恐慌が起こって真っ暗になることも防ぐのである。

　リチウムはローウェルにすぐさま効いた。彼の私生活は安定に向かい（安定したとはとても言えなかったが）、彼はある時点で治ったと宣言した。落ち着いた新たな視点からは、自分の以前の人生——ケンカと酒に明け暮れ、何度も離婚していた——がどれほど多くの人にいかに迷惑をかけてきたかが見てとれた。ストレートで心揺さぶる一節があれほどありながら、ローウェルが書いたどの言葉より胸を刺すのは——そして人間の微妙な化学的性質にかんするどの言葉より心動かされるのは——、リチウム治療が始まったあとに彼が出版者のロバート・ジルーに宛ててつづった飾りけのない歎きだ。

「考えただけで恐ろしいよ、ボブ。これまで味わってきた苦しみが、そしてこれまでまき散らしてきた苦しみがすべて、この脳に何か物質が少し足りなかったせいかもしれないなんて」

ローウェルは自分の人生がリチウムのおかげで改善したと感じていたが、彼の芸術に対するリチウムの効果については議論の余地があった。ローウェルと同じように、たいていの芸術家は躁鬱の繰り返しを平穏で単調な概日リズムと引き換えることで、躁状態に混乱させられたり鬱状態に押さえ込まれたりすることなく生産的に仕事ができると感じている。だが「治療」後に――私たちのほとんどが垣間見る(かいまみ)ことすらできない精神領域にアクセスできなくなったあとに――彼らの作品の質が落ちるかどうかについては議論が絶えない。

多くの芸術家が、リチウムによって気分が安定したり鎮まったりしたと言う。ローウェルの友人のひとりは彼を見て、動物園に移された動物のようだと評している。そして彼の詩は一九六七年を境に明らかに変わって粗削りになり、洗練の度は意図的に落とされた。また、野人の精神から詩句を紡ぎ出す代わりに、プライベートの手紙から言葉をくすね始め、引用された相手を激怒させた。一九七四年にはそんな作品がピュリッツァー賞を受賞したが、時の試練にはあまり耐えておらず、特に若かった頃の生き生きとした作品に比べてほとんど読まれていない。周期表がゲーテやトウェインなどにインスピレーションを与えてきたところを、ローウェルのリチウムは、健康をもたらしたが芸術性を奪いとり、狂気の天才をただの人にした事例と言えるかもしれない。

第15章
狂気と元素

Se 34 | Mn 25 | Pd 46 | Ba 56 | Rg 111

ロバート・ローウェルは狂気の芸術家(マッドアーティスト)の典型だったが、私たちの文化における集合的無意識には精神的逸脱の形がもう一つある。狂気の科学者(マッドサイエンティスト)だ。周期表絡みのマッドサイエンティストは、えてしてマッドアーティストに比べて表だって暴走することは少なく、一般によからぬ私生活で有名になることもなかった。彼らの心の壊れようはもっと微妙で、彼らの過ちは病的科学*の名で知られる独特の狂気で見られがちなものだった。この病状——狂気——が同じ頭のなかで才能といったいどう並び立っていたのか——実に不思議である。

この本で紹介している科学者ほぼ全員と違って、一八三二年にロンドンの仕立屋の家に生まれたウイリアム・クルックスは大学で働いたことが一度もない。一六人きょうだいのいちばん上で、のちに自分も一〇人の父親になった彼は、この大家族を支えるため、ダイヤモンドにかんする一般書を書いたり、科学にかんする怪しい話題を扱う横柄(おうへい)で下世話な雑誌《ケミカルニュース》の編集に携(たずさ)わったりした。にもかかわらず、クルックス——メガネをかけ、ふさふさのあごひげと左右にはねた口ひげをはやしていた――はセレンやタリウムといった元素にかんして世界レベルの科学を営んでおり、イギリス最高の科学団体である王立協会の会員に三一歳の若さで選ばれたほどだった。

　彼の転落は、一八六七年に弟のフィリップが海難事故で亡くなった*のを機に始まった。大家族だったにもかかわらず、それとも大家族だったからか、ウイリアムを初めとするクルックス家の人びとは悲しみのあまり気が狂いそうになった。当時、アメリカから渡ってきた降霊術が、イギリスじゅうの貴族や商人の家にはびこっていた。超合理主義の探偵シャーロック・ホームズを生んだサー・アーサー・コナン・ドイルのような人物まで、降霊術が本物だと受け入れる余地をその広い心のなかに見つけている。そんな時代の産物であるクルックス家の人びと（クラン）――ほとんどが科学の教育も興味もない商人――は、みずからを慰めるため、そしてかわいそうな死んだフィリップと会話を交わすため、大挙して降霊会に出始めた。

　ウイリアムがある晩に同行した理由は定かではない。連帯意識からかもしれないし、きょうだいの一人が霊媒の舞台監督だったからかもしれないし、二度と行かないよう家族ひとりひとりを説得するためだったかもしれない――日記によると、彼は陰でこうした霊的な「交信」を詐欺のような見せ物だと否定していた。だが、霊媒がアコーディオンを手を使わずに弾くところや、鉄筆と板を使ってこっくりさん（ウイジャボード）風に「自動書記」を実演するところを見て、懐疑的だった彼も思わず感心した。心の壁が低くなったところへ、霊媒があの世のフィリップからという不明瞭なメッセージを伝え始めると、ウイリアムは泣き叫びだした。彼は降霊会に何度も足を運び、ろうそく明かりの部屋をさまよう精霊のささやきを聞き取ろうと、科学装置をつくりまでした。彼の新しい放射計——感度のきわめて高い風向計が入った真空のガラス管——が実際にフィリップを検出したかどうかはわからない（予想はつく）。だが、ウイリアムは会で家族と手をつなぎながら自分が感じた感覚を無視できなかった。彼は常連になっていった。

このように超自然への共感を示したことによって、クルックスは合理主義者ばかりの王立協会員のなかで少数派となった——それもおそらく彼ただ一人から成る。それを自覚しつつ、一八七〇年にクルックスは自分の先入観に封印をし、降霊術にかんする科学研究を計画したことを宣言した。王立協会のほかの会員は、彼が自分の好戦的な雑誌で何もかもこき下ろすものと思って喜んだ。だが、そうすっきりした話にはならない。三年にわたって歌ったり霊を呼んだりしたのち、クルックスは一八七四年、《科学四季報》という自分の雑誌に「霊的とされる現象の一研究にかんする手記」を発表した。彼はそのなかで自分を未開の地を行く旅人に喩えている。超常現象のマルコ・ポーロというわけだ。だが、降霊術師のペテン——「空中浮揚」、「幻影」、「打楽器のような音」、「ぼうっと光る霊」、「テーブルや椅子の地面からの浮揚」——を何もかもこき下ろすどころか、ペテンや集団催眠では自分が見たものすべてを説明すること（あるいは、少なくともすっかり説明すること）はできないと結論付けた。無批判の承認ではなかったが、超自然的な力が本当に存在することの「残余」*を見出したとは言っている。

誰あろうクルックスによるものとあって、こうしたなまぬるい支持さえイギリスじゅうの人を驚かせた。降霊術師たちも驚いたが、彼らはすぐさまわれに返り、山の頂（いただき）からクルックスに対する熱狂（ホ的な称賛を大声で唱え始めた。今日に至っても、一部の幽霊ハンターが、利発な人も偏見なく接すればいつか降霊術を認めるようになる「証拠」として、彼の古い論文を持ち出す。王立協会の会員も同じくらい驚いたが、彼らの場合はそこに恐怖感が入り交じっていた。彼らは、クルックスはかくし芸にだまされ、大衆心理に流され、カリスマ霊媒に心奪われたのだと主張した。また、彼が「手記」にもたせた偽りの科学的体裁を非難した。たとえば、クルックスは降霊術を執り行う部屋の室温や気圧といった筋違いの「データ」を載せている。霊的な存在は天気が悪いと顔を出そうとしないかのように。また、気まずい話だが、かつての友人がクルックスの性格を攻撃し、彼のことを世間知らずだの、さくらだのと罵った。降霊術師が今でも時々クルックスを引き合いに出す一方で、一部の科学者はいまだに、彼が一三五年にわたってニューエイジ的なたわ言に口実を与えたことを許していない。彼らは元素にかんするクルックスの仕事をつかまえて、これこそ彼が狂った証拠だとまで言う。

　先ほど紹介したように、クルックスは若い頃にセレン研究の先鞭をつけている。セレンは動物に必須の超微量元素であるが（人間の場合、ＡＩＤＳ患者の血液中からセレンが欠乏することは致命的に正確な死の前触れ）、大量摂取で毒になる。牧場で働く者にはよく知られていることだ。油断すると家畜がロコ草と呼ばれるマメ科の草を探して食べるのだが、そのうちいくつかの種類が土壌からセレンを吸い上げる。それを食んだ家畜は足もとがおぼつかなくなり、熱を出したり、身体が腫れたり、食欲が落ちたりする――暈倒病などと呼ばれている一連の症状だ。ところが、家畜はハイな状態を楽しむ。セレンがいよいよ家畜を狂わせたという確かな証拠としては、家畜がひどい副作用にもかかわらずロコ草にやみつきになり、ほかのものを食べなくなる。動物版の麻薬と言えよう。想像力豊かな歴史家になると、リトル・ビッグホーン川の戦いでカスターがネイティブアメリカンに敗れたのは、戦いの前に馬がロコ草を食べたからではないかと考える。こうしたことを考え合わせると、セレンの名前をseleneにちなんだというのは言い得て妙である。これはギリシャ語で「月」を意味しており、「狂気」を意味するlunaticやlunacyといった単語と――ラテン語で「月」を意味するlunaを通じて――つながっているのだ。

こんな毒性があると知れば、クルックスの誤った信念を遡（さかのぼ）ってセレンのせいにすることにも一理ありそうな気がしてくるが、この見立てを崩す不都合な事実がいくつかある。まず、セレンはたいてい一週間以内に作用を及ぼす。クルックスがおかしくなったのは中年に差し掛かった頃で、セレンの研究をやめてずいぶんあとのことだ。加えて、牛がよろめくたびに牧場主がこの三四番元素を罵って数十年、今では多くの生化学者が、ロコ草に含まれるほかの化学物質も同じくらい狂気や中毒に寄与していると考えている。最後に、決定的な手がかりとして、顎ひげが抜けるというセレン中毒の典型的な症状がクルックスには見られていない。

顎ひげがふさふさだったことは、周期表に載っている別の脱毛剤――毒の回廊に鎮座ましますタリウム――によって彼が狂気に至ったという別の主張への反論にもなっている。クルックスはタリウムを二六歳のときに発見しており（これが王立協会会員への選出をほぼ確定させた）、それから一〇年ほど実験室で取り組み続けている。だが、どうやらひげが一本でも抜けるほど吸い込んだことすらないようだ。それに、タリウム（またはセレン）にやられた人物が、老いるまで鋭い知性を保ち続けられるだろうか？　実を言うと、クルックスは一八七四年に降霊術の世界から手を引いて再び科学に没頭しており、その後も多くの発見をなすことになる。同位体の存在を初めて示唆したのは彼だった。また、斬新な科学装置をつくって岩石中にヘリウムが存在していることを確認しており、これは地球上で初のヘリウム検出だった。一八九七年、ナイトの称号を与えられてサー・ウイリアムとなったクルックスは放射能の研究に身を投じ、一九〇〇年にはプロトアクチニウムを（それと知らずに）発見してまでいる。

そう、クルックスが降霊術にはまった理由は心理的な要因に求めるのがベストだ。弟を失った悲しみに心がすさみ、のちに病的科学と呼ばれるようになるものの誘惑に負けたのである。

病的科学のなんたるかを説明しようというなら、意味合いの広い「病的」という言葉にかんする誤解を解き、何が病的科学ではないかを正面切って説明するのがいちばんだろう。まず、病的科学は詐欺ではない。病的科学の支持者は自分たちが正しいと信じている――あとは自分たち以外が気づきさえすればと思っているのだ。また、ニセ科学でもない。フロイト主義やマルクス主義のように、科学という領域に無断侵入しておきながら科学的手法の厳密さを避けて通ろうとするようなことはしない。政治化された科学でもない。ルイセンコ主義のように、民衆が脅迫や偏(かたよ)ったイデオロギーのせいで間違った科学への忠誠を誓うような話ではない。あるいは、一般的な病気としての狂気ではないし、単なる倒錯した信条でもない。病的科学は特殊な狂気、科学情報にもとづく綿密な思い違いだ。病的科学の科学者は、周辺分野のありそうもない現象のなかから何かの理由で自分たちを魅了するものを取り上げ、その存在を証明すべく、科学にかんするおのれの眼識をフル活用する。だが、ゲームははなから仕組まれている。彼らの科学は、何かを信じたいという心の奥底に潜む感情的な欲求しか満たさない。降霊術そのものは病的科学ではないが、クルックスの手に委ねられたときは、慎重な「実験」とそれに彼が与えた科学的体裁によって病的科学となった。

現実問題として、病的科学は必ずしも周辺分野から生まれるとも限らない。データや証拠が少なく、その解釈も難しいような、まっとうだが推論頼みの分野でもはびこる。たとえば、古生物学のなかでも恐竜などの絶滅動物の復元を扱う分野に病的科学の格好の事例がある。

当然のことながら、私たちは絶滅動物についてある程度以上のことは何も知らない。骨格がまるごと見つかるのはまれで、柔らかい組織の痕跡などまず見つからない。化石動物の復元に携わる者のあいだで言われているジョークによれば、ゾウが大昔に絶滅していたなら、今日マンモスの骨を掘り出した者が思い描くのは、牙を持つ巨大なハムスターであって、長い鼻を持つ毛むくじゃらなゾウではなかったことだろう。ほかの動物の目を引く姿についても、この話に匹敵するくらいほとんど何も知らないはずだ——しま模様、歩き方、口元、腹の垂れ具合、鼻、砂袋、四つ部屋がある胃、こぶはもちろんのこと、まゆ、臀部、つま先の爪、頬、舌、乳頭についても言うまでもない。にもかかわらず、化石になった骨の溝やくぼみを今の動物の骨のそれと比べることで、専門家の目は絶滅種の筋肉の付き方、力の強さ、大きさ、歩き方、歯並び、さらには交尾の習性まで見抜く。古生物学者はとにかく推定が行き過ぎにならないよう注意しなければならない。

病的科学はこの用心深さにつけいる。基本的に、信奉者は証拠があいまいなことを逆手に取るのだ——科学者が何もかも知っているわけではないのだから、持論が正しい余地もあると主張するのだ。

これがマンガンとメガロドンの話*でまさに起こったことだった。

事の始まりは一八七三年のこと、海洋調査船チャレンジャー号がイギリスを出発して太平洋の探検に向かった。あきれるほどローテクな仕掛けだが、乗組員はどでかいバケツを長さが五キロ近くもあるロープにつないで船から落とし、海底を浚(さら)った。すると、見たこともない魚などの生き物と共に、ジャガイモが化石になったような形の丸い塊(かたまり)がごまんと引き上げられたほか、平べったくて中身の詰まったアイスクリームコーンのような鉱物が上がった。塊はほとんどがマンガンで、太平洋の至るところの海底から見つかった。つまり、世界中には途方もない数の同様の塊が散らばっているに違いなかった。

これが最初の驚きで、二番めは乗組員がコーンを割って開いたときにもたらされた。マンガンのなかから巨大なサメの歯が出てきたのである。現在では、脳下垂体に異常でもあったかと思うほど異様に大きいサメの歯でもせいぜい六センチ強。ところが、マンガンで覆われていた歯は一二センチ以上もあった——噛みあったら斧のごとく骨を砕くだろう。恐竜の化石相手の場合と同じ基本的な技術を用いて、古生物学者は（歯だけから！）このジョーズの三乗とでも言いたくなる生き物——これがメガロドン——について次のように推定した。最大で全長は一五メートル前後、体重約五〇トン。時速八〇キロ近くで泳げる。二五〇本の歯を持つ口はメガトン級の力で閉じることができ、熱帯の浅い海で原始のクジラを主食にしていたが、おそらくは、獲物がメガロドンの代謝総量と旺盛な食欲に適さない環境——水温の低い深海——へ恒久的に移住したことで絶滅した。

ここまでは立派な科学だ。病気はマンガンから始まった。*サメの歯が海底に散らばっていたのは、それが知られている最も硬い生物由来の物質と言っていいうえ、サメの死骸のうち深海の水圧に耐えられる唯一の部分だからである（サメはたいてい軟骨性）。海水にはさまざまな金属が溶け込んでいるのになぜマンガンなのかは不明だが、科学者はマンガンが成長するスピードは知っている。一〇〇〇年に〇・五～一・五ミリだ。この値から、回収された歯の大半が少なくとも一五〇〇万年前のものだと推定された。つまり、メガロドンの絶滅はおそらくその頃だ。

しかしながら――ここに一部の者が飛びついた証拠の欠落がある――、メガロドンの歯のなかに、マンガンが不思議なほど薄く、歯垢のように付いていたものがあり、その厚みは一万一〇〇〇年分くらいだった。進化のスケールではきわめて短い期間だ。ならば、科学者が一万年前のものをじきに見つけないとも限らないではないか？　あるいは八〇〇〇年前とか？　もっと最近とか？

こうした考え方の行き着く先はおわかりだろう。一九六〇年代、『ジュラシック・パーク』（酒井昭伸訳、早川書房）のような想像力を持つ一部の熱狂的愛好家が、獰猛（どうもう）なメガロドンが今でも海にひそんでいると思い込み始めた。「メガロドンは生きている！」と彼らは声を張り上げた。そして、エリア五一の名で知られる空軍基地やケネディ暗殺の噂と同じように、この伝説は死に絶えていない。最もよく聞かれる話によると、メガロドンは進化して深海にもぐるようになり、今では日々漆黒の闇のなかで伝説の怪物クラーケンと戦っている。クルックスと霊の場合のように、メガロドンは捕まりにくいことになっており、この巨大ザメが今日なぜこれほど見られないのかと問い詰められたときの便利な逃げ道になっている。

メガロドンが今もどこかの海で生きていたらと（心の奥底ででも）思わない者は一人としていない

だろう。だが残念ながら、このアイデアは精査に耐えない。特に、マンガンの薄い膜が付いていた歯は、海底の下の太古の岩盤（そこでは歯にマンガンは付着しない）からごく最近引き剝がされて海水に露出したものにまず間違いない。歯そのものは一万一〇〇〇年前よりずっと古いだろう。また、この怪物の目撃証言は数あれど、どれも船員という眉唾ものの語り部によるもので、話に登場するメガロドンの大きさや形にはずいぶん幅がある。ある「白鯨」ザメなどは全長九〇メートル前後だ（でもなぜか誰も写真を撮っておこうとは思わなかった）！　総じてこうした話は、超自然的な存在にかんするクルックスの言明と同様、どれも主観的な解釈に左右されており、客観的な証拠がない以上、メガロドンがたとえ数頭でも進化のわなをすりぬけたとは結論できない。

だが、今行われているメガロドン探しを病的科学にしている本当の原因は、専門家による疑念が愛好家の確信を深めるばかりだという点にある。マンガンにかんする所見を論破しようとする代わりに、彼らは反逆者――過去に頭の固い科学者が間違っていることを証明した異端児――の英雄物語をもって反論する。決まって持ち出されるのがシーラカンスの話だ。かつてこの原始の深海魚は八〇〇〇万年前に絶滅したと考えられていたが、一九三八年に南アフリカの魚市場で偶然見つかった。この流れから、科学者はシーラカンスにかんして間違っていたのだから、メガロドンについても間違っているかもしれないというわけである。メガロドン愛好者にはこの「かもしれない」さえあればいい。なにしろ、彼らの生存説の土台は証拠の優越性ではなく感情的な愛着だ。それとも、何か途方もないことが真実であってくれ、という希望ないし欲求か。

そうした感情の具体例として次のケースほどふさわしいものはないだろう――史上最高の病的科学、

筋金入り信奉者がこもるアラモの砦、未来学者を誘惑する妖婦、科学版ヒュドラー……常温核融合である。

ポンズとフライシュマン。フライシュマンとポンズ。二人はワトソンとクリック、あるいは遡ってマリーとピエールのキュリー夫妻以来の偉大なる科学デュオになるはずだった。だが、彼らの名声は地に堕ちて腐臭を放っている。今ではB・スタンリー・ポンズとマーティン・フライシュマンという名前からは、いかに不当であろうとも、ぺてん、騙り、詐欺師といった言葉しか思い浮かばない。

二人の名を上げ、そして貶めた実験は、なんというか、嘘のようにシンプルだ。一九八九年、ユタ大学を本拠としていた二人の化学者は、パラジウム電極を重水の入った容器に差して電流を流した。ふつうの水に電流を流すとH_2Oに電気ショックが走り、水素ガスと酸素ガスが発生する。重水の場合も同じことが起こるが、重水の水素には中性子が一個余計にあるところが違う。そのため、陽子が合計二個となるふつうの水素ガス（H_2）の代わりに、陽子二個と中性子二個の水素ガスができた。

この実験を特別なものにしたのは、重水素とパラジウムという組み合わせだった。パラジウムは白っぽい金属で、びっくり仰天の性質が一つある。みずからの体積の九〇〇倍もの水素ガスを飲み込めるのだ。これは大ざっぱに言うと、体重二五〇ポンド（約一一三キロ）の男がアフリカゾウの雄*を一二頭以上飲み込んでウエストが少しも膨らまないことに相当する。そして、重水中のパラジウム電極が水素を詰め込んだとき、温度計を初めとする彼らの計器がスパイクを示した。入力電流の微々たるエネルギーから想定されるより水温がはるかに高くなったのだ。それもありえないほど高く。ポンズによると、あるひじょうに良好なスパイクの最中には、彼の超高熱H_2Oがビーカーに穴を開け、その下の実験治具に穴を開け、さらにその下のコンクリートの床に穴を開けたという。

まあ少なくとも二人はスパイクをときどき検出した。あの実験は総じて不安定で、同じ条件で追試しても必ず同じ結果が得られるわけではなかった。だが、二人はパラジウムで何が起こっているのかを解明する代わりに、みずからの想像力が常温核融合を発見したと確信するにまかせた。常温（低温）核融合とは、恒星内部のような途方もない温度や圧力を要せず、室温で起こるとされる核融合を指す。パラジウムがあれほどたくさんの重水素を詰め込めたことから、二人はパラジウムが何らかの方法で重水素の陽子と中性子を融合してヘリウムにし、その過程で大量のエネルギーを放出したと予想した。

軽率にも、ポンズとフライシュマンは記者会見を開いて結果を公表し、要は世界のエネルギー問題が安価で汚染のない方法で解消されるとほのめかした。そして、なにやらパラジウムと同じように、メディアはこのたいそうな主張を丸々飲み込んだ（ほどなく、これまたユタ州の物理学者スティーヴン・ジョーンズが同じような核融合実験を行っていることが明らかになったのだが、ジョーンズはもっと控え目な主張をしたため目立たずにすんだ）。ポンズとフライシュマンはたちまち有名人となった。世論の勢いに科学者もぐらついたようで、この発表からほどなく開かれたアメリカ化学会の会議において、二人は総立ちで迎えられた。

だが、この総立ちには重要な伏線がある。フライシュマンとポンズを拍手で迎えながら、多くの科学者の頭には本当は超伝導のことがあったに違いない。一九八六年まで、超伝導はマイナス二三三℃

より高い温度では絶対ありえないと考えられていた。ところがだしぬけに、二人のドイツ人研究者――最短記録となる一年後にノーベル賞を受賞することになる――がそれに驚異的に近い温度で超伝導になる物質を発見した。それが追試で確認されたのをきっかけにほかのチームが次々参入し、わずか数カ月後にはその温度より高いマイナス一八一℃で超伝導になるイットリウム系「高温」超伝導体が発見されている（本書の執筆時点での最高記録はマイナス一三八℃〔訳注　高圧下の場合を含めるとマイナス一〇九℃〕）。ここで注目すべきは、そんな高い温度で超伝導になる物質などありえないと予想した多くの科学者が笑いもの気分を味わっていたことだ。あれは物理学版のシーラカンス発見だった。そして、メガロドンの夢想家と同様、一九八九年の常温核融合愛好家は数年前の超伝導フィーバーを引き合いに出して、いつもなら否定しにかかる科学者たちに判断を保留させたのだった。実際、常温核融合の熱狂的支持者は、古い定説を捨て去るチャンス到来に舞い上がっていたようだった。病的科学にありがちな興奮状態である。

それでも、うたぐり深い一部の者、とりわけカリフォルニア工科大学の面々がいきり立った。常温核融合は彼らの科学的感受性を逆撫でし、ポンズとフライシュマンの傲慢さが彼らの謙虚さを揺さぶった。二人は結果の公表に際して通常行われるピアレビューを省略していた。また、二五〇〇万ドルの研究費をすぐさまブッシュ（父）大統領に直接求めたあとには特に、二人のことを私腹を肥やそうとする食わせ者だと思った向きもいた。二人がパラジウム装置と実験手順にかんする質問に答えることを――そうした照会を侮辱であるかのように――拒んだことも状況を悪化させた。アイデアを盗まれたくないからだと二人は主張したが、何かを隠しているようにしか見えなかった。

世界中のほかの科学者ほぼ全員から散々に否定されたにもかかわらず、スタンレー・ポンズとマーティン・フライシュマンは室温で常温核融合を起こしたと主張している。彼らの装置は、重水の水槽と、吸蔵性のきわめて高い元素であるパラジウムでできた電極で構成されていた。（Special Collections Department, J. Willard Marriot Library, University of Utah）

にもかかわらず、ますます疑念を深めた世界中（イタリアを除く。この国でも常温核融合が新たに主張された）の科学者が、二人の発言を基にパラジウムと重水素の実験を追試できるほどになり、何の結果も得られなかったことから二人をしたたかに叩き始めた。そして、科学者の信用を落とすため、さらには恥をかかせるためとしてはもしかするとガリレオの時以来という最も一致した協力の末、数週間後に何百人という化学者と物理学者が言わば反ポンズ＝フライシュマン大会をボルチモアで開いた。そして、二人が実験誤差を見過ごしていたこと、そして欠陥のある測定技法を使っていたことをこれでもかと指摘した。ある科学者は、二人は実験で水素ガスをたまるにまかせており、彼らの最大の「核融合」スパイクは飛行船ヒンデンブルグ号風の化学爆発だったのではないかと発言している（テーブルや治具に穴を開けたとされる核融合スパイクは、夜中の誰もいない時に起こっていた）。科学的な誤りを探し出すこと、あるいは少なくとも論争の的である疑問を解消するにはふつう何年もかかるものだが、常温核融合の熱は当初の発表から四〇日もしないうちにすっかり冷めてしまった。大会のある参加者はこの騒動を、伝統的で韻律を踏んだものとは言いがたいが、辛口の詩にまとめている。

同志よ、一千万ドル単位の資金が流れかけた
どこぞの科学者による温度計の
差しどころのせいで

だが、この件の心理学的に興味深い部分はここからだ。世界に役立つクリーンで安いエネルギーの実現を信じたいという欲求は強く、支持者は琴線（きんせん）の震えをそうすぐには抑えられなかった。この時点で、常温核融合は病的なものへと変質した。超常現象の調査の場合と同じく、重要な結果を生む力があるのは導師（グル）（霊媒、あるいはフライシュマンとポンズ）だけ、それも不自然な環境でばかりで、開かれた場においてではなかった。このことは、常温核融合の熱狂的支持者たちに二の足を踏ませるどころか、ますます勇気を与えた。彼らにしてみれば、ポンズとフライシュマンは一度も引き下がっていず、支持者は二人を（もちろん自分たちをも）偉大な反逆者――唯一結果を出した者――として擁護した。一九八九年以降しばらく、一部の批判者が自分の実験結果を基に反論したが、支持者はどれほどのっぴきならない結果に対しても必ず言い逃れをした。ときには元の科学研究よりも巧みに。そのため、批判者はやがて諦めた。こうした状況を、カリフォルニア工科大学の物理学者デイヴィッド・グッドスタインが、常温核融合にかんする優れたエッセイで次のようにまとめている。「常温核融合の信奉者は自分たちが包囲されたコミュニティであることを自覚しているので、内部批判はほとんど出てこない。実験や説は額面どおり受け取られがちで、それは、外部の批判者がわざわざ聞き耳を立てていた場合に、さらなる攻撃材料を与えてしまうのを恐れてのことだ。このような状況下では変人がはびこり、ここで真剣な科学が行われていると信じる者にとって事態を悪化させる」。病的科学の説明*として、これほど簡潔にして優れたものは望めまい。

　ポンズとフライシュマンの心理をできるだけ寛容に説明するとこうなる。彼らは常温核融合がはったりだと承知していた食わせ者ではなく、手っとり早く点数を稼ぎたかっただけのようだ。一七八九年だったら、とんずらして隣町の世間知らずをあらためてだますこともできたかもしれないが、今の時代には捕まる。もしかすると、疑念は抱いたが功名心に目がくらみ、ひとときでも世界から偉人と見られるのがどんな気分かを味わいたくなったのかもしれない。だがおそらくは、パラジウムの奇妙な性質に惑わされたというところだろう。なにせ、パラジウムがあれほどの水素をがぶ飲みできる仕組みは今なお誰にもわかっていない。ポンズとフライシュマンの仕事（それに対する彼らの解釈ではない）の名誉をほんの少しだけ回復させると、一部の科学者はパラジウムと重水素の実験で何か不思議なことが起こっているのは確かだと考えている。金属中によくわからない泡が立ち、その原子が絶妙な方法でみずからを並び変えるのだ。ひょっとすると弱い核力まで絡んでいるかもしれない。ポンズとフライシュマンはこれにかんする先駆者ということでは評価できる。だが、彼らが歴史に名を残したかった――あるいは残すであろう――仕事の先駆者ではない。

狂気の気（け）がある科学者が誰でも病的科学におぼれて終わるわけではない。クルックスのような一部の科学者ははい上がって偉大な仕事をなし続けているし、さらには、当初は病的科学に見えたものがまっとうな科学だったというケースもある。ヴィルヘルム・レントゲンは、目に見えない光線にかんする斬新な発見に取り組んだ際、自分が間違っていることを最大限の努力をもって証明しようとしたが、できなかった。そして、科学的手法にこだわり続けた結果、この気の弱い科学者は文字どおり歴史を書き換えた。

一八九五年一一月、レントゲンはドイツ中部の自分の実験室で、原子より小さい粒子の現象の研究に重要な、クルックス管という新器具をいろいろ試していた。皆さんもうおなじみの発明者にちなんだ名を持つクルックス管は、真空のガラス管内の両端に二枚の金属プレートを配した構成だった。プレート間に電流を流すと、真空の管内をビームが飛び、特殊効果の研究所で開発されたかのような光のすじが現れる。今の科学者はそれが電子のビームだと知っているが、一八九五年のレントゲンを初めとする科学者はそのことを突き止めようとしていた。

レントゲンの同業者が、アルミニウム箔の小さな窓（のちにペル＝イングヴァール・ブローネマルクがウサギの大腿骨に埋め込んだチタンの窓を連想させる）を持つクルックス管をつくって、ビームがアルミ箔を通り抜けて空気中に出てくることを発見していた。ビームはすぐに消えたが――空気はビームにとって毒のようなものだった――、数センチ離れたところに立てた燐光性のスクリーンを光らせることができた。神経症気味なことだが、レントゲンは同業者による実験をどれほど些細なものでも残らず追試する主義だったので、彼はこの装置を自分でも一八九五年につくっていたのだが、変えていたところがある。まず、クルックス管をむき出しにせず黒い紙で覆い、ビームがアルミ箔からだけ出てくるようにしていた。また、スクリーンには同業者が用いた燐光性の化学物質ではなく、冷光性のバリウム化合物を塗っていた。

次の段階で起こったことには諸説ある。ビームがプレート間を正しく飛ぶことの確認テスト中、何かが彼の注意を引いた。大方の説明によると、それは彼が近くのテーブルに立てかけていた、バリウムが塗られたボール紙だ。最近は、学生がバリウムを指につけてふざけてAだのSだのと書いた紙切れだったという説がある。どちらにしても、レントゲン（色覚異常だった）は最初、視野の片隅で何か白いものがちらつくのを見た程度だっただろう。だが電流を流すたびにバリウムのボール紙（または文字）が光った。

レントゲンは、黒い紙で覆ったクルックス管から光が漏れていないことを確かめた。真っ暗な実験室内にいたので、ちらつきの原因は太陽光でもありえなかった。とはいえ、クルックス管を出たビームがボール紙ないし文字にたどり着けるほど空気中を進めないことも彼は知っていた。彼はのちに、自分は幻覚を見ていると思ったと告白している――クルックス管が原因なのは明らかだったが、光を通さない黒い紙を通り抜けられるものを何も知らなかったのである。

そこで、バリウムを塗ったスクリーンを立て、手近にあったものをクルックス管のそばに置いてビームを遮ってみた。本を置いてみたところ、彼はぎょっとした。しおり代わりに使っていた鍵の輪郭がスクリーンに映し出されているではないか。なぜか透視できたのである。なかに物を入れてふたを閉めた木箱で試しても、やはりなかの物が見えた。だが、彼が金属の塊を拾い上げた時に、実に恐ろしい、まったくもって黒魔術のような瞬間がやってきた――自分の手の骨が見えたのだ。この時レントゲンは幻覚の可能性を捨てた。自分が完全に狂ったと思ったのだった。

彼がX線の発見をあれほど悩んだことは、今の私たちには微笑ましい。だが彼の立派な態度に注目されたい。何か斬新なものを発見したという都合のいい結論に飛びつかず、レントゲンは自分がどこかで間違いを起こしたと考えた。恥じ入った彼は自分の間違いを突き止めるため、みずからを実験室に閉じ込め、他人との接触を断って七週間もこもった。助手を解雇したほか、食事の同席もいやいやながらで、食べ物を飲み込む音や独り言のほうが家族との会話より多かったようだ。クルックスや、

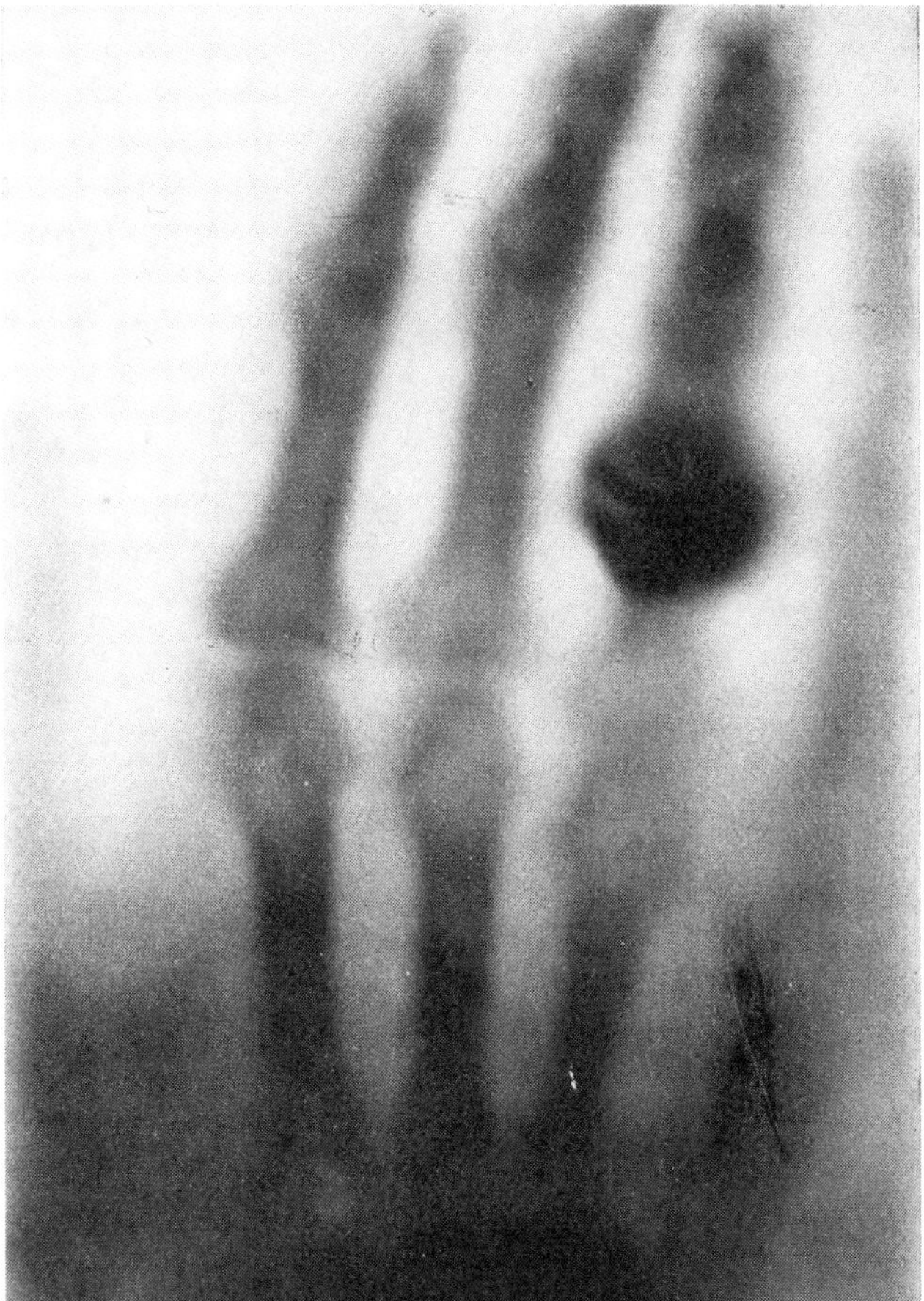

この初期のＸ線写真に写っているのは、ヴィルヘルム・レントゲンの妻ベルタの骨と印象的な指輪。自分が気が狂ったのではないかと恐れたヴィルヘルムは、バリウムが塗られたプレートに写った妻の手の骨が妻にも見えたことに安堵した。夫より自信家だった彼女はこれを死の前触れだと思った。

メガロドンを追う者たちや、ポンズとフライシュマンとは違って、レントゲンは自分の発見の説明を既知の物理学でつけようと懸命に努めた。

皮肉なことに、彼は病的科学を避けるあらゆる手を打ったにもかかわらず、論文からは自分が気が狂ったという思いを振り払えなかったことが窺える。さらに、独り言や彼らしからぬ機嫌の悪さは、他人に正気を疑わせた。彼は冗談で妻のベルタに「今やっている仕事が世間に知られたら、『レントゲンは老いて気が触れた！』と言われるに違いない」と漏らしている。その時レントゲンは五〇歳、妻は冗談とは思えなかったことだろう。

彼がどれほど自分を信用していなくても、クルックス管は相変わらずバリウムのスクリーンを毎回光らせた。そこで、レントゲンはこの現象を記録し始めた。ここでもやはり、先に紹介した病的科学の三つの事例とは違って、彼は瞬間的な現象や不安定な結果など、主観的と思われかねないものをすべて退け、現像した乾板など、客観的な結果だけを追い求めた。そしてついに、少しだけ自信を持った彼は、ある日の午後にベルタを実験室に呼んでその手にX線を当てた。自分の骨を見て彼女はたじろいだ。死の予兆だと思ったからだ。それ以降、彼女は死の気配漂う夫の実験室に二度と入ろうとしなかったが、彼女の反応はレントゲンに計り知れない安堵をもたらした。彼にとって、これはベルタがしてくれたことのなかで何より嬉しかったに違いない。どれも自分の空想ではないと証明されたのだから。

この段階で、レントゲンは実験室からやつれた姿で出てきて、ヨーロッパ中の同業者に「レントゲン線」について知らせた。当然、同業者は彼を疑った。かつてクルックスを軽蔑したように、のちにメガロドンと常温核融合を軽蔑するように。だがレントゲンは忍耐強く謙虚で、誰かが異議を唱えるたびにその可能性は検討済みだと反論し、やがて同業者から異議が上がらなくなった。そして、ふつうなら重苦しい病的科学の話がここから明るくなる。

科学者は時として新しいアイデアに厳しく当たる。たとえばこんなふうに。「おいおい、ヴィルヘルム、いったいどんな『謎のビーム』だ、目に見えないのに黒い紙を突き抜けて飛び出し、君の体内の骨を照らし出せるなんて？　ばかを言うな！」だが彼が確固たる証拠や再現性のある実験と共に反論すると、大方の科学者が古いアイデアを捨てて彼のアイデアを採用した。彼は生涯一教授だったが、科学者の誰にとってもヒーローになった。一九〇一年、彼は記念すべき第一回ノーベル物理学賞を受賞した。二〇年後には、ヘンリー・モーズリーという科学者がX線源として基本的に同じ装置を使って周期表研究に革命を起こした。そして、世界は一世紀が過ぎてもまだいたく感心しており、二〇〇四年には、当時の周期表で公認されていた最も重い元素、長いことウンウンウニウムと呼ばれていた一一一番元素がレントゲニウムと名付けられたのだった。

第5部

元素の科学、今日(こんにち)とこれから

第16章
零下はるかでの化学

Sn[50] Ar[18] Nd[60] Rb[37]

レントゲンは舌を巻くほど綿密な科学のお手本を示しただけではない。周期表が驚きに事欠かないことを科学者に改めて認識させてもいる。元素には今なお必ず何か新たな発見がある。だが、簡単に拾える落ち穂はレントゲンの頃までに拾い尽くされ、新発見には思い切った方策が求められた。科学者は元素を尋問する条件をどんどん厳しくせざるをえなくなった——その最たるものが超低温で、元素は催眠術にかかっておかしなふるまいをする。だからといって、超低温にすれば必ず人類に新発見がもたらされるわけでもない。一九一一年当時、ルイスとクラークの後継者たちが南極大陸をかなり探検していたが、南極点に到達した者は誰もいなかった。必然的に、探検家による大掛かりな先陣争いが始まった——そのことがほとんど必然的に、極端な温度での化学現象によってどんな不都合が起こりうるかという冷酷な教訓物語を生んだ。

その年は南極の基準でも寒かったが、ロバート・ファルコン・スコット率いるイギリス人一行は、南緯九〇度、すなわち南極点に一番乗りしてやろうと意を決していた。彼らは犬や補給物資などを揃えて一一月に出発した。大多数は支援に回り、周到にも食糧や燃料の備蓄を途中に残しながら帰って、極点を目指す少人数の本隊が帰途に回収できるようにした。

支援隊が徐々に離脱していき、最終的にスコット率いる五人の男が、三カ月も苦労して歩いた末に一九一二年一月に南極点に達し……てみたら、茶色い小振りのテントと、ノルウェー国旗と、嫌味なほど友好的な手紙が待っていた。スコットはロアール・アムンセンに負けていた。彼らのチームは一カ月も前に到達していたのである。先を越されたと気づいた日のことをスコットは日記に淡々とつづっている。「最悪のことが起こった。……夢想はすべてうち捨てなければならない」。そして到達当日、「ああ、なんたること！　ここはおぞましい場所だ。……これから帰還、命がけの苦闘となる。われわれにできるだろうか」

失意のほどを思うと、彼らの帰途はどのみち困難だっただろうに、南極大陸は全力で彼らを手ひどく扱い、苦しめた。彼らは何週間も猛吹雪に閉じ込められ、日記（あとで発見された）によると飢餓、壊血病、脱水、低体温症、壊疽(えそ)に苦しんだ。何より手痛かったのは燃料不足だった。スコットは前年の北極探検で、灯油缶の革製シールでひどい液もれを経験しており、その時はことごとく燃料の半分が失われた。そこで南極探検では、スズを多めにしたはんだとスズはんだを試していた。だが、帰途で彼らを待っていた缶を疲れ果てた一行が開けてみると、その多くが空だった。追い打ちを掛けるように、灯油が食糧の上に漏れていたことが多かった。

灯油なしでは、食糧を調理することも氷を溶かして飲むこともできなかった。一人が病気で死に、一人が寒さで気が狂って外へ出て行った。スコットを含む残った三人は進み続けた。日記をもとに、彼らは一九一二年三月下旬に凍死したとされている。イギリス基地まで一八キロ、あと数日というところで力尽きたのだった。

当時のスコットには、人類で初めて月面に降り立ったニール・アームストロングに匹敵する人気があった――英国民は彼が味わった苦難を知って歯ぎしりし、ある教会など一九一五年に彼を称えるステンドグラスを飾ってまでいる。そんなわけで、世間が今でも彼の落ち度ではなかったと言うための口実を探しているなか、周期表は都合のいい悪者を差し出した。スコットがはんだとして用いたスズという金属は、その加工しやすさゆえ聖書の時代から重宝されている。皮肉なことに、職人が精錬に熟達して純度を上げるほど、スズは日常的な用途に向かなくなる。純粋なスズでできた道具や硬貨やおもちゃが冷えると、冬の窓に降りる霜のごとく、白っぽい錆が徐々に広がり始める。この白い錆が膨らんで発疹のようになり、それが進むとスズは脆くなって腐食し、最後はぼろぼろになって崩れてしまう。

これは鉄錆とは違って化学反応ではない。今の科学者は把握しているが、こんなことが起こるのはスズの固体のなかで原子がみずからを二通りに並べられるからで、冷やされたスズ原子は並びを強固な「β」型（白色スズ）から脆くてぼろぼろになりやすい「α」型（灰色スズ）に変える。この違いをイメージするため、原子を巨大なかごのなかにオレンジのように積み重ねるところを思い浮かべてみよう。かごの底は一層めの球それぞれと一点だけで接する。二層、三層、四層と積み上げる場合、一層めの原子それぞれの真上に原子を一個載せるという手がある。これが一つの形、すなわち結晶構造だ。あるいは、二層めの原子を一層めの原子のあいだのくぼみに置き、三層めを二層めのくぼみに、と積み上げる手もある。このように積むと、結晶構造の密度や性質が最初の積み方と違ってくる。原子の積み方はこの二つのほかにいくらでもある。

スコットたちが（おそらく）身をもって知ったのは、元素単体の原子が弱い結晶構造から強い結晶構造に、あるいはその逆に、一瞬にして変わりうることだ。通常、並べ直しが起こるには極端な条件が必要で、炭素を黒鉛からダイヤモンドに変えるのも地中の熱と圧力だ。ところがスズは一三・二℃で変わり身を始める。セーターが欲しくなる一〇月の夜でも、スズには発疹ができて霜が広がり、温度が下がるほどこのプロセスは加速される。手荒な扱いや変形（缶がこちこちの氷の上に放り出されてへこむとか）も、ほかの結晶状態なら何も起こらないスズの内部でこの並び変えを促進する。そして、これはただの部分的な不具合でも表面的な傷でもない。この変化は病気のように奥深く侵入していくことからスズペストなどと呼ばれている。α‐β転移で放出されるエネルギーによって、聞き取れるほどの音が出ることもある――スズ泣きというなまなましい呼び名を頂戴しているが、実際はオーディオの雑音のようなものだ。

スズのα‐β転移は化学の世界では昔から都合よく用いられるスケープゴートで、たとえば冬の寒さが厳しいヨーロッパの都市（サンクトペテルブルクなど）には、教会の新しいパイプオルガンの高価なスズパイプが、オルガニストが最初の和音を鳴らした瞬間に崩れ去ったという伝説がある（敬虔な信者は悪魔のせいにしたがった）。世界史に出てきそうなところでは、ナポレオンが愚かにも一八一二年の冬にロシアを攻撃した時、兵士の軍服のスズでできた留め金が割れて壊れ、風が吹くたびになかの服が露出したと言われている（多くの歴史家が異論を唱えている）。スコットの小隊が劣悪な環境に直面したように、フランス軍はどのみちロシアに対して不利だった。だがこの五〇番元素による取り替え子のようなやり方は状況をさらに難しくしたかもしれず、中立な化学現象は英雄の判断ミスより責めやすい事実*となった。

　スコットたちが缶を開けてみたら空(から)だったことに疑いの余地はない――スコットの日記にそう書いてある――が、燃料漏れの原因がスズはんだの崩壊だったかどうかについては議論がある。スズペスト説はまったくもって理にかなっているが、数十年後に発見された他隊の缶にははんだの封が残っていた。スコットが使っていたスズは確かに純度が高かった――しかし、スズペストが起こるには純度がきわめて高くなければならない。とはいえ、妨害工作以外にそれらしい説明はないうえ、不正があったという証拠もない。なのにスコットの小隊は氷上で非業の死を遂げたわけで、周期表の犠牲者であったという側面があるのは否めない。

　物質がかなり冷えて状態が移り変わると奇妙なことが起こる。小中学校では、物質には互いに移り変われる三つの状態――固体、液体、気体――があるとだけ習う。高校では教師が第四の状態としてプラズマを紹介することがある。プラズマとは恒星に見られるような過熱状態で、電子は核の束縛を逃れて自由に飛び回る。*大学に入ると超伝導や超流動性ヘリウムの話を聞かされ、大学院では教授がクォークグルーオンプラズマや縮退(しゅくたい)物質などの状態を持ち出して学生に難題をふっかける。そしてこのどこかで必ず何人かの知ったかぶりが、なぜゼリーは独自の状態に数えられないのかと尋ねる（答え？　ゼリーのようなコロイドは二つの状態のブレンドだからだ。*水とゼラチンの混合物は、ものすごく柔らかい固体か、ものすごく粘り気の強い液体と見なせる）。

とにかく、宇宙が許容している物質の状態——微小レベルにおける粒子の配置——は、固体、液体、気体という私たちの杓子定規な分類から想像されるよりはるかに多い。また、先ほど挙げたような私たちには耳慣れない状態はゼリーのような単なるハイブリッドではなく、ものによっては物質とエネルギーという区別さえ崩れている。アルベルト・アインシュタインは量子力学の方程式をいくつかもてあそんでいるうち、そんな状態の一つを一九二四年に明らかにした——だが自分の計算結果が気に入らず、この理論的発見はあまりにとっぴで実在しえないと考えた。以来ずっとありえないとされていたのが、一九九五年にその状態をつくり出した者が現れた。

ある意味、固体は物質の最も基本的な状態だ（厳密に言うと原子は大部分がスカスカなのだが、原子は堅固だという錯覚を、超高速で動き回る電子が私たちの鈍い感覚に絶えず引き起こしている）。固体中の原子は反復性のある三次元配列をなしているが、最もありふれた部類の固体でもたいていは複数の結晶構造をとれる。今の科学者は高圧容器を駆使して氷をなだめすかし、違ったタイプの結晶を一四種類もつくれる。水に浮かない沈む氷や、雪の結晶が六角形ではなく、もみじやカリフラワーの頭といった形になる氷、氷X（アイステン）と呼ばれる奇妙な氷に至っては二〇〇〇℃強にならないと融けない。チョコレートのような純粋ではない化学物質さえ、並びを変えられる結晶のような構造をとりうる。ハーシーのキスチョコを開けたらおいしくなさそうな色をしていたという経験をお持ちだろうか？　あれはチョコペストとでも呼べるかもしれない。原因は、南極大陸でスコットを暗い運命に導いたのと同じα‐β転移である。

結晶性の固体は低温で最も形成されやすく、温度をどこまで下げるかによって、あなたが知っていると思っている元素はほとんどそれとわからなくなりうる。超然としている貴ガスさえ、強制的に固体にされると、ほかの元素と一緒になるのもそれほど悪くないと考えたりする。数十年にわたる定説*に反し、カナダを拠点としていた化学者ニール・バートレットは、一九六二年にキセノンを使って史上初の貴ガス化合物――固いオレンジ色の結晶――をつくった。実は室温で成し遂げられたのだが、それは超酸と同じくらい腐食性の強い六フッ化白金という化学物質を使ったからこそのことである。また、安定な不活性ガスのなかで最も大きいキセノンは、核による電子の束縛がけっこうゆるいので、ほかの貴ガスよりはるかに簡単に反応する。もっと小さくて中身の詰まった貴ガスを反応させるためには、化学者は温度を思いきり下げて、言ってみれば貴ガスの感覚を麻痺させなければならなかった。クリプトンはなかなか頑固だが、さすがにマイナス一五〇℃になると、反応性のきわめて高いフッ素の手にかかるようになる。

　だが、クリプトンを反応させることは、アルゴンに何かをくっつけようという格闘に比べれば重曹と酢を混ぜて泡を生じさせるくらい簡単なことだった。バートレットが一九六二年にキセノン化合物を、一九六三年に初のクリプトン化合物を合成してから三七年もの失意の年月を経て、フィンランドの科学者らが二〇〇〇年にようやくアルゴン化合物の正しい合成手順を突き止めた。それは宝飾品として名高いファベルジェの卵をつくるがごとく細心の注意を要する実験で、固体のアルゴン、水素ガス、フッ素ガス、そしてヨウ化セシウム（反応を促すためのきわめて反応性の高い始動物質）を用意し、紫外線をタイミングよく照射して、極寒のマイナス二六五℃で材料を焼いて合成したのだった。

できた化合物はほんの少しでも温度が上がると壊れた。

それでも、壊れる温度を下回ってさえいれば、できた化合物ことアルゴンフッ素水素化物は安定して固体だった。フィンランドの科学者らはこの芸当を発表した論文に、"A stable argon compound"（ある安定なアルゴン化合物）という、科学論文としては潔いほどわかりやすいタイトルを付けている。単にやったことを発表するだけで十分誇れたのだ。宇宙のどれほど寒い領域でも、小さなヘリウムやネオンがほかの元素と決して結合しないことに科学者は自信を持っている。したがって今のところ、人類が力ずくで化合物にするのに最も苦労した元素のチャンピオンベルトはアルゴンが保持している。

習慣を変えることに対するアルゴンの嫌がり方を思うと、アルゴン化合物の合成はものすごい離れ業だ。それでも、科学者は貴ガス化合物が、さらにはスズのα‐β転移も、独自の物質状態だとは考えていない。独自の状態とされるにはエネルギーに明らかな違いが必要で、エネルギーが違えば原子は明らかに違うやり方で相互作用する。だからこそ、粒子が互いの位置関係を（ほぼ）変えない固体、粒子が互いにすれ違える液体、そして粒子が自由にぶつかってはね返る気体は、どれも確かに独自の物質状態なのだ。

とはいえ、固体と液体と気体には共通点も多い。たとえば粒子は存在が明確だし、独立している。だが、熱してプラズマ状態にすれば、この独立主権が無政府状態と化して原子が分解し始め、十分に冷やせば物質の集団主義状態が発生し、粒子は見とれるようなやり方で重なり合い、一体化し始める。

超伝導体を例にとろう。電流とは回路中の電子による淀みない流れだ。銅線のなかで電子は銅原子の合間を流れ、電子が原子にぶつかると銅線はエネルギーを熱として失う。ならば当然、超伝導体のなかでは何かがそうならないようにしている。なにしろ、合間を流れる電子の勢いが弱まらないのだ。それどころか、電流は超伝導体が冷やされている限り永遠に流れ続ける。この性質は一九一一年にマイナス二六八・八℃の水銀で初めて確認された。それから数十年、大方の科学者は超伝導電子は動ける範囲が単に広いのだと考えていた。超伝導体の原子にはぶるぶる震えるエネルギーがほとんどなく、電子がすり抜けて衝突を避けるための余裕が広がったという理屈である。この説明そのものは正しい。ところが実は、一九五七年に三人の科学者が明らかにしたように、低温で変質するのは電子のほうである。

超伝導体のなかで原子のそばをかすめるとき、電子は原子の核を引き寄せる。正電荷を持つ核はほんの少しだけ電子のほうへ流され、これにより密度の高い正電荷の跡が残る。この高密度の電荷がほかの電子を引き寄せ、それがある意味最初の電子とペアを組む。とは言っても電子間の強い結合ではなく、むしろアルゴンとフッ素のあいだと同じく弱い結合だ。そのため、原子がたいして震えてなく、電子をばらけさせるようなことがない低温でしか、このペアは現れない。こうした低温では、電子を独立した存在と考えることができない。くっついてチームとして動くのである。そして回路のなかを周回しているとき、片方の電子が進路を妨害されたり原子とばったり出会ったりしても、スピードが落ちる前にもう片方がぐいと引っぱって進み続ける。昔のアメフトで言えば、選手がヘルメットもかぶらず腕をがっちり組んでフィールドを突進した違法な陣形——電子による一種のV字隊形だ。そして、何十億の何十億倍個ものペアがどれも同じことをしたとき、この極微の状態が超伝導として現れるのである。

ちなみに、この説明は超伝導のBCS理論として知られており、呼び名の由来は考案者の三人、すなわちジョン・バーディーン、レオン・クーパー（先ほどの電子によるパートナー関係はクーパー対（つい）などと呼ばれている）、ロバート・シュリーファー*の姓の頭文字だ。このジョン・バーディーンは、ゲルマニウムトランジスターを共同開発してノーベル賞を受賞し、その知らせを聞いたときにスクランブルエッグを床に落としたあのジョン・バーディーンである。彼は一九五一年にベル研究所を辞めてイリノイ大学へ移ってから超伝導の研究に没頭し、BCSトリオはその六年後に理論を完成させた。この理論はひじょうに優れており、きわめて精度の高いものだったため、三人はこの仕事に対して一九七二年にノーベル物理学賞を共同受賞した。今回、バーディーンはこの栄誉の記念に、大学で開かれた記者会見を欠席した。車庫に新しく据え付けた（トランジスター駆動の）電動ドアの開き方がわからなかったからだった。それでも、二度めとなるストックホルム訪問の際には、一九五〇年代に約束したとおり、成人した二人の息子をスウェーデン国王に紹介している。

超伝導になる温度より元素がさらに冷やされると、原子はかなり気が変になって、互いに重複したり飲み込みあったりしてコヒーレンスと呼ばれる状態になる。コヒーレンスは、アインシュタインがありえないと請け合った先ほどの物質状態を理解するのに重要だ。コヒーレンスを理解するには、短いわりにうれしいほど元素が活躍する回り道をたどっていただかなくてはならない。寄っていく先は、まずは光の性質、そしてこれまたかつてありえないと言われていた発明、レーザーである。

光のどっちつかずのところ、いわゆる二面性ほど物理学者の風変わりな審美眼を喜ばすものはまずない。私たちはふつう光は波だと考える。実際にも、アインシュタインが特殊相対論をつくりあげるにあたって考えたことの一つが、もし自分に光の波乗りができたら宇宙はどう見えるか——空間がどう見えるか、時間がどう過ぎるか（あるいは過ぎないか）——についてだ（彼がどうやって思い描いたかは私に聞かないでほしい）。同時期に、アインシュタインは（彼はこの分野では至るところに顔を出す）、光がときどき光子と呼ばれる粒子版豪速球のようにふるまうことを示している。波としての見方と粒子としての見方を組み合わせて（波と粒子の二重性と呼ばれている）、彼は光が宇宙最速であるばかりか、理論上最速である（真空中を秒速約三〇万キロ）という正しい結論を導いた。あなたが光を波として検出するか光子として検出するかは測定方法による。どちらか片方でしかないというものではないからだ。

真空中での人を寄せつけない美しさにもかかわらず、光は何らかの元素と相互作用すると妙に愛想よくなることがある。ナトリウムとプラセオジムは、光を音速より遅くまで減速できるし、さらには光をキャッチして、バスケットボールよろしく数秒ほど保持してから、違う方向へ投げることさえできる。

レーザーはもう少し込み入ったやり方で光を操作する。ここで、電子はエレベーターのようであることを思い出そう。一階から三・五階へ上がるとか、五階から一・八階へ下りるとかは絶対にない。電子が飛び移るのは整数階のあいだだけだ。高いエネルギー準位（レベル）にジャンプした電子は、下の準位（レベル）に落ちるときに余分なエネルギーを光として放つ。電子の飛び先はきわめて制限されているため、放たれる光の色も制限され、単色になる――少なくとも理論上は。現実には、各原子の電子は一斉に、準位(レベル)3から1へとか、4から2へとか、勝手な落差で落ちる――そして落差が違えば放たれる色も違う。加えて、原子が違えば光を放つタイミングも違う。私たちの目に光は一様に見えるが、実は光子レベルでは協調性を欠いて雑然としたものなのだ。

レーザーは、エレベーターの停止階を制限することでこのまちまちなタイミングの問題を巧みにかわしている（レーザーのいとこ分であるメーザーも同じことをするが、こちらは目に見えない光を発する）。今日(こんにち)最も強力で壮大なレーザー――一秒の何分の一かのあいだ、アメリカ全体で消費される電力より大きなパワーを生むビームをつくれる――には、ネオジムなどを添加したイットリウムの結晶が使われている。レーザー内部では、ストロボ光源がネオジム‐イットリウム結晶に巻き付けられてあり、極端に強い光を極端に短いあいだ当てる。この光の入射により、ネオジムが持つ電子が高エネルギー状態になり、ふつうよりはるかに高いところまでジャンプする。エレベーターの喩えで言えば、一気に一〇階まで上がるような感じだ。すると目まいを起こして、すぐに安全な二階などへと下りてくる。だがいつもの落下とは違って、電子はあまりの動揺に気が萎(な)えて、余計なエネルギーを光として放出せず、身体を震わせて熱として放出する。また、安全な二階にいることに安心し、エレベーターを降りてぶらぶらして、急いで一階に下りようとしない。

実は、急いで下りる間もなく、ストロボがまた光る。これによりさらなるネオジム電子が一〇階へ送り込まれ、二階まで下りてくる。これが繰り返されると二階が次第に混雑する。そして二階のほうが一階より電子が多くなったら、このレーザーでの「反転分布」のできあがりだ。この段階で、ぶらぶらしていた電子がいくつか自発的に一階に飛び移ると、混雑のなかで過敏になっていた隣の電子が刺激を受け、自分の意思とは関係なくバルコニーから落ちてしまう。それによる刺激でまた隣の電子が落ちてしまう。このとき見事に、ネオジムの電子は刺激にタイミングを合わせて落ちるうえ、どれも二階から一階への落下で色が揃う。このコヒーレンスがレーザーの鍵だ。レーザー装置の残りの部分は、光線を二枚の鏡のあいだで何度も反射させることで、光線をきれいにし、ビームに磨きをかける。だが先ほどの時点で、ネオジム‐イットリウム結晶はコヒーレントで密度の高い光をつくるという仕事を達成している。できるビームは熱核融合を起こせるくらい強力にできるし、角膜に当てて眼のほかの部分が焼けないほど絞ることもできる。

レーザーについてのこんな技術解説を読むと、科学の驚異というより工学上の難事に思えるかもしれないが、レーザーは――それに先だって実現されていたメーザーも――一九五〇年代に考案されたときには本気で科学的偏見を持たれた。チャールズ・タウンズの回想によると、彼が初めて実際に動作するメーザーをつくったあとになっても、先輩研究者は彼に飽き飽きした眼差しを向けては、チャールズ、悪いがそいつはありえない、と言うのが常だった。二流、三流の科学者――次なる大当たりを見抜く想像力に欠けた心の狭い否定論者――がそう言ったのではない。現代コンピューター（と現代核爆弾）の基本構造の設計に貢献したジョン・フォン・ノイマン、そして誰よりも量子力学の説明に尽力したニールス・ボーアの二人が、タウンズのメーザーを本人に面と向かって一言、「ありえない」と退けたのだ。

ボーアやフォン・ノイマンがへまをした理由は単純だ。光の二重性を忘れていたのである。もう少し具体的には、あの有名な量子力学の不確定性原理が彼らを惑わせたのだった。ヴェルナー・ハイゼンベルクの不確定性原理はひじょうに誤解しやすい――だがひとたび理解すれば物質の新たな状態をつくるための強力なツールとなる――ので、次節で宇宙のちょっとした謎を繙こう。

光の二重性ほど物理学者の心をくすぐるものがないとしたら、見当違いな例を挙げて不確定性原理の講釈を垂れているのを耳にしたときほど物理学者が閉口することはない。あなたがこれまで何を聞かされてきたかはわからないが、不確定性原理は観察者が観察という行為だけで物事を変えるという話とは（ほぼ*）無関係だ。この原理が言っていることすべては次のとおり。

$$\Delta x \Delta p \geqq \frac{h}{4\pi}$$

これだけである。

ここで、量子力学を言葉に翻訳してみると（いつだってリスクと隣り合わせの試みだ）、この式によれば、あるものの位置の不確定性（Δx）にその速さと向き（運動量）の不確定性（Δp）を掛けると、必ず数「h割るπの四倍」以上になる（hはプランク定数。一の一〇億分の一兆分の一兆分の一より小さい数で、不確定性原理は電子や光子といった本当にきわめて小さなものにしか当てはまらない）。言い換えると、ある粒子の位置を正確に把握しているなら、その運動量を正確に把握することはまったくできないし、その逆も成り立つ。

　この不確定性はものの測定に絡む不確定性ではないこと、たとえば使う定規が悪いという話ではないことに注意されたい。自然そのものに組み込まれている不確定性である。光にはリバーシブルの服のような性質があって、一方で波、もう一方で粒子だということを覚えているだろうか？　レーザーを退けたとき、ボーアとフォン・ノイマンは光の粒子としてのふるまい、すなわち光子としての挙動ばかりに気を取られていた。彼らの耳には、レーザーがあまりに高精度で細く絞られているように聞こえたので、光子の位置の不確定性がゼロになると思えたのだ。もしそうなら、運動量の不確定性が大きくなるはずで、光子が任意のエネルギーで任意の方向へ飛んでいけることになり、細く絞られたビームというアイデアと矛盾すると思えたのである。

　二人は、光が波のようにもふるまうこと、そして波を統（す）べるルールが粒子の場合とは違うことを忘れていた。たとえば、波の位置は具体的にどこと言えるものだろうか？　本質的に、波は広がる――不確定性の源（みなもと）が組み込まれているのだ。そして粒子とは違って、波はほかの波を飲み込んで一体化できる。池に石を二個投げ込むとそのあいだのどこかに波の山が生じるが、その位置の水が受けているのは両側から来た低い波のエネルギーだ。

　レーザーの場合、二個ではなく一兆の一兆倍個もの「石」（たとえば電子）が光の波を立て、それがすべて重なりあう。重要なポイントは、不確定性原理が粒子の一群には当てはまらず、個々の粒子に当てはまることだ。一本のビーム、すなわち光の粒子の一群のなかで、位置を特定できる光子は一個たりともない。そして、ビームに含まれる光子一つ一つの位置の不確定性があまりに大きいことから、ビームのエネルギーと方向を途方もなく精確に揃えてレーザーにできるのである。この抜け穴を活かすのは難しいが、ひとたび活かせるようになれば途方もなく強力なツールになる――だからこそタウンズは、《タイム》誌によって一九六〇年に（ポーリングやセグレと共に）「メン・オブ・ザ・イヤー」の一人に選ばれ、メーザーやレーザーの仕事に対して一九六四年にノーベル賞を受賞したのだ。

実は、科学者はまもなくこの抜け穴を活かすのに光子よりふさわしいものに気がついた。光のビームに粒子／波の二重性という性質があるように、電子や陽子といった、確固たるものであるはずの粒子も、解析しようと深く分け入るほど見た目がどんどんぼやけてくる。物質は、その最も深く不可解な量子レベルにおいて、不定で波のようになっているのだ。そしてこの奥底において、不確定性原理は波の境界を描くことの限界を数学的に述べたものなので、こうした粒子も不確定性の庇護のもとに入るのである。

やはりこの話も微小スケールにしか当てはまらない。プランク定数hという一の一〇億分の一兆分の一兆分の一より小さい数が小さいと見なされないスケールだ。なので、誰かがこの話を人間の大きさにまで拡張し、日常世界で何かを観察すればその何かを変えずにはいないことを$\Delta x\ \Delta p \geqq h/4\pi$が本当に「証明している」――あるいは、突き詰めて大胆に、客観性そのものが信用ならず、科学者は自分たちが何かを「知っている」と思い違いをしている――と言い張るのを耳にすると、科学者は閉口する。現実には、超微視的スケールでの不確定性が巨視的スケールの何かに影響を及ぼすという事例はほぼ一つしかない。この章で前に触れた奇妙な物質状態――ボース＝アインシュタイン凝縮

（BEC）――である。

物語は一九二〇年代初期に始まる。サティエンドラ・ナート・ボースという眼鏡をかけたぽっちゃり体型のインド人物理学者が、講義中に量子力学方程式を解いていてミスをやらかした。学部生レベルの凡ミスではあったが、ボースの好奇心をそそった。最初は自分のミスに気づかず、そのまま最後まで計算したのだが、出てきた「間違った」答えが光子の性質にかんする実験結果とひじょうによく一致していたのである――それも「正しい」理論よりはるかによく*。

そこで、物理学者が昔からずっとやってきたように、ボースはミスのほうが正しいことにし、その理由がわからないことは認め、論文を書いた。だが、間違いらしきものがあることに加え、彼が無名のインド人だったことから、ヨーロッパの名だたる科学雑誌から掲載をことごとく断られた。それにもめげず、彼は論文をアルベルト・アインシュタインに直接送った。それをじっくり読んだアインシュタインは、ボースの解を巧みだと思った――その論文は簡単に言うと、光子のようなある種の粒子は一つ一つが独立した存在ではなくなって重なり合うことがありうると述べていた。アインシュタインはその論文に少々手を入れ、ドイツ語に翻訳し、さらにはボースの仕事を拡張して、光子だけではなく原子も扱う論文を別に書いた。そして自分の名声を活かして、両方の論文を一緒に発表した。

アインシュタインはこの論文に数行を加え、原子が十分に――超伝導体より何十億倍も――冷やされると凝縮して新たな物質状態になることを指摘した。とはいえ、それほど冷たい原子をつくる能力は当時の技術水準をはるかに超えており、先見の明あるアインシュタインでさえ実現できるとは思えず、自分の考えた凝縮を興味本位の取るに足らないアイデアだと見なした。驚くべきことに、科学者は一〇年後、少量の原子が合体してひとかたまりになったある種の超流動ヘリウムのなかで、ボース＝アインシュタイン凝縮体を垣間見ている。超伝導体内の電子のクーパー対も、ある意味ＢＥＣのようにふるまうのだ。しかし、超流動体や超伝導体のなかでの一体化は限定的なもので、アインシュタインが思い描いた状態――冷たくて薄い霧のようなもの――とは似ても似つかぬものだった。いずれにしても、ヘリウムやＢＣＳの研究者はアインシュタインの予想を追究しようとせず、ＢＥＣにかんしてそれ以上の進展がなかったところへ、一九九五年、コロラド大学の創意あふれる科学者二人が、ルビジウム原子の気体を用いて凝縮体を魔法のように出現させた。

　案の定、文句なしのＢＥＣを実現した技術的成果の一つはレーザー――光子にかんしてボースが初めて採用したアイデアに基づいたもの――だった。レーザーを使うというのは逆効果に思えるかもしれない。なにしろふつうはものを熱するのに使われる技術なのだから。だが、うまく使えばレーザーでも原子を冷やせるのだ。根元的な、超微小レベルの話として、温度とは粒子の平均速度を測ったものにほかならない。熱い原子はあちこち派手にぶつかって回り、冷たい分子はのろのろ動く。したがって、何かを冷やしたければ、粒子のスピードを落とすに限る、ということになる。レーザー冷却を行う場合、科学者はゴーストバスターズよろしくビームを何本か交差させ、「光の糖蜜」と呼ばれるわなを仕掛ける。二人の実験では、気体中のルビジウム原子が糖蜜に突っ込むと、レーザーがルビジウム原子に低強度の光子をぶつけた。ルビジウム原子のほうが大きいし強いので、これは恐怖の小惑星めがけて機関銃を撃つようなものだった。だが、大きさにこれだけの違いがあっても、十分な数の銃弾を撃ち込めば小惑星はいつか止まる。これがまさにルビジウム原子に起こったことだ。あらゆる角度から光子を吸収して、ルビジウム原子はスピードを落とし、また少し落とし、またもう少し落とし、温度は最終的に絶対零度まであと一万分の一度までになった。

ところが、この温度でもBECにはまだ暑すぎる（アインシュタインがあれほど悲観的だった理由がおわかりだろう）。そこで、コロラド大学の二人、エリック・コーネルとカール・ワイマンは、冷却に第二段階を設け、ルビジウムの気体中に残っている「最も熱い」原子を磁石を使ってこぼすことを繰り返した。スプーンにすくったスープをふうふう吹いて冷ますが、これはその高度なバージョンだ――温度の高い原子を追い出すことによってものを冷やすのである。エネルギッシュな原子がなくなるにつれ、全体の温度が下がり続けた。これをゆっくり行い、熱い原子を毎回少しずつ払いのけることで、二人は温度を絶対零度まであと一〇億分の一度（0.000000001K）にまで下げた。ここまで下げてようやく、実験試料である二〇〇〇個のルビジウム原子が重なり合ってボース＝アインシュタイン凝縮体になった。この宇宙が見てきたなかで最も冷たくて、べたついて、脆い塊（かたまり）である。

だが、「二〇〇〇個のルビジウム原子」という表現ではBECがいかに特殊かがわかりにくい。あれは二〇〇〇個のルビジウム原子ではないし、ルビジウム原子一個による一つの巨大なマシュマロでもない。ある種の特異な実体であり、その理由の説明にはまたしても不確定性原理が絡む。繰り返すが、温度とは原子の平均速度を測ったものでしかない。原子の温度が一〇億分の一度まで下がったなら、その原子はほとんど動いていない――つまり、速さの不確定性がおそろしく小さい。実質的にゼロだ。そして、このレベルにおける原子の波としての性質により、位置にかんする不確定性はきわめて大きくならざるを得ない。

あまりに大きいので、二人が容赦なくルビジウム原子を冷やして狭いところに押し込んでいくうち、原子がいよいよ膨らみ、広がり、重なりあい、最後には互いのなかに消えてしまった。こうしてできた一個の大きな幽霊「原子」は、理論的にだが（それほど脆くなければ）、顕微鏡で見えるほど大きくなりうる。この理由から、私たちはこの場合に限って、不確定性原理が急にその姿を現して、何か（ほぼ）人間サイズのものに影響を与えたと言えるのだ。この新しい物質状態をつくる装置には一〇万ドル程度しかかかってなく、ＢＥＣはわずか一〇秒その状態を維持しただけで燃えてしまった。だが、持ちこたえた時間の長さはこれで十分だったようで、コーネルとワイマンは二〇〇一年にノーベル賞を受賞している。*

テクノロジーは向上し続けており、それに合わせて科学者は物質を誘導してＢＥＣにするのがますますうまくなっている。誰かが注文に応じてくれる段階はまだだが、じきに科学者は、光のレーザーより数千倍強力で極細の原子ビームを発する「物質レーザー」とか、固体性を失わずに互いをすり抜けられる「超固体」角氷とかをつくれるようになっているかもしれない。今から見ればＳＦにしか思えない未来には、こうしたものがかき立てる驚異の念も、私たちが生きる、今という特筆すべき時代における光のレーザーや超流動と同程度のものになるのかもしれない。

第17章
究極の球体――泡の科学

H[1] Ca[20] Rf[104] Rn[86] Zr[40] Xe[54]

周期表の科学を飛躍させるのに、必ずしもBECのような風変わりでややこしい物質状態を探る必要はない。幸運と科学的沈思黙考がまっとうに手を組めば、日常的な固体、液体、気体からも秘密が明かされることがある。実は、史上最も重要とされる科学装置の一つが、ビールを飲みながら、であったばかりか、ビールをヒントに開発されたという伝説がある。

ドナルド・グレーザー――大した実績のない、ビールが大好きな、二五歳の下っ端教員で、ミシガン大学の近くのバーに足しげく通っていた――はある晩、グラスのなかで立つ気泡を眺めているうち、知らず知らず素粒子物理学について考え始めた。一九五二年当時、科学者はマンハッタン計画と核物理学の知識を活かして、おなじみの陽子、中性子、電子の幽霊のようなきょうだい分である、ケイオン（K中間子）、ミューオン（μ粒子）、パイオン（π中間子）といった風変わりで短命なタイプの粒子を出現させていた。素粒子の洞窟の奥深くまでのぞき見られるようになっていたことから、素粒子物理学者はこうした粒子が物質の基本的な地図である周期表を葬り去るのではないかと考え、そうなることを願ってさえいた。

だが研究を進めるには、そうした微粒子を「見て」ふるまいを追うためのもっといい手段が必要だった。ビールを一杯やりながら、グレーザー――ウェーブのかかった短い髪に、広い額、眼鏡をかけていた――は泡がその答えだと思い当たった。液体中の気泡は、欠陥や乱れのまわりにできる。たとえば、シャンパングラスの内側のわずかなきずとか、ビールに溶け込んでいる二酸化炭素とか。物理学者たるグレーザーは、液体が熱せられて沸点に近づくと泡が特にできやすくなることを知っていた（こんろにかけた鍋の湯を思い浮かべてみよう）。実際、沸点よりわずかに低い温度に保たれた液体は、ちょっとした刺激で一気に泡を吹く。

いい出発点だが、ここまではまだ物理学の基本。グレーザーを抜きん出た存在にしたのは思考の次なる一歩だった。なかなか目撃されないケイオンやミューオンやパイオンは、原子の核――原子の密な芯――が壊れたときだけその姿を見せる。一九五二年当時は霧箱と呼ばれる装置があった。霧箱では、冷やした気体原子めがけて「銃」から超高速原子魚雷を打ち込む。それが原子を直撃するとミューオンやケイオンなどが霧箱に現れることがあり、粒子の飛跡に沿って気体が凝縮して液滴をつくる。この気体を液体に変えたほうがいいのではないか、とグレーザーは考えた。液体は気体より何千倍も密度が高いので、原子銃をたとえば液体水素に向ければはるかに多くの衝突を起こせる。加えて、液体水素を沸点よりわずかに低い温度に保てば、幽霊のような粒子によるほんのわずかなエネルギーでもビールのように水素中に気泡をつくれる。そして、気泡の跡を写真に撮って、さまざまな粒子がその大きさや電荷に応じて残す飛跡や渦巻きを測定できるのではないか……グラスに残っていた最後の

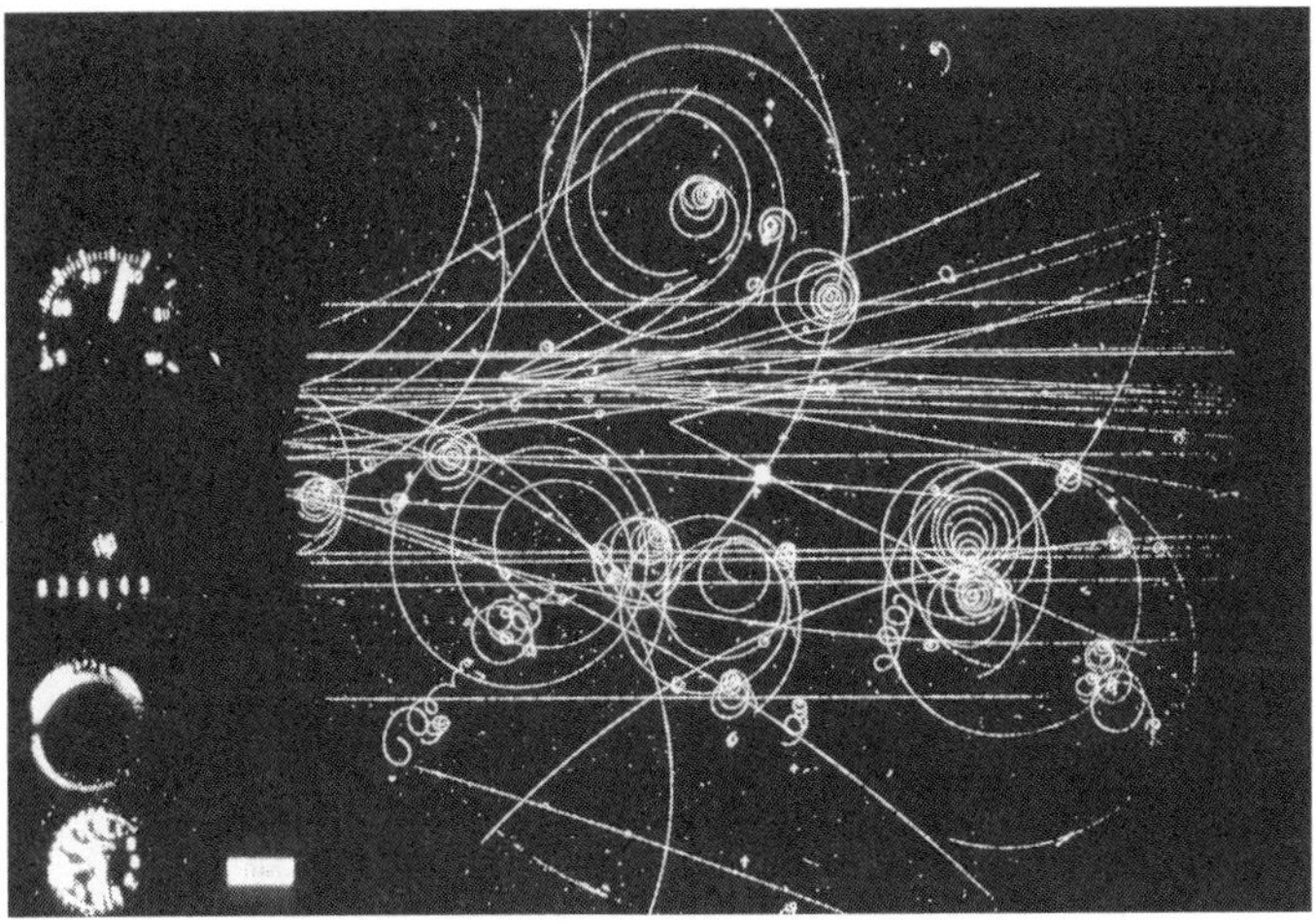

泡箱のなかを突っ走るとき、素粒子はそれぞれの大きさと電荷に応じた渦巻きやらせんを描く。飛跡の実体は、超低温にした液体水素のなかに細かく並んだ泡である。（Courtesy of CERN）

泡を飲み干した頃には、グレーザーの頭のなかにすべてができあがっていた、というのが伝説である。

こういうセレンディピティの物語を科学者は昔から信じたがっている。だが伝説がえてしてそうであるように、残念ながら何もかも事実というわけではない。グレーザーは確かに泡箱を発明したが、それは実験室における入念な実験を経てのことであって、パブのナプキンの上でできあがったのではない。ところが、事実は伝説よりさらに奇なり。グレーザーは泡箱を先の説明のとおりの原理で設計したのだが、一つ変えたところがあった。

理由は神のみぞ知る——もしかすると学部生時代の関心が残っていたか——だが、かの若者は原子銃を向ける先として水素ではなくビールが最適だと考えた。ビールこそが素粒子物理学に新時代への突破口を切り拓くと本気で思っていたのである。目に浮かぶではないか。彼がある晩バドワイザーを実験室にこっそり持ち込み、六本パックをおそらくは実験用と飲用に分けてから、指の先ほどの大きさのビーカーにアメリカ有数のビールを満たし、あと少しで沸騰というところまで熱して原子銃を撃つところが。このようにして、当時の物理学で知られていた最も風変わりな粒子をつくりにかかった。

グレーザーがのちに語ったところによると、科学にとっては残念なことに、このビール実験は空振りだった。また、実験パートナーたちはビールの蒸気の臭いをいやがった。それにもめげず、グレーザーは装置の改良を続け、やがて同業者の――恐竜を絶滅させた小惑星で有名な――ルイス・アルヴァレズが、使うのに最適な液体はやはり水素であることを突き止めた。液体水素の沸点はマイナス二五三℃という低さなので、ほんの少しでも熱が発生すれば気泡ができる。また、最もシンプルな元素である水素を使うことで、粒子が衝突したときにほかの元素（またはビール）なら引き起こしかねない複雑でやっかいな状況を避けられた。グレーザーの改良型「泡箱」はあっという間にあまたの洞察をもたらし、それをもって彼は一九六〇年にライナス・ポーリング、ウイリアム・ショックレー、エミリオ・セグレとともに《タイム》誌が選んだ一五人の「メン・オブ・ザ・イヤー」に名を連ねた。また、三三歳という驚異的な若さでノーベル賞を受賞しており、当時バークレーに移っていた彼は、エドウィン・マクミランとセグレが着た白のベストを借りて授賞式に臨んでいる。

泡はふつう基本的な科学ツールには数えられない。自然界の至るところにあり、つくるのも簡単なのだが——あるいはそのせいか——、泡は何世紀にもわたっておもちゃ扱いされていた。だが、物理学が支配的な科学となった二〇世紀、物理学者は突如として、宇宙で最も基本的な構造を探るなかで、このおもちゃにやってもらう仕事をたくさん見つけた。また、生物学が日の出の勢いを持つ現在、生物学者は泡を使って、宇宙で最も複雑な構造物である細胞の成長を研究している。泡はあらゆる分野で素晴らしい天然の実験室であることが明らかになり、近代科学史はこの「究極の球体」の研究に絡めて読み解くことができる。

泡（bubble）——そして泡が寄り集まって球形でなくなった状態であるフォーム（foam）——をつくりやすい元素のひとつがカルシウムだ。細胞と組織の関係が泡とフォームの関係で、身体に存在するフォーム構造の最たる例（唾液を除く）が海綿質の骨である。私たちはフォームの硬さをせいぜいシェービングクリーム程度と思いがちだが、空気の混ざったある種の物質が乾いたり冷えたりすると、長持ちするタイプの石鹼の泡のように形が崩れなくなる。現に、ＮＡＳＡは再突入時のスペースシャトル保護に特殊フォームを採用しているし、カルシウムが豊富な骨は同じ理屈で強くて軽い。ほかにも、彫刻家は数千年にわたり、大理石や石灰岩というやわらかさとかたさを併せ持つカルシウム岩から、墓石やオベリスクや邪神を彫り出してきた。石灰岩は、海の微小な生き物が死に、カルシウムの豊富な殻が海底に沈んで堆積することで形成される。殻にも骨のように天然の孔が開いているが、カルシウムの化学的性質によってもっと大きな穴もできる。一般に、雨水などの天然水はわずかに酸性で、カルシウムを含む鉱物はわずかに塩基性だ。そうした水がカルシウム鉱物の孔に染み込むと、この二つが反応して岩を脆くし、やがて小学生がこしらえるミニチュア火山のさらにミニチュアみたいに、少量の二酸化炭素を放出する。大きな地質学的スケールで見ると、雨水とカルシウムの反応は私たちが洞窟と呼ぶような巨大な空洞を生む。

解剖学と芸術という、いかにもな分野の外に目をやってみると、カルシウムの泡は世界経済や帝国を形作ってきた。イギリス南岸に多いカルシウムが豊富な洞窟は天然のものではなく、元は石灰岩の採石場だ。紀元前五五年前後、石灰岩が大好きなローマ人がイギリスにやってきた。ユリウス・カエサルが送り込んだ偵察員は、クリーム色をしたきれいな石灰岩を今でいうシートン市のビアー近くに発見し、ローマのファサードを飾るために切り出し始めた。ビアーから切り出された石灰岩は、のちにバッキンガム宮殿やロンドン塔やウェストミンスター寺院の建造に使われ、大量の岩が切り出された結果、海沿いの断崖にいくつもの洞窟が大きな口を開けた。一九世紀に入るころには、船を操ったり洞窟の迷路で鬼ごっこをしたりして育った地元の若者数名が、子どものころの遊びを活かして密貿易を始め、ノルマンディーから快速船で持ち込んだフランスのブランデー、弦楽器、たばこ、絹などをカルシウムの洞窟を使って隠した。

密貿易者（彼らは自分たちを自由貿易主義者と呼んだ）の商売は繁盛した。イギリス政府がナポレオンを困らせようと、フランス製品にひどい関税を課していたからである。そのせいで関税品が品薄になり、必然的に需要のバブルが発生した。理由はほかにもいろいろあったが、経費のかかる国の沿岸警備隊が密貿易を厳重に取り締まることができず、議会は一八四〇年代に貿易関連の法律を廃止した――これにより真の自由貿易が実現し、それがもたらした経済繁栄により大英帝国は日の沈まない領土を拡大した。

こうした歴史を知ると、泡の科学には長い伝統があると思いたくなるだろう。だが、さにあらず。確かに、ベンジャミン・フランクリン（泡を立てそうな水面の波を油が鎮める理由を発見した）やロバート・ボイル（尿瓶にとった泡立つ新鮮な尿で実験を行い、好んで味わいさえした）といった傑出した偉人が泡とたわむれたし、初期の生理学者は生きたまま切開された犬の血中に泡を注入するようなことをときどきやっている。だが科学者は概して泡そのもの、すなわちその構造や形については無視し、泡の研究は彼らが知的に劣ると蔑んでいた分野――「直観的科学」とでも呼ばれていたかもしれない――にゆずった。直観的科学は病的科学ではなく、馬の繁殖や造園といった分野のことで、研究するのは自然現象なのだが、管理された実験より勘や暦に長らく頼っていた。泡の研究を取り上げた直観的科学は料理である。パン屋やビール醸造者は昔からイースト菌――原始生物版の泡製造器――を使ってパンを膨らませたりビールに炭酸ガスを溶け込ませたりしていた。そこへ、一八世紀ヨーロッパの高級料理シェフが、卵の白みを泡立てて巨大なふわふわのフォームをつくり、メレンゲ、穴あきチーズ、ホイップクリーム、カプチーノといった、今の私たちが大好きなものの実験を始めたのだった。

それでも、シェフと化学者はえてして互いを信用しておらず、化学者はシェフを行き当たりばったりで科学的でないと見ていたし、シェフは化学者を興ざめな暗いやつだと思っていた。二〇世紀を迎えるころようやく、泡の科学はそれ相応の分野をなしたのだが、その立役者であるアーネスト・ラザフォードとケルヴィン卿は、自分の仕事が導く先についておぼろげなアイデアしか持っていなかった。それどころか、ラザフォードの主たる興味は、当時の周期表の薄暗い底辺だったところを徹底的に調べることだった。

一八九五年にニュージーランドからケンブリッジ大学へやってきてまもなく、ラザフォードは、今の遺伝学ないしナノテクノロジーに相当する花形分野だった放射性現象の研究に没頭した。生来の活動的な性格ゆえ、ラザフォードは実験科学に惹かれた。なにしろ彼は爪がきれいなタイプの人間ではなかった。家の農場でウズラを獲ったりジャガイモを掘ったりして育った彼は、ケンブリッジ大学の職服をまとった教員のなかにいると、イソップ物語の「ライオンの皮を着たロバ」になった気がしたと回想している。彼はアザラシのようなひげをたくわえ、放射性試料をポケットに入れて持ち歩き、変なにおいの葉巻やパイプをふかした。また、妙な婉曲表現――敬虔なキリスト教徒だった妻から、みだりに神の名を口にするなときつく言われていたのかもしれない――をよく口走ったし、装置がうまく働かないときに装置をさんざんにこき下ろしたくなる衝動を抑えられなかったことから、実験室で陰鬱な悪態をよくつきもした。さらに、これはひょっとすると悪態の代償行為だったのかもしれないが、「見よや、十字架の」という勇ましい部類の讃美歌を、薄暗い実験室内を歩き回りながら大声で、それも調子っぱずれに歌いもしている。ずいぶん怖そうな人物像だが、ラザフォードの傑出した科学はあざやかさが特徴だった。現実の装置から自然の秘密を手に入れる手管(てくだ)にかけて彼にかなう者は、あるいは科学史を見渡してもいなかったに違いない。その何よりの好例が、ある元素が別の元素に変わる仕組みの謎を解こうと彼が使った見事な方法だ。

ケンブリッジからモントリオールに移ったラザフォードは、放射性物質が周囲の空気をさらなる放射線で汚染するという現象に興味を膨らませた。その研究にあたり、ラザフォードはマリー・キュリーの仕事を基にしたが、ニュージーランド出身の田舎者は当時自分より有名だった女性科学者より抜け目なく事を進めている。マリー（などの科学者）は、放射性元素は「純粋な放射能」の気体のようなものを漏らしており、それが空気を帯電させていると考えていた。電球が空気中に光をあふれさせるのと同じというわけである。ラザフォードはその「純粋な放射能」が実は未知の気体元素で、その元素が放射性を持っているのではないかと考えた。マリーが数トン分の泡立つ黒いピッチブレンドを何カ月もかけて煮立てて、わずかばかりのラジウムやポロニウムの試料を得たのに対し、ラザフォードは近道に気づき、その仕事を母なる自然にやってもらっている。彼は単純に放射性試料の上にビーカーを逆さまにかぶせて放っておき、漏れ出す気体が捕まるようにした。あとで戻ってみると、欲しかった放射性物質がちゃんと見つかった。ラザフォードと共同研究者のフレデリック・ソディーはすぐさま、放射性を示す気泡の中身が実はラドンという新元素であることを証明した。そして、ラドンの体積が増えるにつれてビーカーの下の試料が縮んでいったことから、二人はある元素が実際に別の元素に形を変えたことに気がついた。

ラザフォードとソディーは新元素を見つけたばかりか、周期表の上で飛び移る新しいルールを発見したのだ。元素は突然崩壊し、表の枠を飛び越えることができた。これはぞくぞくするような発見だったが、科学への冒瀆（ぼうとく）でもあった。鉛を金に変えられると主張する化学魔術師を、科学はやっとのことで信用ならぬと破門したのに、この期（ご）におよんでラザフォードとソディーが再び門を開けていたのだ。何が起こったのかにようやく納得したソディーが声を上げた。「ラザフォード、これは変成だ！」それを聞いたラザフォードはこう怒鳴りつけた。

「なんてことを言うんだ、ソディー！　変成なんて言うなよ。錬金術師だと思われて首をはねられるじゃないか！」

ラドンはまもなくさらに仰天の科学を生み出す。ラザフォードは放射性原子から飛び出してきた小さな欠片（かけら）に独断でアルファ粒子と名付けていた（彼はベータ粒子も見つけている）。また、崩壊中の元素の世代間に見られる重さの差に基づき、実はアルファ粒子とは、沸騰した液体から立つ気泡のような、壊れて飛び出てきたヘリウム原子なのではないかと考えた。それが正しいとしたら、ありがちなボードゲーム上の駒のように、元素は周期表の上で二つ飛び以上のことができるはずだ。ウランがヘリウムを放出するなら、「蛇と梯子」ゲームの幸運な（あるいは破滅的な）ひとっ飛びのように、元素は表を右へ左へと飛び移っていることになる。

このアイデアを確かめるため、ラザフォードは物理学科付きのガラス工にガラス管を二本作らせた。一本は石鹸の泡のように薄いもので、彼はそこにラドンを封入した。もう一本はもっと厚くて大きいもので、薄いほうを外側から包み込んだ。アルファ粒子は内側のガラス管を突き抜けられるだけのエネルギーを持っていたが、外側のほうは突き抜けられず、あいだにある真空の空洞に閉じ込められた。そして数日しても、特に実験らしいことは起こっていない。捉えられたアルファ粒子には色がなく、とりたてて何もしないからだ。そこへ、ラザフォードは電池を使ってこの空洞に電流を流した。東京やニューヨークを訪れたことのある人なら、何が起こったかはおわかりだろう。どの貴ガスもそうだが、ヘリウムは電気によって高エネルギー状態になると光を放つ。そして、ラザフォードの謎の粒子からは、ヘリウム特有の青と黄色が検出された。のちに「ネオンサイン」として実用化される原理を使って、要はアルファ粒子の正体が飛び出したヘリウム原子だったことを証明したのである。これは彼の科学のあざやかさを示す例として完璧だし、劇的な科学を旨（むね）とする姿勢をあますところなく具現化している。

彼らしい手際の良さで、ラザフォードはこのアルファ・ヘリウムコネクションを一九〇八年のノーベル賞受賞記念講演で発表した（本人が受賞しているほかに、ラザフォードは未来の受賞者を一一人も手塩に掛けている。その最後の一人が受賞したのは一九七八年、ラザフォードが亡くなってから四〇年以上もあとのことだ。チンギス＝ハンがその七世紀前に数百人の子供をもうけて以来の、最も畏（おそ）れ入る多産と言えよう）。彼の口にのぼった数々の発見は会場の聴衆を魅了した。とはいえ、ラザフォードによるヘリウムの仕事が真っ先に応用されたケースは、ストックホルムにいた多くの聴衆の知るところとはならなかっただろう。だが、ラザフォードは円熟した実験家として、真に偉大な研究は与えられた理論を支持あるいは却下するだけではなく、新たな実験を生むことを知っていた。特に、アルファ・ヘリウム実験によって、彼は地球の本当の年齢にかんする古い神学的科学議論を切り崩すことができた。

地球の年齢にかんしてそれなりに弁護できる初の予想が出されたのは一六五〇年のこと、アイルランドの大主教ジェイムズ・アッシャーが、聖書の記述（たとえば「セルグが三十歳になったとき、ナホルが生まれた。……ナホルが二十九歳になったとき、テラが生まれた」〔新共同訳聖書より引用〕）などの「データ」をもとに逆算し、神の手がようやく地球づくりに回ったのは紀元前四〇〇四年一〇月二三日だったとはじき出した。アッシャーは手に入る証拠で最善を尽くしたわけだが、のちにこの日付はお笑い草なほどごく最近であることがほとんどの科学分野で証明されている。物理学者は、熱力学の式を使って予想に計算値を付けることまでできた。彼らは、熱いコーヒーが冷凍庫のなかで冷やされるがごとく、地球が寒い宇宙空間へ熱を絶えず逃がしていることを知っていた。それゆえ、熱の逃げる速さを測定し、地球上のすべての岩が融けていたのがいつ頃かを逆算することで、彼らは地球ができた年代を推定できたのである。一九世紀の傑出した科学者でケルヴィン卿として知られているウイリアム・トムソンは、この問題に数十年取り組み、一九世紀後半に地球は少なくとも二〇〇〇万年前には生まれていたと発表した。

これは人類による推論の勝利だった——と同時に、アッシャーの予想と同じくらい大はずれだった。一九〇〇年頃のラザフォードを初めとする科学者は、物理学がいくらほかの科学分野より威信と魅力で勝って(まさ)いるとしても(当のラザフォードも「科学には物理学しかない。その他すべては切手集めのようなもの」と好んで言った——のちにノーベル化学賞を受賞して言えなくなった言葉だ)、このケースにかんしては物理学が正しいとは思っていなかった。チャールズ・ダーウィンは、人類がわずか二〇〇〇万年で単なる細菌から進化することはできないと説得力を持って主張し、スコットランドの地質学者ジェイムズ・ハットンの支持者は、あれほどの短期間では山脈も渓谷も形成されえないと言い立てた。それでもケルヴィン卿による権威ある計算を誰も退け(しりぞ)られずにいたなか、ラザフォードがヘリウムの泡を求めてウラン鉱を調べ始めた。

ある種の岩石のなかで、ウラン原子はアルファ粒子(陽子を二個持っている)を吐き出して九〇番元素のトリウムに変わる。そのトリウムがまたアルファ粒子を吐き出してラジウムに変わる。同じようにしてラジウムがラドンに、ラドンがポロニウムに、と続いて最後には安定な鉛になる。これはよく知られていた移り変わりだった。だが、ドナルド・グレーザーにも似た天才のひらめきによって、ラザフォードは放出されたアルファ粒子が岩のなかに小さなヘリウムの泡をつくることに思い当たった。ここで重要な洞察となったのが、ヘリウムが絶対にほかの元素と反応したり引き寄せられたりしないことである。そのため、石灰岩中の二酸化炭素とは違い、ヘリウムはふつう岩石中に存在しない。したがって、岩石中にヘリウムが少しでも存在するなら、それは放射性崩壊によるものだ。岩石中のヘリウムの量が多いならその岩石は古く、わずかなら新しい。

ラザフォードがこのプロセスについて数年考えて迎えた一九〇四年、ラザフォードは三三歳、ケルヴィン卿は八〇歳だった。科学に数々の貢献をしてきたケルヴィン卿も、この歳になると頭のなかに霧が立ちこめていた。周期表の元素はどれも最も深いレベルではさまざまな形にねじられた「エーテルの結び目」である、などという心躍る新理論を打ち出せた日々は過ぎ去っていた。ケルヴィン卿の科学に何より不利に働いたのは、放射能という不気味で恐ろしくもある科学を自分の世界観に採り入れられなかったことだ（だからこそ、マリー・キュリーはかつてクローゼットに彼も招き入れて、暗闇で光る彼女の元素を見せようとしたのだ――啓蒙しようとして）。対照的に、ラザフォードは地殻での放射能現象が熱を余計に生むこと、ひいては熱が宇宙空間へ逃げるだけというかの老人による理論をご破算にすることに気がついた。

自分のアイデアを発表することにわくわくしつつ、ラザフォードはケンブリッジ大学で講演を行う手はずを整えた。だが、いくら頭が鈍っていても、ケルヴィン卿の科学界での政治力はいまだ大きく、かの老体が誇りにしている計算をこきおろそうものなら、逆に自分のキャリアが危うくなりかねなかった。ラザフォードが話を慎重に切り出したとたん、ラッキーなことにケルヴィン卿が最前列でこっくりし始めた。ラザフォードは早く結論に達しようと話を急いだが、ケルヴィン卿の仕事をやり込めようとしたまさにそのとき、かの老人が座りなおした。明晰さを取り戻し、すっきりした表情で。

壇上で逃げ場を失ったラザフォードは、自分がケルヴィン卿の論文で読んだ何気ない言葉をふいに思い出した。その論文には、いかにも科学論文という慎重な言い回しで、あの地球の年齢は地球内部の熱源を誰かがほかに見つけない限り正しいと書かれていた。ラザフォードはこの前提に触れ、放射線がその隠れ熱源である可能性を指摘するとともに、見事に機転を効かせたアドリブで、ケルヴィン卿はしたがって放射能の発見を何十年も前に予見していたと述べた。なんというひらめき！　かの老人は聴衆を見回した。満面の笑みで。うそくさいことを言う男だとは思ったが、このお世辞を切って捨てる気はなかった。

ラザフォードはケルヴィン卿が亡くなる一九〇七年までおとなしく待ち、亡くなるとすみやかにヘリウム - ウランコネクションを証明した。そして、行く手を阻む政治力がなくなって——実は彼もゆくゆくは爵位を得て貴族となる（さらに、やがて周期表にも座を獲得し、一〇四番元素のラザホージウムとして科学の王族にも名を連ねた）——、のちのラザフォード卿は原始の地球から存在するウラン鉱を入手し、内部の微小な泡から出てきたヘリウムを抽出して、地球は少なくとも五億歳だと推定した——ケルヴィン卿の予想より二五倍も大きい数字であり、初の一桁以内の精度で正しい計算結果だった［訳注　現在の推定については第4章を参照］。それから数年もしないうちに、岩石の扱いにもっと長けた地質学者がラザフォードの仕事を引き取り、微量のヘリウムをもとに地球が少なくとも二〇億歳だと突き止めた。この数字でもまだ半分以下だが、放射性の岩石に含まれる微小で不活性な泡のおかげで、人類は少なくとも宇宙の驚異的な年齢と対面し始めたのである。

ラザフォード以降、岩石中の元素の微小な泡を探すことは地質学で標準的な仕事となった。なかでもとりわけ実り多きアプローチで使われたのがジルコンという鉱物なのだが、その主成分であるジルコニウムは質屋泣かせの模造宝石材料でもある。

その化学的性質ゆえに、ジルコンは硬い――ジルコニウムは周期表でチタンの下にあり、ある理由から実にそれらしい偽造ダイヤができる。石灰岩のようなやわらかい岩石とは違って、ジルコンの多くが原初の地球から生き残っており、たいていケシの実大の硬い粒の形で大きな岩石中に含まれている。その独特な化学的性質により、ジルコンの結晶は太古の昔にできたとき、はぐれウランを吸い込んで微小な泡の形でなかに詰め込んだ。同時に、ジルコンは鉛が嫌いで、この元素は締め出した（ちょうど隕石は逆である）。もちろん、この状態は長くは続かない。なぜなら、ウランは崩壊して鉛になるが、ジルコンはできた鉛を排出することができなくなっている。したがって、鉛恐怖症のジルコンに現在残っている鉛はウラン由来のはずである。この先の展開はもうおわかりだろう。ジルコンに含まれる鉛とウランの比を測定し、グラフにプロットしてゼロ年を推定する。科学者が「世界最古の岩石」の記録更新を発表していたら――発見場所はおそらくオーストラリアかグリーンランド、すなわちジルコンが最も長く生き延びてきたところだ――、その年代推定にはジルコン・ウラン泡が使われたと考えて間違いない。

ほかの分野では、泡を理論上のパラダイムとしても採用している。グレーザーが泡箱の実験を始めたのが一九五〇年代、その頃、ジョン・アーチボルト・ホイーラーなどの理論物理学者が、宇宙はその基本となるレベルで泡（フォーム）だと説き始めた。ホイーラーの夢想によると、原子の何十億分の何兆分の一も小さいそのスケールでは、「原子や素粒子の世界であるガラスのように滑らかな時空は取って代わられる。……文字どおり右も左もないし、先もあともない。長さの一般的な概念は消失し、時間の常識的な概念は蒸散する。かかる状態に対しては量子泡（フォーム）より適切な名称を私は思いつかない」。現代の宇宙論者数名の計算によると、宇宙全体は一個の超微小泡（バブル）がこのフォームから滑り落ちて自由の身になったときに突如として姿を現し、指数関数的な速さで膨張を始めた。これは実は堂々たる理論で、かなり多くのことを説明する——ただ残念ながら、どうしてこんなことが起こりえたのかは説明しない。

皮肉なことに、ホイーラーの量子泡の知的系譜をたどっていくと、古典的な日常世界の研究にかけては並ぶ者なき物理学者、ケルヴィン卿に行き着く。泡の科学を創始したのはケルヴィン卿ではない——（その仕事の影響のなさを考えると）いかにもという姓を持つ盲目のベルギー人、ジョゼフ・プラトーだ［訳注　「プラトー」という単語は文脈によって「停滞状態」、「頭打ちになる」といった意味になる］。だがケルヴィン卿は、自分は石鹼の泡一個で一生研究を続けられる、という旨のことを言って泡の科学を広めてはいる。実を言うと、この発言は誠実ではない。なぜなら、実験ノートによれば、彼は泡にかんする仕事の概要をある日の気だるい朝にベッドのなかで考え、それにかんして短い論文を一つ書いただけなのだ。それでも、ヴィクトリア女王時代を生きたこの白ひげの老人に絡んでは素晴らしい物語がある。ベッドのなかにあるスプリングのミニチュア版のような器具をひしゃくに取り付けたような道具を使い、彼はグリセリン入りの溶液をじゃぶじゃぶやって、連結した泡の集合体をつくった。おまけにその泡は四角っぽかった。漫画《ピーナッツ》のキャラクターで、膨らませた風船がなぜか四角になるリランが思い出されるが、ケルヴィン卿の場合は、使われたベッドスプリングのコイルが四角柱状だったことがその理由である。

その後、ケルヴィン卿の仕事は勢いを得て、のちの世代で真の科学を興（おこ）している。生物学者のダーシー・ウェントワース・トムソンは、かつて「英語で記録されてきたあらゆる科学年鑑に載っているなかで最高の文学作品」と評されたこともある、一九一七年の独創的な著書『成長と形態』（抄訳に『生物のかたち』柳田友道、遠藤勲、古沢健彦、松山久義、高木隆司訳、東京大学出版会がある）で、泡の形成にかんするケルヴィン卿の説を細胞の成長に応用した。現代の細胞生物学という分野はこの時をもって始まった。さらに、最近の生化学研究は、泡が生命誕生のよくできた仕掛けだったことをほのめかしている。最初の複雑な有機分子が形作られたのは、一般に思われているような荒れ狂う海のなかではなく、北極にあるような氷床にとらわれた水の泡のなかかもしれないというのだ。水にはきわめていろいろなものが溶け込んでおり、水が凍ると、溶け込んでいた有機分子などの「不純物」が泡のなかにまとまって押し込まれる。この泡のなかで濃度や圧力が十分高まり、分子が融合して自己複製系ができあがったかもしれないのだ。さらに、これはうまい手だと認めた母なる自然は、以来、泡というモチーフを盗用し続けている。最初の有機分子がつくられたのが氷と海のどちらのなかであれ、原初の細胞は泡の構造体だったに違いなく、タンパク質やRNAやDNAを包んで、流されたり損なわれたりしないよう保護していた。四〇億年たった今でも、細胞はこの基本となる泡デザインを踏襲している。

ケルヴィン卿の仕事は、軍事科学をも興した。第一次大戦中、これまた爵位を持つ化学者のレイリー卿は、軍用船や潜水艦において、船体のほかの部分はなんともないのになぜスクリューだけ孔が開いたり腐食したりしやすいのか、という火急の問題に取り組んだ。調べてみると、回転するスクリューによって生まれる泡が身をひるがえし、金属製の羽根を糖分が歯をむしばむように攻撃して、似たような腐食を起こしていたのだった。潜水艦の科学は泡の研究にまた別の突破口を開いている――当時この発見はあまり将来性がないと思われ、怪しいとさえ見られたが。ドイツの潜水艦Uボートの記憶のおかげで、ソナーの研究、ひいては水中を伝わる音波の研究は、かつての放射能がそうだったように一九三〇年代の流行の科学だった。少なくとも二つの研究チームが、ジェットエンジンレベルの雑音を水槽中に流すと、それによって生じる泡が収縮して青や緑にまたたくことがあるのを発見している(ライフセーバーズというキャンディーのウィンターグリーン味を暗いクローゼットのなかで噛んだところを思い浮かべてみよう)。潜水艦を吹き飛ばすことへの興味のほうが強かったので、科学者はソノルミネッセンス(音響発光)と呼ばれるこの現象を追究しなかったが、五〇年にわたって科学マジックのネタとして生き残り、世代を超えて伝えられた。

一九八〇年代なかばのある日にセス・パターマンが同僚にからかわれなかったら、ソノルミネッセンスの地位はその程度のままだったかもしれない。パターマンはカリフォルニア大学ロサンゼルス校で、流体力学というとりわけややこしい分野に取り組んでいた。科学者はある意味、下水管のなかを走る水の乱流のことより、遠くの銀河のことをよく知っている。この無知をからかったとき、同僚はパターマンの分野の同業者が、音波が泡を光に変換する仕組みさえ説明できていないことに触れた。パターマンにはその現象が都市伝説のように聞こえたのだが、調べてみたところ、ソノルミネッセンスにかんして存在したわずかな研究に行き当たり、彼はそれまでの仕事をやめてまたたく泡の研究に専念することにした。*

笑ってしまうほどローテクな初めての実験で、パターマンは水の入ったビーカーをステレオスピーカーのあいだに置き、スピーカーから犬笛が発するような超音波を鳴らした。ビーカーに沈めたトースターの電熱線から気泡が出ると、音波がそれを捉えて水中にとどめた。ここからがお楽しみ。音波は低圧の力無い谷から高圧の山まで変化する。とらわれた微小な泡は圧が下がるにつれて一〇〇〇倍に膨らむ——テレビ番組で見るような、部屋一杯に膨らむ風船みたいだ。谷が過ぎると圧の高い山がやってきて、重力より一〇〇〇億倍強い力で泡の体積を五〇万分の一に圧縮する。当然と言えば当然ながら、妖しい光を生むのはこの超新星顔負けの圧縮である。驚くべきは、ブラックホール研究以外ではなかなか耳にしない「特異点」にまで圧縮されているにもかかわらず、泡が壊れないことだ。圧が下がると、泡は何事もなかったように再び膨らみ、はじけることはない。そしてまたつぶされて光り、というプロセスが毎秒数千回繰り返される。

パターマンはまもなく、ガレージバンド的な最初の実験道具より高度な装置を購入したが、そのとき周期表と少々やりあった。泡が光る原因を具体的に突き止めようと、彼はさまざまな気体を試し始めた。ふつうの空気はきれいな青や緑に光るのだが、純粋な窒素や酸素は、合わせて空気の九九パーセントを占めているというのに、どれほどボリュームや音程を上げても光を放とうとしなかった。戸惑いつつも、パターマンは空気に含まれている微量成分を泡に戻し入れ始め、やがて火打ち石役を務める元素を発見した――アルゴンだった。

奇妙な話である。なんといってもアルゴンは不活性ガスだ。さらに、パターマン（と増え続ける泡科学者たち）が試した気体のなかでほかに発光に結びついたのは、アルゴンより重い化学上のいとこ分であるクリプトンとキセノンだけだった。それどころか、音波で揺さぶると、クリプトンと特にキセノンのほうがアルゴンより明るい光をもたらし、瞬間的に水中で二万℃近く――太陽の表面よりはるかに熱い――でジュージュー音をたてる「ビンのなかの星」を生み出した。このことにも彼らは面食らった。キセノンやクリプトンは産業界で火災や暴走した反応を鎮めるのによく使われており、そんな反応の鈍い不活性ガスがあれほど強烈な泡をつくれると考えなければならない理由がない。

もっとも、この「不活性」という特徴が裏で効いているなら話は別だ。酸素や二酸化炭素など、泡に含まれる空気中の気体は、入ってくる音波のエネルギーを使って分裂したり互いに反応したりできる。ソノルミネッセンスの観点では、これはエネルギーの無駄使いだ。対照的に、高圧下の不活性ガスは音波のエネルギーを吸収するしか手がない、と一部の科学者は考えている。そして、エネルギーの使い道がないため、キセノンやクリプトンの泡は収縮したとき、エネルギーを泡の中心部に移して集中させるしかなくなる。だとすると、貴ガスの不活性という性質がソノルミネッセンスの鍵ということになる。理由はともあれ、ソノルミネッセンスとの結びつきは、不活性ガスとは何かということの意味を書き換えるだろう。

残念なことに、一部の科学者（パターマンを含む）がこの高エネルギーを利用しようと、泡にかんするこのはかなげな科学を卓上核融合に結びつけた。卓上核融合は、例の史上最大の人気を誇る病的科学のいとこ分だ（絡む温度の関係で常温核融合ではない）。泡と核融合のあいだにはあいまいで自由連想のような結びつきが長いこと存在しているが、その一因は、泡（フォーム）の安定性を研究した影響力あるソ連の科学者、ボリス・デリャーギンが常温核融合を断固として信じていたことにある（かつて、ラザフォードの対極を行くような思いもよらない実験で、彼は水中で常温核融合を起こそうとカラシニコフを水に向けて放ったと言われている）。

ソノルミネッセンスと（音）核融合の結びつきが明らかになったのは二〇〇二年、《サイエンス》誌がソノルミネッセンスで起こす原子力の論文を掲載したときだ。この論文には否定的な異論が殺到し、同誌の編集部は、多くの高名な科学者がこの論文を詐欺ではないにしろ欠陥が多いと考えていることを認める異例のコメントを載せた。パターマンさえ同誌にこの論文の却下を勧めたほどだ。同誌はそれでも掲載した（もしかすると、何の騒ぎか確かめようという購買者を期待したのかもしれない）。論文の第一著者はデータ捏造を疑われ、のちにアメリカ下院に召喚された。

ありがたいことに、泡の科学はこうした不名誉に負けないほど強固な基盤を持っていた。* 代替（だいたい）エネルギーに興味を持っている物理学者は現在、超伝導体のモデル化に泡を用いている。病理学者は、感染した細胞がたくさんの泡で膨らんだのちに破裂するところから、ＡＩＤＳウイルスを「泡沫状」と形容する。昆虫学者は、泡を使って潜航艇のように水中で呼吸する昆虫を知っているし、鳥類学者は、クジャクの飾り羽の金属的な光沢が、羽毛のなかで光をきらきら反射する泡で生じていることを知っている。そして、食品科学のたいへん重要な成果なのだが、二〇〇八年にアパラチア州立大学の学生がついに、なぜダイエットコークにメントスを落とすと中身が噴き出すのかを突き止めた。泡である。メントスのざらざらした表面が網の役目を果たし、溶け込んでいる小さな気泡がそこにひっかかって、次第にまとまって大きな泡となる。やがていくつかの巨大な泡がはじけて急上昇し、ビンの口からシューッと噴き出して、なんと六メートル以上の高さまで上がる。この発見は文句なしに、ドナルド・グレイザーが五〇年以上前にビールを見つめながら周期表を覆(くつがえ)すことを夢見て以来の、泡科学最高の業績と言えよう。

第18章

あきれる精度を持つ道具

Pt 78　Kr 36　Cs 55　U 92　Sm 62　Cr 24　Fm 100　Mg 12

あなたが今まで習ったことのあるいちばん小うるさい理科教師を思い浮かべてみよう。答えの小数点第六位の丸めを間違えると減点するような教師、周期表Tシャツをズボンにしっかりたくし込み、生徒が「質量」の意味で「重さ」と言うたびに訂正し、砂糖水をかき回す時さえ自分も含めて全員に保護メガネをかけさせるような教師だ。ここで、そんな教師が細かすぎると言って嫌いそうな誰かを想像してみてほしい。そういう人物の働いているところこそ、度量衡（どりょうこう）を管理する標準機関である。

標準機関はたいていの国にある〔訳注　日本では独立行政法人産業技術総合研究所の計量標準総合センター〕。その仕事は何、、でも測ることだ——一秒とは本当はどれくらいの長さなのかから、牛レバーに含まれていても安心して食べていい水銀の量まで（アメリカの国立標準技術研究所〔NIST〕によるときわめて微量）。標準機関で働く科学者にとって、測定は科学を可能にする営みというだけではない。それそのものが科学だ。アインシュタインを超える宇宙論から、ほかの惑星で生命を探す宇宙生物学の探査まで、あらゆる分野の進歩は、小さくなるばかりの情報の断片をかつてないほどの精度で測定する能力にかかっている。

歴史的な経緯により（フランスの啓蒙運動家たちが測定狂だったのだ）、パリ近郊にある国際度量衡局（ＢＩＰＭ）が標準機関の標準機関という役目を受け持っており、すべての「フランチャイズ」が標準から外れないよう腐心している。ＢＩＰＭならではの仕事の一つが国際キログラム原器——世界の公式一キログラム——のお守り(も)だ。国際キログラム原器は直径四センチほど、白金九〇パーセントの円柱で、定義上、質量は厳密に一・〇〇〇〇〇……キログラム（小数点以下好きなだけ）である。大雑把(おおざっぱ)に言って二ポンド、などと厳密でないことを言うと罪悪感を感じてくる。

国際原器は実在の物体なので壊れる可能性があること、そして一キログラムの定義は一定でなければならないことから、ＢＩＰＭは絶対に引っかき傷が付かないように、絶対に塵一つ付かないように、絶対に原子一個でも（と同局は願っている！）失われないようにしなければならない。このどれか一つでも起ころうものなら、国際原器の質量は一・〇〇〇〇〇……一キログラムに跳ね上がるか、〇・九九九九九……九キログラムにがた落ちし、その可能性を思っただけで国立標準機関的メンタリティの持ち主には潰瘍ができかねない。そのため、病的に心配性な母親のように、彼らは国際原器の周りの気温や気圧を絶えず監視して、微小な膨れや縮みといった、原子を剝ぎ取りかねないストレスを防ごうとしている。また、国際原器は大きさが少しずつ違う鐘形ガラスを三重の入れ子にして大事に覆われており、湿気で表面が結露してナノスケールの膜が残るということがないようにされている。さらに、国際原器は密度の高い白金（とイリジウム）でできていて、許容できないほど汚れた空気

直径4センチほどの国際キログラム原器（中央）は、白金とイリジウムでできており、年がら年中、パリ近郊にある気温と湿度が管理された保管庫のなかで、鐘形ガラスで3重に覆われて過ごしている。国際原器を取り巻く6つは公式の複製で、それぞれ鐘形ガラスで2重に覆われている。（Reproduced with permission of BIPM, which retains full international protected copyright）

（私たちが吸っているようなやつ）に露出する表面積が最小限に抑えられているし、白金は電気をよく通すことから、迷走して原子を壊しかねない「寄生」（ＢＩＰＭによる言い回し）静電気がたまる量が抑えられている。

最後に、白金は硬いので、国際原器に人が実際に手をかけるというまれな機会に爪でひっかき傷がつくという大惨事が起こる可能性を下げている。ほかの国々は、何かを精確に量りたくなるたびにパリに飛ばなくても済むよう、それぞれ専用の公式一・〇〇〇〇〇……キログラム円柱を持つ必要がある。そして、各国の標準器の標準が国際キログラム原器なので、各国が持つ複製は国際原器と比べなければならない。アメリカは専用の公式原器としてＫ20（二〇番めの公式複製）を持っており、首都ワシントンからほど近いメリーランド州内にある政府の建物に保管しているのだが、Ｋ20は一度だけ二〇〇〇年に校正されたきりで、ＮＩＳＴで質量と力を担当するチームのグループリーダー、ザイナ・ジャバーによると、そろそろまた校正しなければならない。だが、校正は数カ月かかるプロセスであるうえ、二〇〇一年以降厳しくなったセキュリティ規制のせいで、Ｋ20のパリへの空輸にはかなりの苦労が伴う。ジャバーによると、「私たちは旅行中ずっと公式原器を携行しなければならないのですが、金属の塊を持ってセキュリティや税関を通過すること、そして担当職員に触らないようにしてもらうことが本当に大変」だそうだ。専用スーツケースを「汚い空港で」開けただけでＫ20は損なわれかねず、「誰かが触ると言い出したら、校正は一巻の終わりです」

各国の複製を校正するのに、ＢＩＰＭは通常、国際原器の六つある公式の複製（それぞれが鐘形ガラスで二重に覆われている）のどれかを使う。だが、この六つともおおもとと照らし合わせなければならないため、数年に一度、科学者は国際原器を保管庫から取り出し（もちろん、トングを使い、ゴム手袋――残りカスが出るような、ぼろぼろになるタイプではない――をはめて、指紋が付かないようにする。おっともう一つ、あまり長く持たないようにする。担当者の体温によって熱せられては、すべてが台無しになりかねないからだ）、校正に使う原器を校正する。*一九八八年から数年かけて行われた校正中、科学者は穏やかならぬことに気がついた。人が触って剝がれ落ちた分の原子を考慮しても、国際原器が六つの公式複製に比べてここ数十年で指紋一つ分（！）ほどの質量を余計に失っていたのだ。そのペースは一年に〇・五マイクログラム。理由はわかっていない。

国際原器を完璧に一定に保てていない――それが偽りない現状なのだ――という想いは、あの円柱を絶えず気に懸けている科学者全員が抱く、究極の夢にかんする議論をよみがえらせた。原器をやめる話である。科学が一七世紀以降に成し遂げたほとんどの進歩は、宇宙にかんして客観的で人間中心ではない視点を可能な限り採用してきたおかげだ（コペルニクス原理と呼ばれている。あまり大仰ではない平凡原理という呼び方もある）。キログラムは測定における七つの「基本単位」の一つで、科学のあらゆる分野に影響を及ぼしており、人工物に基づく単位はもはや許容できない、理由もわからず縮んでいるならなおのこと、というわけである。

どの単位の目標も、イギリスの標準機関によるもったいぶった言い回しを借りれば、ある科学者が定義を別の大陸にいる同業者に電子メールで伝え、メールを受け取った同業者が定義されている何かをメールの記載だけに基づいて厳密に再現できることだ。国際キログラム原器は電子メールで送れないし、パリで手厚く保護されている小さな光り輝く円柱より信頼性の高い定義は誰も考えついていない（考えついたとしても、手間がかかりすぎて運用できないか――一兆の一兆倍個の原子を数えるとか――、現存する最高の機器でも測れない精度が要求される）。キログラムにかんするこの難題を解決できないことに、すなわち縮むのを止めるか使うのをやめるかできないことに、世界は（少なくとも神経質なタイプは）ますます心配し、戸惑っている。

苦悩が深まるばかりなのは、キログラムが人工物に縛られた最後の基本単位だからだ。二〇世紀に入ってずっと、一・〇〇〇〇〇〇……メートルはパリに置かれた白金の棒が定義していたが、一九六〇年に科学者がクリプトン原子を使って定義し直し、クリプトン八六原子から放たれる赤橙色光の波長の 1650763.73 倍に定められた。この距離はそれまでの棒と事実上まったく同じ長さなのだが、棒を無用にした。あれだけの数の波長分のクリプトン光がどこのどんな真空中でも同じ長さになるからだ（これぞ電子メールで伝えられる定義）。その後、測定を扱う科学者（度量衡学者）は、光が真空中を 1/299792458 秒進む距離を一メートルと定義し直している。

一秒の公式定義も同じように、かつては地球が太陽を一周する時間の 1/31556952 に定められていた（31556952 は三六五・二四二五日分の秒数）のだが、いくつかのやっかいな事実によって都合の悪い基準になった。一年の長さ――単純な暦年ではなく太陽年――は、潮の満ち引きがブレーキをかけて地球の周回を遅くしていることから、一周ごとに違っている。この分を補正するため、誰も気にしない一二月三一日の真夜中のことが多いが、度量衡学者はときどき「うるう秒」をすべり込ませており、本書の執筆時点の直近では中三年で行われている。だが、うるう秒は場当たり的で泥臭い解決策だ。そして、普遍的であるはずの時間の単位を、どこにでもありそうな星の周りを回るありきたりの岩の移動に結びつけるよりはと、アメリカの標準機関がセシウムを使った原子時計を開発した。

原子時計は、私たちが前に見てきた電子のジャンプと高エネルギー状態からの落下を基に動いているのだが、電子のもっと微妙な動きも利用している——電子の「微細構造」についての話だ。電子によるふつうの飛び移りを歌手がソからソへ音程を一オクターブ上げることに喩えるなら、微細構造の場合ソ#またはソ♭へジャンプするような感じだ。この微細構造による効果は磁場のなかで顕著で、あなたがハイレベルの難解な物理学講座の受講生でない限り無視してかまわないことが原因で起きている——電子と陽子のあいだの磁気相互作用とか、アインシュタインの相対性理論に起因する補正とか。要は、そうした微調整*をかけると、個々の電子が予想よりわずかに低いところ（ソ♭）あるいは高いところ（ソ#）へジャンプするのがわかるのだ。

電子はどちらのジャンプをするかを自分のスピンに基づいて「決める」ので、#側の次に♭側へとジャンプする電子はない。毎回どちらかだけに飛び移る。細長いエアーシューター容器のようにも見える原子時計の内部では、最外殻電子がどちらかのレベル（ソ♭としておこう）に飛び移るセシウム原子を、磁石がすべてはじき出す。これにより、ソ#電子を持つ原子だけが残る。これが容器のなかに集められ、強いマイクロ波でエネルギーを与えられる。するとセシウムの電子がはじけて（つまりジャンプして落ちてきて）光子を放つ。ジャンプして落ちてくるサイクルははずむように続き、上下動にかかる時間は（きわめて短いが）必ず同じなので、原子時計は光子を数えるだけで時間を測ることができる［訳注　実用的には別の方法で数えられている］。実際問題として、ソ♭とソ#のどちらをはじいてもかまわないのだが、どちらかには決めなければならない。どちらへ飛び移るかによってかかる時間が違うからだ。そして、度量衡学者が取り組んでいる精度でその大きさの誤差は許されない。

セシウムは、最外殻に電子を一個露出しており、影響を相殺する電子が近くにないことから、原子時計の主動力として都合がいい。また、セシウム原子は重くてかさばり、それらを震わすメーザーにとっても格好の標的だった。とはいえ、動きの鈍いセシウムの場合さえ、最外殻電子はすばしっこい。一秒間に数十回とか数千回とかではなく、毎秒9192631770回行き来する。科学者がこのわけのわからない数を採り、それを9192631769に切り詰めたり9192631771に引き伸ばしたりしなかったのは、この値を用いた場合の一秒が、初のセシウム時計がつくられた一九五五年当時の一秒として最も有力な推測値と一致したからだ。とにかく、9192631770と決まっている。これは、電子メールでどこへでも通知できるようになった初の基本単位定義となったうえ、一九六〇年にメートルを白金の棒から解放することに貢献さえしている。

科学者は一九六〇年代にこのセシウム標準を世界公式単位に採用して天文秒と置き換えた。セシウム標準は世界中で精度と正確さを保証して科学を支えてきているが、人類が何かを失ったことは否定できない。古代のエジプト人やバビロニア人より前からすでに、人類は星や季節を利用して時間の経過を追い、重要な出来事の数々を記録してきた。セシウムはそうした天空との絆を損ない、消し去った。まさに都会の街灯が星座を消し去ったように。元素というものがどれほど精巧であっても、セシウムには月や太陽の持つ神秘的な感じがない。そのうえ、セシウムへの切り換えの根拠——その普遍性のことである。なにしろセシウムの電子は宇宙のどこの辺境においても同じ周波数で振動する——さえ、今や確実でないかもしれない。

数学者が抱く変数への愛より深いものがあるとしたら、それは科学者が抱く定数への愛だ。電子の電荷、万有引力の強さ、光の速さ——どんな実験でも、どんな環境でも、こうしたパラメーターが変わることはない。変わるとしたら、「ハード」サイエンスとも呼ばれる自然科学と社会科学とを隔てる精確性を科学者は諦めなければならなかっただろう。社会科学、たとえば経済学では、人間の出来心や純然たる愚かさのせいで普遍的な法則などありえない。

とりわけ抽象的かつ普遍的であることから科学者を魅了しているのが基礎定数だ。当然のことながら、一メートルをもっと長くすることにしたり、キログラム原器が突然縮んだり（ゴホ、ゴホ）したら、素粒子の大きさや速さの数値は違ってくる。そこへいくと、基礎定数は測定に左右されない。πのように純粋な固定値なのだ。そして、やはりπのようにあらゆる場面に顔を出すのだが、このことはその気になればいつでも説明できそうでいて、これまでのところあらゆる説明を拒んでいる。

なかでもよく知られているのが、電子の微細構造分裂に関連している無次元の［訳注　km/hといった単位のない］定数、微細構造定数である。簡単に言うと、この定数は負電荷の電子が正電荷の核にどれくらい強く拘束されるかを支配しており、一部の核反応の強さも決定している。実は、微細構造定数が——以降α（アルファ）と呼ぶことにする。科学者はみんなそう呼んでいるので——αがビッグバン直後に今より少しでも小さかったら、恒星での核融合は炭素を核融合できるほどの熱さには決してならなかっただろうし、逆にαがわずかでも大きかったら、炭素原子はとうの昔に、私たちの身体に入り込むすべを見つけるずっと前に、すべて崩壊していただろう。αが微小世界のスキュラとカリユブディス〔訳注　ギリシャ神話に登場する二匹の怪物。ある海峡を挟んで棲んでおり、そこを通る船は二匹の真ん中を通らないと餌食になる〕を避けて通ってきたことに、科学者は感謝しているのはもちろんだが、大いに苛立ちもしている。どうして無事通過できたのかを説明できないからだ。根っからの無神論者である優秀な物理学者のリチャード・ファインマンさえ、かつて微細構造定数についてこう語っている。「優れた理論物理学者はみんなこの数を部屋の壁に貼って悩んでいます。……これは物理学最大の忌まわしい謎の一つ、私たちのもとへ来たはいいが人間には理解できていない魔法の数なのです。この数は『神の手』が書いたものであって『私たちは神が鉛筆をどう走らせたのかを知らない』と言う人もいるかもしれません」〔訳注　旧約聖書の「ダニエル書」に「その時、人の手の指が現れて、ともし火に照らされている王宮の白い壁に文字を書き始めた。王は書き進むその手先を見た」（新共同訳聖書より引用）というくだりがある。このとき壁に書かれたのが、著者が次に挙げる引用〕

過去を振り返ると、だからといって人類は科学版「メネ、メネ、テケル、そして、パルシン」（新共同訳聖書より引用）の解読を諦めてはいない。一九一九年に日食の観測によってアインシュタインの相対性理論の初となる実験的証拠をもたらしたイギリスの天文学者、アーサー・エディントンもαにどんどんのめり込んでいった口だ。エディントンは数秘学*が大好きで、その才能もあり（とも言っておくべきだろう）、二〇世紀前半にαが約1/136と測定されると、αが厳密に1/136であることの「証明」をつくりにかかった。その理由の一つは、彼が136と666とのあいだに数学的なつながりを見出したからだ（ある同業者はばかにして、「ヨハネの黙示録」を書き換えてこの「発見」を反映したらどうかと勧めている）。その後の測定によってαは1/137に近くなったのだが、エディントンは単純に自分の式のどこかに1を放り込んで、彼の砂上の楼閣が崩れていないかのようにふるまい続けた（そのせいでサー・アーサー・足す1という不朽のあだ名をたてまつられている）。のちにストックホルムでエディントンとクロークで偶然出くわした友人は、エディントンが帽子を一三七番の釘にかけると言って譲らないのを見て苦笑いしたそうな。

今日、αは1/137.0359かそこらとされている。ともあれ、周期表があるのはこの値のおかげだ。原子の存在を許しているし、核からの束縛が緩すぎて電子がうろうろすることもなければ、核による束縛がきつすぎて電子が核にまとわりつくこともないので、原子が十分激しく反応して化合物をつくれるようになっている。この絶妙のバランスは多くの科学者をして、宇宙はその微細構造定数を偶然思いついたはずがないという結論を導かせている。神学者はもっとあからさまに、αは創造主が分子と（ことによると）生命の両方をつくるために宇宙を「プログラムした」ことの証拠だと言う。こうした背景から一九七六年に大ごとになった話がある。アレクサンドル・シュリャフテルというソビエト（のちにアメリカに移住）の科学者が、オクロというアフリカの奇想天外な鉱山を調査した結果、宇宙の基本的な不変定数であるαが大きくなりつつあると主張したのだ。

オクロは銀河系の驚異だ。なにしろ存在が知られている唯一の天然核分裂反応炉である。二〇億年ほど前（発見当初は一七億年前と推定されていた）に稼働しており、一九七二年にフランスの鉱員が休業状態だったそれを地中に発見した時は、科学界が大騒ぎになった。オクロはありえないと主張した科学者もいれば、オクロこそ奇妙な自説――長いこと行方不明だったアフリカ人の文明だとか、異星人の原子力星間クルーザーの墜落跡だとか――の「証拠」だと主張する極端なグループもいた。現実には、核科学者が突き止めたように、オクロはウランと水と藍藻類（アオミドロのようなやつ）だけで稼働していた。いやいや、本当の話。オクロ付近の川にいた藻類は、光合成の結果として過剰な酸素をつくった。この酸素によって水がひじょうに強い酸になり、緩い土に染み込んでいったときに岩盤のウランが溶け込んだ。当時のウラン鉱は総じて、原爆に使えるウラン二三五同位体の濃度が高かった——当時は約三パーセント、現在は〇・七パーセントである。そのため反応に適していたところへ、地中の藻類が水を濾過してウランが特定の場所に集中し、臨界量に達した。

臨界量は必要条件だが、それだけでは十分でない。一般に、連鎖反応が起こるためには、ウランの核に中性子がぶつかるだけではなく、ぶつかった中性子をウランの核が吸収する必要がある。純粋なウランが核分裂を起こすと「高速」の中性子を放つが、そのままでは石が水面に跳ね飛ばされるように近くの原子にはね返される。このような中性子は基本的に無駄で役に立たない。オクロのウランが反応したのは、ひとえに川の水が中性子のスピードを十分落として、近くの核が吸収できるようにしたからだ。水がなかったら反応は決して始まらなかったのである。

だが、これで終わりではない。核分裂はもちろん熱を生む。そして、今のアフリカに大きなクレーターがないのは、ウランが熱くなったときに水を蒸発させてしまったからだ。水がなくなると中性子は速すぎて吸収できなくなり、反応が停止する。ウランが十分に冷えると、そこで初めて水が再び染み込んでくる——するとその水が中性子のスピードを落とし、原子炉のスイッチを再び入れる。これは間欠泉（かんけつせん）ならぬ核バージョンのオールドフェイスフルであり、自動制御により六トン近くのウランを、一五万年かけ、オクロ周辺の一六カ所において、三〇分と二時間半のオン／オフのサイクルで消費した。

科学者は二〇億年もあとにどうやって話をつなぎ合わせたのか？　元素を使ってである。元素は地殻で徹底的に混ぜ合わされているので、同位体どうしの比率はどこでも同じはずだ。オクロでは、ウラン二三五の濃度が通常より〇・〇〇三～〇・三パーセント低かった――ずいぶん幅がある。だが、オクロが天然の原子炉であって、極悪テロリスト相手の密造現場の残骸ではないという決め手は、ネオジムなどの無用の元素が過剰に存在していたことにある。ネオジムの同位体としてふつう見つかるのは、質量数が偶数の一四二、一四四、一四六という三種類だ。一方、ウランの核分裂反応炉は質量数が奇数の同位体を通常より高い割合でつくる。実は、科学者がオクロでネオジム濃度を分析し、天然ネオジム分を差し引いたところ、オクロの原子炉の「特徴」が現代の人工の核分裂反応炉と一致した。びっくりである。

だが、ネオジムについては一致したが、ほかの元素が一致しなかった。シュリャフテルが一九七六年にオクロの核廃棄物と現代の核廃棄物を比較したところ、ある種のサマリウムの生成量が格段に少なかった。このこと自体はたいして心躍る発見ではない。だがなんと言っても、核反応はあきれるほどの精度で再現可能だ。サマリウムのような元素が単にうまくできなかったということはありえない。そのため、サマリウムの少なさはシュリャフテルに何かがその当時微妙に違っていたことをにおわせた。ここで彼は一足飛びに、オクロが核分裂を始めたときに微細構造定数がほんの少しだけ小さかったとするだけで、この違いを簡単に説明できることを計算で示した。この件にかんする彼の態度は、ボース＝アインシュタイン凝縮の生みの親であるインドの物理学者ボースに似ている。ボースは、光子にかんする自分の「間違った」式が多くを説明する理由を知っているとは主張していない。ただ、多くを説明することを知っていたのだった。それはさておき、問題はαが基礎定数であることだった。物理学によれば、変わるはずがない。一部の者にとってはもっと都合の悪いことに、αが変わるとすると、誰かが（というか、どこかの神が）αを「調整」して生命をつくったというわけではまったくなくなる。

これはいよいよヤバイと、多くの科学者が一九七六年以来、αとオクロの結びつきを再解釈したり否定しようとしたりしている。彼らが測定しようとしている変化はあまりに小さいうえ、二〇億年もあととなっては地質学的な記録もまばらで、誰かがオクロのデータからαにかんして何かを確定的に証明することなどなさそうに思える。だがここでも、アイデアを公表することの価値を見くびってはいけない。サマリウムにかんするシュリャフテルの仕事は、古い理論を葬り去ろうという野心を抱く数十人の科学者の意欲をそそり、定数の変化にかんする研究は今では活発な分野となっている。こうした科学者の後押しとなったことの一つが、αが「わずか」二〇億年前からはほとんど変わってないにしろ、宇宙の最初の数十億年という原初のカオスの時期には急速に変化したかもしれないと気づいたことだ。実を言うと、オーストラリアの科学者らが、クエーサーと呼ばれる恒星系や、恒星間のガスや塵などを調査した結果として、定数が変わったことの真の証拠を初めて検出したと発表している。*

クエーサーとは、ほかの恒星を引き裂いて食べてしまうブラックホールで、途方もない量のエネルギーを光として吐き出す荒れ狂う天体である。もちろん、その光を捉えた天文学者が見ているのはリアルタイムの出来事ではなく、はるか昔に起こったことだ。光が宇宙を横断するのには時間がかかる。

オーストラリアの科学者らは、星間塵の巨大な嵐が大昔のクエーサーを発した光の通過に対して与える影響を調べたのだった。光が塵の雲のなかを通過するとき、雲に含まれる気体化した元素がそれを吸収する。だが、光をすっかり吸収する不透明なものとは違って、雲に含まれる元素は決まった周波数の光を吸収する。そればかりか、原子時計にも似て、元素が吸収する光は狭い範囲の一色ではなく、わずかに差がある二色だ。

オーストラリアの科学者らは塵の雲に含まれるいくつかの元素についてはついてなかった。αが日々揺らいだとしても、それらの元素はほとんど気づかない。そこで彼らは調べる元素を増やして、クロムなども対象とした。シミュレーションによると、クロムはαにきわめて敏感で、過去にαが小さくなっていれば、クロムが吸収する光はもっと赤くなり、ソ#とソ♭の準位差が狭くなるはずだった。したがって、クエーサー付近で数十億年前につくられたクロムなどの元素についてこの準位差を分析し、それを今の実験室での原子の場合と比べれば、科学者はαがそのあいだに変わったかどうかを判断できる。そして、科学者なら――特に何か論争を巻き起こしそうなことを唱えようという者は――誰でもそうするように、彼らはこれこれにかんする自分たちの発見はこれこれという「仮説と一致している」という科学論文らしい慎重な言い回しで予防線を張ってはいたが、本心では、超高精度の測定結果はαが一〇〇億年で最大〇・〇〇一パーセント変わったことを示していると考えているのだ。

さて、正直言って、この数字は言い争うほどのものかと思うかもしれない。ビル・ゲイツが歩道に落ちていた一セント硬貨を争うようなものではないか、と。だが、ここでは基礎定数が変化する量よ*

り変化する可能性のほうが重要なのだ。多くの科学者がオーストラリア発の結果に異議を唱えているが、彼らの結論が持ちこたえれば――あるいは定数の変化に取り組んでいるほかの科学者が彼らの結果を支持する証拠を見つければ――科学者はビッグバンを考え直さざるを得なくなる。彼らが知っている唯一の宇宙の法則がのっけから成り立っていなかったという話になるからだ。αが変わることはアインシュタインの物理学をひっくり返すかもしれない。アインシュタインがニュートンを一線から退かせ、ニュートンが中世のスコラ哲学者の物理学に引導を渡したように。そして、次の節で見ていくように、αが変わることは科学者が宇宙で生命の兆しを探す方法を革命的に変えるかもしれない。

エンリコ・フェルミには、いくぶん気の毒な話ですでにお目にかかっている――早とちりな実験の結果、発見していない超ウラン元素の発見でノーベル賞を受賞し、のちにベリリウム中毒で亡くなったのが彼だ。だが、この精力的な人物にかんして否定的な印象だけを残すのは正しいことではない。科学者は誰でも無条件にフェルミを愛した。彼は一〇〇番元素フェルミウムの名祖、最後の偉大なる両刀使い、すなわち理論科学者であり実験科学者で、実験装置の油と黒板のチョークのどちらが手に付いていても同じくらいおかしくない人物だった。また、とてつもなく頭の回転が速かった。専門的な議論の最中、同僚のほうはときどき、ある点を説明するのに自室へ走って難解な式を調べる必要があったのだが、戻ってきたときにはたいてい、待ちきれなかったフェルミが式をゼロからすっかり導いて、必要な答えを得ていたものだった。年下の同僚をつかまえて、汚いことで有名だった彼の実験室の窓の埃が何ミリメートルまで厚くなると自重で崩れて床に落ちるかを求めてみろと言ったこともある。歴史はその答えを記録していない。残っているのはこのいたずらっぽい問いだけだ。*

ところがあのフェルミでも、なにかにつけ思い出しそうなほどシンプルな一つの問いには答えられなかった。先ほど触れたとおり、いくつかの基礎定数が「完璧な」値になっていて、宇宙が生命を生むように微調整されていそうに見えることに、多くの学者が驚嘆している。さらに、科学者は長いこと――一秒の基準が地球の周回ではいけないと信じるのと同じ精神で――地球は宇宙で特別な存在ではないと信じている。この平凡さと、恒星や惑星の膨大な数、そしてビッグバンから過ぎ去った百何十億年という時間を考え合わせると（そして、小難しい宗教的な問題を全部棚に上げると）、宇宙には生命がうじゃうじゃいてしかるべきだ。なのに、私たちは地球外生命に一度も出会ったことがないばかりか、なにかしらの連絡が入ったことさえない。ある日フェルミは、昼食をとりながらこの矛盾した事実について思案を巡らせているうち、だしぬけに同僚に向かって、答えを本気で聞いているかのようにこう言った。「だったら、みんなどこにいるんだ？」

今では「フェルミのパラドックス」として知られているこの問いかけに、同僚たちはどっと笑った。だが、ほかの科学者がフェルミの言ったことに真剣に取り合い、答えは得られると本気で考えた。その最も有名な試みが発表されたのは一九六一年のこと、宇宙物理学者のフランク・ドレイクが、今ではドレイクの式として知られているものを打ち出した。不確定性原理と同じように、ドレイクの式には解釈の層が覆いかぶさっていて、この式が本当に言わんとしていることをわかりにくくしている。一言で言うと、この式は推測の連なりだ。銀河系に恒星がいくつ存在するか、そのうちどれくらいが地球のような惑星を持つか、そのまたどれくらいが知的生命を持つか、そこからまたどれくらいが交信を試みるか、といった具合である。ドレイクの当初の計算*によると、われらが銀河系には社交的な文明が一〇存在する。だが繰り返すが、これは情報に基づく一つの推測にすぎず、そのため多くの科学者が中身のない思索だとして相手にしていない。たとえば、いったいどうやったら異星人を精神分析して、何パーセントがおしゃべりしたいと思っているかをはじき出せるというのだ？

それでもなお、ドレイクの式は重要だ。この式は天文学者が集めるべきデータの概要を示し、宇宙生物学を科学的基盤の上に置いた。もしかするといつか、私たちは周期表をつくろうという初期の試みを振り返るように、このことを振り返るようになるかもしれない。そして、最近は望遠鏡を初めとする天体観測機器の性能が大幅に向上しており、宇宙生物学者はあてずっぽうではない予想を打ち出すための道具を手にしている。現に、ハッブル宇宙望遠鏡などはきわめて少ないデータから大量の情報を引き出しており、宇宙生物学者は今ではドレイクより一段上を行ける。知的な地球外生命が私たちを見つけ出すのを待たなくていいし、異星人がつくった万里の長城を深宇宙で探し回らなくてもいい。マグネシウムのような元素を探すことで、生命の――それも風変わりな植物や、物を腐らす微生物といった声なき生命の――直接的な証拠を測定できるようになるかもしれないのだ。

マグネシウムの重要性が酸素や炭素より劣るのは言うまでもないが、この一二番元素は原始生物に大きな力を貸して、有機分子から真の生命への移行を手助けしたかもしれない。ほとんどすべての生命形態が、身体の内部でエネルギー分子をつくったり、蓄えたり、運んだりするのにわずかながら金属元素を使っている。動物がヘモグロビンで使っているのは主に鉄だが、原始の最も成功した生命形態、特に藍藻はマグネシウムを使っていた。今でも、葉緑素（おそらく地球上で最も重要な有機化学物質——光合成の原動力となって、恒星からのエネルギーを食物連鎖の土台である糖に変換する）はマグネシウムイオンを要の位置に配しているし、動物の体内のマグネシウムはDNAが正常に機能することに手を貸している。

また、惑星にマグネシウム鉱床があれば、そのことが液体の水の存在をほのめかす。液体の水は、生命を育む媒体として最も有望な物質だ。マグネシウム化合物は水を吸うので、火星のような何もない岩の惑星でも、そうした化合物の鉱床のなかで細菌（ないし細菌の化石）が見つかる期待が持てる。水の惑星や衛星（太陽系内で地球外生命が存在する有力候補である木星の衛星エウロパなど）でも、マグネシウムは海が液体の状態を保つのに役立つ。エウロパは氷の外殻を持っているが、その下に巨大な液体の海が広がっており、探査機からのデータは、この海にマグネシウム塩が満ちていることを示している。どんな溶存物質もそうだが、マグネシウム塩は水の融点を下げるので、海は低い温度でも液体のままだ。マグネシウム塩はまた、海底の岩に「塩水火成活動」を呼び起こす。溶け込んでいる塩が媒体である水の体積を膨らませると、その分だけ圧力が増して火山にエネルギーを与え、火山は塩水を噴き出し、深海をかき回す（また、この圧力は表面の氷殻にひびを入れ、化学物質を豊富に含む氷を割って海に流す——これはいいことだ。氷のなかの泡が生命をつくるうえで重要だとすると）。さらに、マグネシウム化合物（など）は、炭素が豊富な化学物質を海底から剝ぎ取ることで、生命を組み立てるための原材料をもたらす。探査機を着陸させたり未知の植生を目撃したりすることには及ばないが、むき出しで空気のない惑星でマグネシウム塩が検出されるのは、そこで生物学的な何かが起こっているかもしれないという好ましい兆しなのだ。

だが、エウロパは不毛だったとしよう。遠く離れたところの地球外生命探しは技術的にますます高度になっているが、それには一つ大きな前提条件がある。銀河系を支配しているのと同じ科学がほかの銀河でも成り立っていること、そしてほかの時期にも成り立っていたことだ。だが、αが時間と共に変わるなら、地球外生命の可能性に対する影響はきわめて大きい。かつて、安定した炭素原子が形成できるほどαが十分「緩和」されるまで、生命はもしかすると存在できなかったかもしれない——もしそうなら、ひょっとすると生命は創造主に何も頼まなくても、たやすく発生したのかもしれない。そして、アインシュタインによると時間と空間は一体不可分なので、一部の物理学者は、αが時間的に変わるならばαは空間的にも変わるはずだと考えている。この説によると、生命が地球で発生して月で発生しなかったのが、地球に水と大気圏があるからなのとまさに同じように、生命がここ——何の変哲もなさそうな宇宙の一角にたまたま存在しているかのように見える惑星——に生まれたのも、壊れにくい原子や完全な形の分子が存在するための宇宙論的な条件がここにだけ揃っているからかもしれない。だとすると、フェルミのパラドックスも軽く片づく。誰からも連絡が来ないのは誰もいないからだ。

現時点で、証拠は地球がありふれているほうに偏っている。そして、遠く離れた恒星が重力の影響でふらつくことを利用して、天文学者は今では何千という惑星の存在を把握しており、どこかで生命が見つかる可能性をぐっと上げている。それでも、地球が、ひいては人類が、宇宙のなかで特権的な場所にいるのかどうかというこの宇宙生物学の大論争は続くだろう。地球外生命探しには私たちが手にする最高の測定技術が総動員されるだろうし、そうした技術には、見過ごされていた周期表の枠がいくつか絡んでくるかもしれない。とにかく、今夜どこかの天文学者が望遠鏡をはるかかなたの星団に向けて、生命が存在するという議論の余地のない証拠を見つけたなら、それがたとえ微生物だったとしても、史上最も重要な発見となることだけは間違いない――やはり人類は特別ではないという証拠なのだから。ただ、この宇宙には私たちも存在していること、そしてこんな発見を成し遂げたり、その意義を理解したりできることには特別な意味がある。

第19章

周期表を重ねる（延ばす）

Fr 87　At 85　Es 99　Ac 89　In 49

周期表の下のほうに一つ難題がある。放射性のきわめて高い元素は決まって希少なので、最も崩壊しやすい元素が最も希少でもあると直観的に思いたくなる。そして、地殻に姿を見せるたびに最も素早く徹底的に抹殺される元素、壊れやすいことときわまりないフランシウムは実際に希少だ。フランシウムはほかのどの天然元素より短時間でなくなってしまう――ところが、フランシウムよりさらに希少な元素が一つある。一見矛盾しているが、このパラドックスを理解するには、実は周期表という居心地のいい領域をあとにしなければならない。核物理学者が彼らにとっての新世界だと考えているところへ、征服すべきアメリカ大陸へ――「安定性の島」と呼ばれるところへ――旅立たなければならないのだ。これが、周期表を今の境界を越えて先へと拡げるいちばんの、そしてもしかするとただ一つの望みである。

前にも見てきたように、宇宙に存在する粒子の九〇パーセントは水素で、一〇パーセントはヘリウムだ。それ以外のすべては、六〇〇〇万の一〇億倍の一〇億倍キログラムある地球も含めて、宇宙レベルでは誤差の範囲である。そしてこの六〇〇〇万の一〇億倍の一〇億倍キログラムのなかで、最も希少な天然元素であるアスタチンの総量はなんとたったの一オンス（約三〇グラム）。このことを（少しでも）理解できそうな例に置き換えるため、巨大な駐車場でビューイック・アスタチンの置き場所を忘れ、どこに置いたかまったく思い出せないという状況を考えてみる。そして、各階の各列を残らず歩いて回り、駐車スペースを一つ一つ確認して自分の車を探すという退屈な作業を想像してみよう。この状況を地球でのアスタチン原子探しの難度に見合ったものにするには、駐車場の大きさが幅一億台×一億列の一億階建てでなければならない。さらに、同じ規模のそっくりな駐車場が一六〇棟必要だ――そのうえ、どの棟にもビューイック・アスタチンは一台しかない。家へは歩いて帰ったほうがよさそうだ。

アスタチンがこれほど希少なら、科学者はどうやってその総量を突き止めたのかという疑問が当然沸いてくる。答えは、少々ずるをしているのだ。原始の地球に存在していたアスタチンはとうの昔に放射性崩壊しているが、ときどきほかの放射性元素が、アルファ粒子やベータ粒子を吐き出してアスタチンに変わることがある。親元素（たいていウランやその周辺）の総量を把握し、それぞれが崩壊してアスタチンになる確率を計算することで、科学者はアスタチン原子がいくつ存在するかについてそれなりの数字をはじき出せる。この手はほかの元素にも使えて、たとえば周期表でアスタチンの近所の元素であるフランシウムは、常に少なくとも二〇～三〇オンスくらいは存在している。

面白いことに、アスタチンはそれでいてフランシウムよりはるかに壊れにくい。寿命の最も長い種類のアスタチン原子が一〇〇万個あったら、そのうち半分が八時間少々で崩壊する。だが、フランシウムの場合は半分がわずか二〇分かそこらでなくなる。フランシウムはあまりに壊れやすくて基本的に何の役にも立たず、化学者が直接検出できる（ぎりぎりの）量が地球に存在するにもかかわらず、肉眼で見える試料をつくれるだけの原子は誰も集めたことがない。ただ、フランシウムは放射性がきわめて強いので、そんな試料をつくった者はフランシウムに即刻殺されるだろう（フランシウム原子の現時点での瞬間集合解散記録は一万個だ）。

アスタチンの肉眼で見える試料はこの先誰もつくらなさそうだが、アスタチンは少なくとも何かの役には立つ——医学の分野で、即効性のある放射性同位体としてである。実際、一九三九年にアスタチンを発見した——もうすっかりおなじみのエミリオ・セグレ率いる——科学者らは、そのあとの確認で試料をモルモットに注射した。アスタチンは周期表でヨウ素の下にあるので体内ではヨウ素と同じようにふるまい、そのため選択的に取り込まれてモルモットの甲状腺に蓄積された。アスタチンはいまだにその発見が霊長類以外によって確認された唯一の元素である。

アスタチンとフランシウムの奇妙な逆転現象は核のなかで始まっている。どんな原子もそうだが、核のなかでは強い核力（常に引力）と静電気力（粒子どうしを反発させることがある）という二つの力が覇権を争っている。このうち、強い核力は四つある自然の基本的な力のなかで最も強いのだが、手が短いのか——ティラノサウルス・レックスばりに？——届く範囲が笑ってしまうくらい短い。粒子が一〇兆分の一センチ以上離れると、強い核力はまったく効かなくなるのである。この理由から、強い核力が核やブラックホールの外で何らかの効果を示すことはまずない。ただ、この範囲内なら静電気力より一〇〇倍強力だ。これは好ましい。強い核力が陽子と中性子を一つに束ね、静電気力が核をばらばらにするのにまかせたりしないのだから。

核の大きさがアスタチンやフランシウムくらいになると、届く範囲の狭さが強い核力に実際問題として不利に働き、陽子と中性子を残らず一つに束ねるのが難しくなってくる。フランシウムには陽子が八七個あり、どれも接触を嫌がる。そこで一三〇個前後の中性子があいだに入って正電荷をうまくとりなすのだが、これだけ加わるとかなりかさばって強い核力が核全体には届かなくなり、内戦を抑え込めなくなる。このためフランシウム（と、同じような理由でアスタチン）はきわめて不安定だ。当然のごとく、陽子が増えれば電気的な反発力が増し、フランシウムより重い原子はさらに壊れやすくなる。

ただ、この話はある程度までしか正しくない。マリア・ゲッパート＝メイヤー（「サンディエゴのお母さん、ノーベル賞を受賞」）が、寿命の長い「魔法」の元素にかんする理論を打ち立てたことを覚えておられるだろうか。あれは陽子または中性子の数が二個、八個、二〇個、二八個などの原子は特に安定、というものだったが［四〇ページ］、陽子や中性子がほかの数、たとえば九二個でもコンパクトでかなり安定な核を形作り、狭い範囲にしか届かない強い核力が陽子をしっかり掌握できる。だから九二番元素のウランはアスタチンやフランシウムより重いのに安定なのだ。周期表の元素を一つずつ順番に見ていくと、強い核力と静電気力のあいだのせめぎ合いは、下落中の株式速報チャートのような感じになる。安定性という意味では全体として下げ相場だが、優勢な力が入れ替わるのに合わせて小刻みに上下する。*

この大きなトレンドに基づき、科学者はウランより先の元素の寿命は次第に〇・〇に近づくと予想

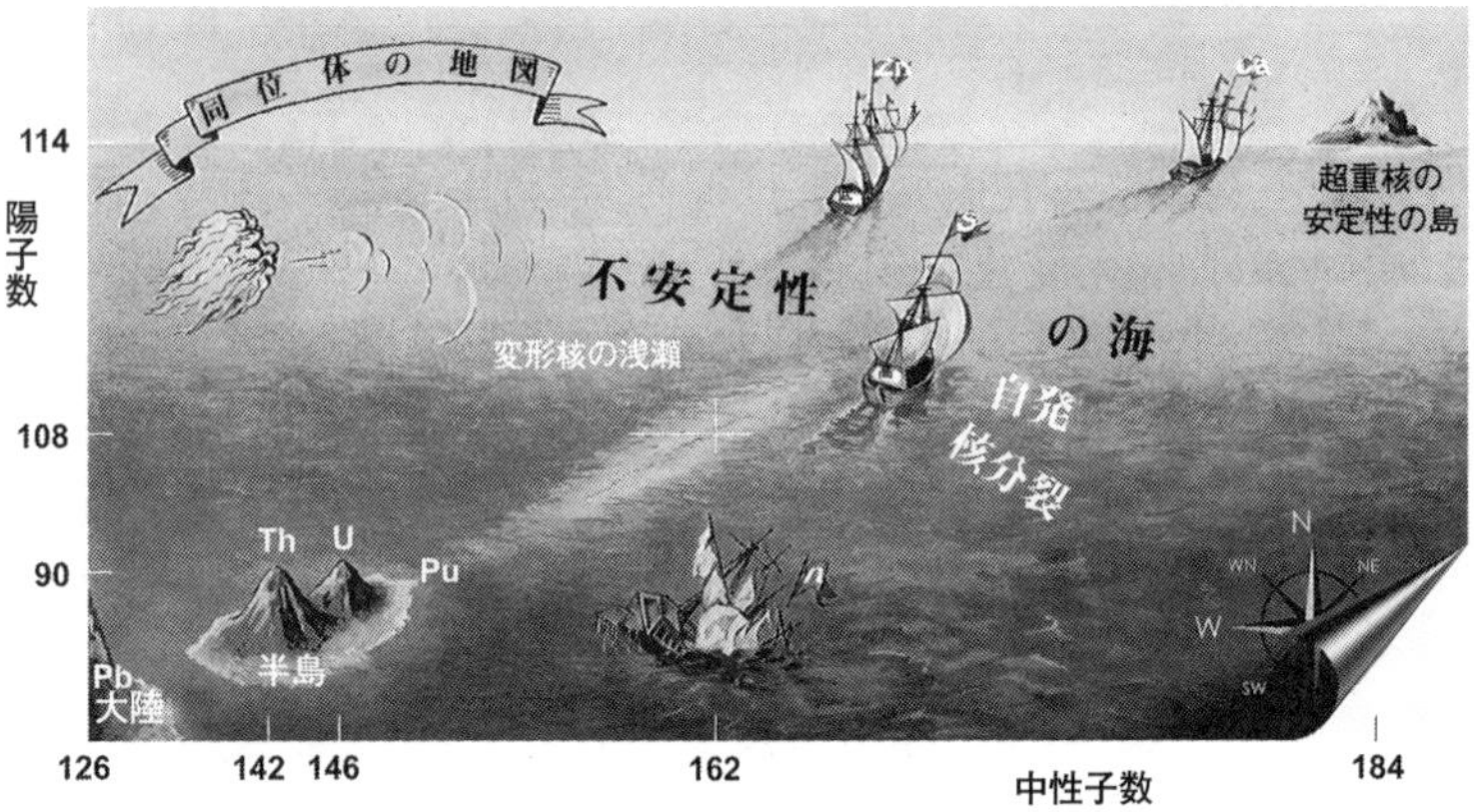

この奇抜な地図の右上に示されているのが有名な「安定性の島」。この超重元素群に到達できれば、周期表を今の限界のはるか先まで延ばせるのではと科学者は期待している。周期表の本体である安定な鉛（Pb）大陸、不安定な元素とのあいだに横たわる海峡、トリウムとウランの小さな準安定な山の先に、海が広がっている。（Yuri Oganessian, Joint Institute for Nuclear Research, Dubna, Russia）

した。だが、一九五〇年代から六〇年代にかけて超重元素の研究を手探りで進めるうち、思いもよらない展開になった。理論上、魔法数は無限に存在するのだが、ウランの先、一一四番元素に準安定と言える核が存在するとわかったのである。さらに、それは少々安定どころか、カリフォルニア大学バークレー校（ほかにどこが？）の科学者らが計算したところによると、それより前にある一〇種類かそこらの重い元素より寿命が数桁長そうだったのである。重い元素のいやに短い寿命（せいぜい数マイクロ秒）を考えると、これはとっぴで直観に反する結果だった。たいていの人工元素に中性子や陽子を詰め込むことは、爆発物を詰め込むようなものである。なにしろ核へのストレスを増やしているのだ。ところが、一一四番元素の場合は、ＴＮＴを余計に詰め込むことが爆弾を安定させるらしかった。同じくらい奇妙なことに、一一二番元素や一一六番元素も（少なくとも机上の計算では）、一一四番元素と陽子の数が近いことで似たような恩恵を受けているらしい。準魔法数に近いだけでも安定になるようなのだ。科学者はこのあたりの元素の一群を安定性の島と呼び始めた。

自作の喩えに気をよくして、みずからを勇敢な探検家に見立て、科学者はこの島の征服に取り掛かった。彼らは元素版「アトランティス」の発見について語ったのだが、なかには昔の船乗りを気取って未知なる核の海のレトロな「海図」をつくった科学者もいる（この海のどこかにメガロドンの話でちらっと出てきたクラーケンが描かれているのではと思ったりしていませんか？）。あれから数十年たった今、この超重元素のオアシスにたどり着こうという試みは物理学で最も刺激的な分野の一つをなしている。科学者はまだ上陸できていないが（真に安定で魔法が二重にかかった核を得るには、もっとたくさんの中性子を標的にくっつける方法を見つけなければならない）、かの島の浅瀬にはいて、停泊地を探してパドルを漕いでいる。

もちろん、安定性の島があるなら、安定性が水没している領域もあるはず――フランシウムが位置しているのはそんな領域の中心にほかならない。この八七番元素は、魔法核の八二番めと準安定核の九二番めのあいだで座礁しており、中性子や陽子は船を捨てて泳いで逃げたくてしかたがない。さらに、核の構造基盤が貧弱なため、フランシウムは最も不安定な天然元素であるばかりか、一〇四番元素――醜い争いに巻き込まれたラザホージウム――までのどの人工元素よりも不安定だ。マリアナ海溝ならぬ「不安定海溝」というものがあるなら、フランシウムはその底でぶくぶく泡を吹いている。

にもかかわらず、アスタチンよりは豊富である。なぜか？　ウラン周辺の多くの放射性元素が壊れゆく途中でたまたまフランシウムになる。ここで、フランシウムは核内の圧力を緩和するのに、ふつうにアルファ崩壊して（二個の陽子を失うことで）みずからをアスタチンに変える代わりに、九九・九パーセント以上の確率でベータ崩壊してラジウムになるほうを選ぶ。するとそのラジウムがアルファ崩壊を繰り返して、アスタチンをスキップしてしまう。言い換えると、壊れゆく多くの原子が途中でフランシウムに少しばかり立ち寄る――このため二〇～三〇オンスが存在するとされているのだ。その際、フランシウムは原子を、アスタチンが生成されないルートへと送り出すので、アスタチンは希少なままというわけである。かくて「難題」は解決を見た。

さて、海溝へは潜ったが、安定性の島のほうはどうなっているのだろう？　化学者がいつかかなり大きな魔法数の元素まですっかり合成するかというと、それは疑問だ。だが、もしかすると安定な一一四番元素、次いで一二六番元素を合成し、そこを足掛かりに前進するかもしれない。また、一部の科学者は、超重元素の原子に電子を追加すると核が安定するとも考えている――電子がバネやショックアブソーバーの役目を果たして、原子がふつうならみずからの崩壊に注ぎ込むエネルギーを吸収するというのである。だとすると、一四〇番代、一六〇番代、一八〇番代の元素については見込みがあるかもしれない。安定性の島は列島になるだろう。安定性列島はさらに先へ伸びているかもしれないが、もしかすると太古のポリネシア人がカヌーで渡ったように、科学者はかなりの距離をこの新しい周期群島を伝って渡っていけるかもしれない。

わくわくすることに、そうした新元素は、私たちがすでに知っている元素の単なる重いバージョンなどではなく、初めて目にするような性質を持っている可能性がある（炭素やケイ素の列の下を見ていくと鉛が登場することを思い出そう）。ある計算によると、電子が超重核を手なずけてより安定にできれば、そうなった核のほうも電子を操作できる――その場合、電子は原子の殻や軌道を違った順序で埋めるかもしれない。周期表での位置からすればふつうの重金属になるはずの元素が、オクテットをさっさと埋めて金属貴ガスのようにふるまうかもしれないのだ。

神々をも恐れぬ傲慢さということではなく、科学者はすでにこうした仮想元素に名前を付けている。お気づきかもしれないが、周期表のいちばん下の行に並ぶ超重元素の記号は二文字ではなく三文字で、どれもuで始まっている。これもいまだに消えないラテン語やギリシャ語の影響であり、今のところ見つかっていない一一九番元素Uueはウンウンエニウム、一二二番元素Ubbはウンビビウム＊、という具合になっている。これらの元素もつくられた暁（あかつき）には「本名」がもらえるが、科学者はさしあたりこれらを書き留めるのに――そして、興味のあるほかの元素、たとえば魔法数の一八四番元素ウンオクトクワジウムと区別するために――ラテン語の暫定名を使う（ラテン語にとってはありがたい話だ。生物学で二名法による学名の終焉が差し迫っているなか――イエネコをフェリス・カトゥスと呼んだ体系が染色体のDNA「バーコード」に置き換えられつつある。ということで、さらばホモ・サピエンス、知恵あるサルよ。ようこそTCATCGGTCATTGG……――u元素は科学をかつて席捲していたラテン語＊のほぼ唯一の抵抗勢力だ）。

では、島を伝ってどこまで行けるのだろうか？　小さな火山が周期表の先のほうでいくつも盛り上がってくるのが永遠に見られるのだろうか？　周期表はますます長く広くなって、幅広にふさわしい九九九番元素Eee、すなわちエンエンエニウムまで、あるいはもっと先まで延びるのだろうか？　残念ながら（ため息）、答えはノーだ。科学者が超重元素をくっつける方法を編み出したとしても、さらには安定性列島最果ての島になんとか上陸したとしても、ほぼ確実に時化の海へと滑り落ちるだろう。

その理由をたどると、アルベルト・アインシュタインと彼のキャリア最大の失敗に行き着く。大方のファンが本気で信じているのとは裏腹に、アインシュタインはノーベル賞を相対性理論（特殊でも一般でも）で受賞したわけではない。受賞理由は光電効果という量子力学の奇妙な効果を説明したことだ。量子力学が異常な実験結果を正当化するための適当なその場しのぎなどではなく、本当に現実に対応していることを、彼の解釈が初めて真の意味で証明したのだった。それを思いついたのがアインシュタインだったという事実は二つの理由で皮肉と言える。第一に、年を取って気むずかしくなるにつれ、彼は量子力学への不信をつのらせていった。その統計的でどこまでも確率的な性質がいかにも賭け事のように思え、彼は「神は宇宙でさいを振らない」と異議を唱えた。彼は間違っていたし、残念なことに、ニールス・ボーアが、「アインシュタイン！　神に指図するのはやめろ」と諫めた事実を、大方の人が耳にしたことがない。

第二に、アインシュタインはその生涯で、量子力学と相対性理論を首尾一貫した美しい「万物理論」に統一しようとがんばったが、だめだった。とはいえ、全然だめだったわけではない。この二つの理論が接すると、互いを見事に補うことがままある。電子の速さにかんする相対論的補正は、なぜ水銀（私がいつでも気にしている元素）が室温では液体で、ふつう予想されるように固体ではないのかを説明するのに役立つ。そして、彼が名祖となっている九九番元素アインスタイニウムは、両方の理論を知らずしては誰にもつくれなかったはずだ。だが一般に、重力と光速と相対性にかんするアインシュタインのアイデアは量子力学とどうしてもかみ合わない。ブラックホールの内部といった条件でこの二つの理論が出会うと、見事な式の数々が総崩れになる。

この総崩れが周期表に制限を課すかもしれないのだ。電子と惑星の比喩に戻ると、水星が太陽の周りを一周三カ月でぶんぶん回っているのに対して海王星が一六五年かけてのろのろ進んでいるのとまさに同じように、内殻電子は外殻電子よりはるかに速く核の周りを回る。具体的な速さは、存在する陽子の数と前章で取り上げた微細構造定数αとの比に左右される。この比が1に近づくにつれ、電子の速さはいよいよ光速に近づく。だが、αは1/137くらいに固定されている（と私たちは考えている）ことを思い出そう。陽子が一三七個を超えると、内殻電子は光速より速くなる計算になる――アインシュタインの相対性理論によれば、そんなことは絶対ありえない。

この、理屈のうえで最後の元素と目されるー三七番元素は、この厄介な問題に初めて気づいたリチャード・ファインマンにちなんで、よく「ファインマニウム」と呼ばれる。彼はαを「物理学最大の忌まわしい謎の一つ」と呼んだ人物でもあるが、その理由がおわかりだろう。量子力学という不可抗力が、相対性理論に従う確固たる物体に、ファインマニウムを少しでも通り過ぎたところで及んだら、何かを諦めなくてはいけなくなる。それが何かは誰にもわかっていない。

一部の物理学者――タイムトラベルを大まじめに検討するタイプ――は、相対性理論には抜け穴があって、秒速三〇万キロメートルの光より速い「タキオン」という特殊な（そして、都合のいいことに観測できない）粒子の存在を許すかもしれないと考えている。タキオンの問題点は、時間を逆行するかもしれないことだ。ならば、いつかスーパー化学者がファインマニウム＋1のウントリオクチウム（138）をつくったとしたら、内殻電子がタイムトラベラーになる一方で、原子の残りの部分は変わらないのだろうか？　おそらくそうはならない。おそらく、光速がとにかく原子の大きさに確固たる上限を課しており、そのことが夢いっぱいの安定性列島をすっかり消し去っているのではないだろうか。一九五〇年代に核実験が環礁の島を消滅させたように。

　ということは、周期表はじきに打ち止め？　固まり、凍りつき、化石になる？

　いやいや、とんでもない。

　異星人が本当に地球にやってきて宇宙船を駐機したとしても、彼らが「地球語」をしゃべらないであろうという火を見るより明らかな事実以前の問題として、私たちが彼らとコミュニケーションをとれる保証はない。彼らが使うのは音ではなくフェロモンや光のパルスかもしれない。また、万が一身体が炭素でできていない場合は特に、彼らは有毒で、近くにいられると困るかもしれない。仮に彼らの心のなかに入り込めたとしても、私たちの主たる関心事――愛、神、敬意、家族、お金、平和――は見当たらないかもしれない。目の前に差し出してそれとわかってもらえそうなのは、πのような数と周期表ぐらいである。

　もっと言うと、周期表にかんしてそれとわかってもらえるのはその**性質**だ。城と小塔という私たちの周期表の標準的な外観は、現存するどの化学書の見返しにも刷られているとはいえ、考えられる元素の並べ方の一つに過ぎない。祖父の世代の多くはまったく違う表で育った。当時の表には上から下までどの行も八列しかない。見た目はカレンダーのようで、遷移（せんい）金属の行はどれも枠の四角が対角線で半分に区切られており、元素は不運な月の三〇日や三一日のように、狭い三角の枠のなかに無理やり押し込まれている。もっと理解に苦しむことに、ランタニドを表の本体に押し込んで、ぎゅうぎゅう詰めの見づらい部分をつくった考案者も何人かいる。

遷移金属にもう少し広さに余裕を与えてやろうとは誰も思っていなかった時代に、（こんなところにも）カリフォルニア大学バークレー校のグレン・シーボーグと同僚らが、一九三〇年代後半から一九六〇年代前半のあいだに周期表全体を仕立て直した。単に元素を付け加えたというだけではない。アクチニウムのような元素が自分たちが見て育った表にうまく収まらないことに気づいたのだ。これも妙な話に聞こえるかもしれないが、それまでの化学者は周期表の周期性をどこか真剣に受け止めていないところがあり、ランタニドとその悩ましい化学的性質は周期表の標準ルールの例外だと考えていた――同じように電子を覆い隠して遷移金属の化学的性質から外れるような元素はランタニド（ランタノイド〔三六ページ〕）の先にはない、と。だが、ランタニドのような化学的ふるまいを再び示すものが、現にほかにも出てきている。そうなるはずなのだ。それが化学の至上命令、これぞ異星人にも容易に見てとれるであろう元素の性質である。異星人はシーボーグと同じくらい確実に、八九番のアクチニウム以降の元素が奇妙な別の方向へ枝分かれしていることをそれと認識するはずだ。

アクチニウムは現代の周期表に今の形を与えるうえで重要な役割を果たした元素だ。シーボーグらは当時知られていたすべての重元素を切り離して、表の下に隔離することにしたのだが、それらは先頭の元素であるアクチニウムにちなんで今ではアクチニド（アクチノイド）と呼ばれている。そして、せっかくこれらを動かしたのだからと、彼らは遷移金属も少し広いところに移し、三角の枠のなかに押し込める代わりに表に一〇列付け加えた。この青写真がきわめて理にかなっていたことから、多くの人がシーボーグ方式をまねした。昔の表を好む強硬派がすっかり退場するまでには時間がかかったが、一九七〇年代になると、周期カレンダーはようやく現代化学の砦である周期城に移行した。

だが、これが理想的な形だとは誰も言っていない。縦横の表形式はメンデレーエフの時代から優勢だったが、当のメンデレーエフが三〇種類を超えるさまざまな周期表を考えており、一九七〇年代までには七〇〇を超えるバリエーションがデザインされていた。何人かの化学者は、片側の小塔を切り落として反対側に付けることを好んでおり、その周期表はまるで間延びした階段のようだ。また、水素とヘリウムの位置をいじった化学者もいた。別個の列に配置することで、オクテットとは無関係なこの二元素が化学的な性質の点で特異な地位にあることを強調したのである。

しかし、現実に周期表の形をあれこれ考え始めたら、アイデアを四角に限定する理由は何もない。*ある巧みでモダンな周期表はハチの巣のような形をしており、六角形の枠がらせんを描きながら外側へ伸び、水素を中心に腕の幅を次第に広げている。天文学者や宇宙物理学者が好みそうなバージョンでは、水素の「太陽」が表の中心に据えられ、それ以外のすべての元素が衛星を従えた惑星のようにその周りを回っている。生物学者は周期表をＤＮＡのようにらせん状に並べているし、凝り性の者が描いた周期表では、行と列が途中で一八〇度向きを変え、ボードゲームのごとく紙面を周回している。くるくる回せる面に元素を書いたルービックキューブの正四面体版で米国特許（第六三六一三二四号）を取った者までいる。

音楽好きは元素を音楽的なモチーフを用いて図示する。降霊術師を追いかけたことですっかりおなじみのウイリアム・クルックスは、彼らしい奇想を凝らした二種類の周期表を考案しており、片方はリュートと呼ばれる古楽器に、もう片方はプレッツェルに似ている。私のお気に入りは、一つはピラミッド形のやつ——行がうまいこと少しずつ長くなっており、新しい軌道がどこで現れるか、系全体にあといくつの元素が収まるかなどが見た目にわかりやすく示されている——、もう一つはなかに切れ目が入っていて中央で何回も交差するやつで、私にはどうなっているのかうまく把握できないが、メビウスの輪のようで見ていて楽しい。

そして、もはや周期表を二次元に限定する理由もない。セグレが一九五五年に発見した負電荷を持つ反陽子は、反電子（ポジトロン）とペアを組んでよくなじみ、反水素原子を形作る。理論上は、反周期表上のほかの反元素もすべて存在しておかしくない。また、この標準的な周期表の単なる鏡像バージョンのほかにも、化学者は既知の「元素」の数を何千とはいかなくても何百には増やしうる新たな形態の物質を研究している。

まずは超原子。この塊（クラスター）——単一元素の八〜一〇〇個の原子から成るもの——には、ほかの元素の単一原子をまねるという薄気味悪い能力がある。たとえば、ある決まった形で集団となったアルミニウム原子一三個は刺激の強い臭素のまねをする。この二種類の実体は化学反応的に区別がつかない。クラスターの大きさが単一の臭素原子より一三倍大きく、アルミニウムが催涙毒ガスの原料となる臭素とは似ても似つかないのに、こんなことが起こるのだ。アルミニウム原子はほかの組み合わせで、貴ガス、半導体、カルシウムのような骨材料など、周期表でほかのどの領域にある元素のまねもできる。

超原子のクラスターはこんなふうにできている。原子がみずからを三次元の多面体状に並べ、個々の原子は集合的な核の陽子や中性子のふりをする。一方、電子はこのやわらかい核の塊のなかを自由に巡ることができ、原子の塊はそんな電子を集団で共有する。科学者はこじつけでこの物質状態を「ジェリウム」と呼ぶ。多面体の形とその辺と頂点の数に応じて、働きに出てほかの原子と反応する電子の数は多かったり少なかったりだ。それが七個であれば臭素などのハロゲンのようにふるまい、四個ならシリコンなどの半導体のようにふるまう。ナトリウム原子もジェリウムになってほかの元素をまねられる。となると、これ以外にもほかの元素をまねられる元素があるとか、あらゆる元素がほかのすべての元素をまねられるとか考えない理由はない——まったくもってボルヘスの小説のように混沌とした話だ。こうした発見を受けて科学者たちは、新種をすべて分類するための並行宇宙ならぬ並行周期表——解剖学の教科書にありそうな透明フィルムよろしく、周期表の骨格の上に重ね置くべき周期表——を作成しなければ、と考えている。

これほど妙ちきりんなものであっても、ジェリウムは少なくともふつうの原子に似ている。しかし、周期表にかぶせるべきまた別のフィルムに描かれるものは違う。世の中には、ある種ホログラムのような、仮想原子なのに量子力学のルールに従う「量子ドット」と呼ばれるものがある。さまざまな元素が量子ドットになりうるが、屈指の元素のひとつがインジウムだ。インジウムは銀白色の金属で、アルミニウムの親戚であり、周期表では金属と半導体の国境地帯のど真ん中に位置している。

科学者は量子ドットをつくるのに、まず、肉眼で見えるか見えないかという微小なデビルズタワー［訳注　映画『未知との遭遇』で有名になった岩山］をつくる。このタワーには地層のように複数の層がある――下から順に、半導体、絶縁体（セラミック）の薄い層、インジウム、セラミックの少し厚めの層、そしていちばん上が金属の層だ。金属の層にプラスの電圧をかけると電子が引き寄せられる。電子は上に向かうが絶縁体にぶつかり、そこを通って流れることはできない。ところが、絶縁体が十分薄いと、ヴードゥー量子力学のまじないを唱える電子――根源的なレベルでは波でもある――が現れ、そこを「トンネル」してインジウムに達する。

この段階で科学者は電圧を切り、孤立した電子を閉じ込める。インジウムはたまたま原子の合間に電子を流すのがうまいのだが、特段うまいというわけではなく、電子はインジウム層の内部へと姿を消す。インジウム層のなかで、電子はホバリングをしているような状態になる。動けはするが、とびとびのエネルギー準位（レベル）にしかいられないのだ。そしてインジウム層が十分薄くて狭いと、一〇〇〇個かそこらのインジウム原子が団結して集合的に一個の原子としてふるまい、捕らわれた電子を全体で共有する。一種の超個体［訳注　多数の個体が一つのようにふるまう生物集団。アリやハチがその一種］と言えよう。量子ドットに電子を複数注入すると、注入された電子はインジウムのなかで互いに異なるスピンをとり、巨大な軌道と殻に分かれる。これがどれほど奇妙なことかは、いくら強調してもしきれない。ちょうどボース＝アインシュタイン凝縮した巨大原子が、絶対零度の何十億分の一度まで苦労して冷やさなくても手に入るような感じだ。しかも、これは実用化と無縁な理論検証などではない。量子ドットは次世代「量子コンピューター」にとって計り知れない潜在能力を持っている。というのも、電子を一個ずつ制御できるから、したがって電子を一個ずつ使って計算できるからで、これはジャック・キルビーが五〇年以上前に考え出した集積回路に数十億個の電子を流すより、ずっと速くてきれいなやり方だ［五八・五九ページ］。

量子ドット後の周期表は今と同じではなくなるだろう。なにしろ、量子ドットはパンケーキ原子とも呼ばれているほど薄いので、電子殻がふつうとは違う。実際、今のところパンケーキ原子の周期表は私たちが慣れ親しんでいる周期表と見た目がずいぶん違う。一つには、横幅が狭い。オクテット則が成り立たないからだ。電子が殻を埋めるのに八個もかからないので、反応性の低い貴ガスがもっと狭い間隔で出現するのである。一方、横幅とは関係なく、もっと反応性の高いほかの量子ドットが貴ガスを挟んで位置が近い量子ドットと電子を共有して結合……していったい何ができるかなど想像もつかない。超原子の場合とは異なり、量子ドット「元素」にきれいに対応する実世界の元素は存在しない。

まあ結局のところ、シーボーグの考案になる、ランタニドとアクチニドを下側に濠（ほり）のように従えた、行と小塔による表が来る（きた）世代の化学教室でも幅を利かせると思ってまず間違いあるまい。この表はつくりやすさと理解しやすさを見事に兼ね備えている。シーボーグの表はどの化学の教科書でも表紙の見返しに刷られているが、残念なことに、もっと示唆に富む並べ方の周期表を裏表紙の見返しにいくつか付けてバランスを取ろうという教科書会社があまりない。三次元の表なんていいと思うのだが。飛び出す絵本のようにしたうえ、表を丸めてふつうは離れている元素を近づければ、それらが隣りあっているところをついに目にして、想像力のシナプスが刺激されるかもしれないではないか。どんな発想の配列規則を使っていてもいいから斬新な周期表をつくろうという非営利団体があったら、ぜひとも一〇〇〇ドル寄付したいところだ。今の周期表はこれまで役に立ってきたが、構想を練り直して新たにつくることは人類にとって（少なくとも一部の人にとって）重要だ。それより、異星人が本当に空から降りてきたときに、私は人類の独創性で彼らを感心させたい。ひょっとすると、あくまでひょっとするとだが、彼らに見慣れた形のものが人類のコレクションのなかにあったりして。

と思いきや、行が並び小塔が立つあの古き良き四角い表が、その飾り気のない感動的なまでの簡潔さが、彼らの心をわし摑みにしないとも限らない。もしかすると、彼らだって元素の並べ方をほかにいろいろ知っているのに、超原子や量子ドットについてかなり知識があるのに、この表に何か目新しさを見て取るかもしれない。そして、私たちが表の読み解き方をさまざまなレベルで解き明かすうち、本気で敬服して口笛を吹く（とか何かする）かもしれない——人類が元素周期表になんだかんだと詰め込んできた盛りだくさんの内容に圧倒されて。

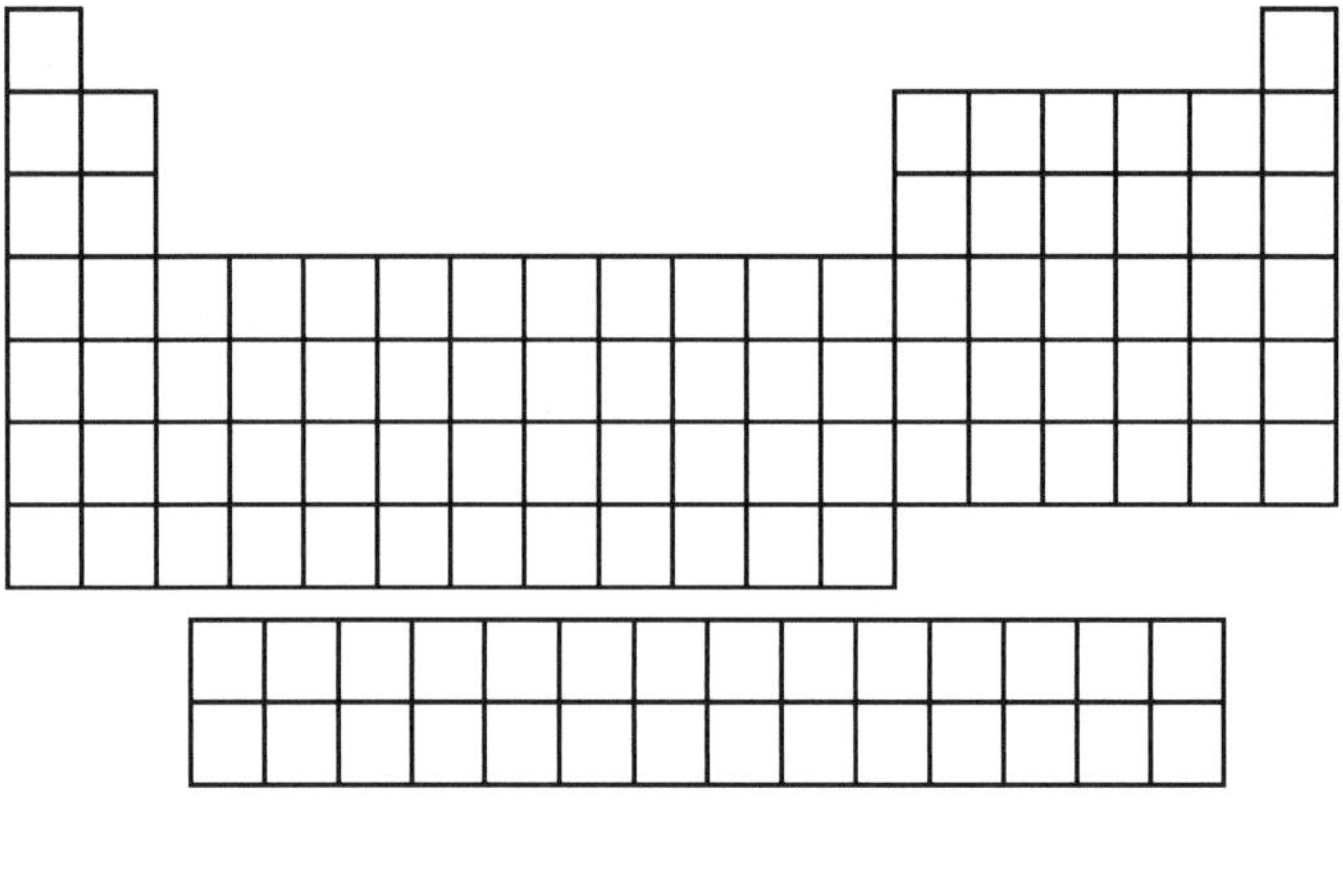

謝辞

まず、私にとって大切な人たちにお礼を言いたい。両親には、著述の道へ進ませてくれたこと、そして進んだあとに具体的にどうするつもりなのかをしつこく問いただそうとしなかったことに。美しいわが妻ポーラには私を支えてくれたことに。子どもたちのベンとベッカには茶目っ気を教えてくれたことに。サウスダコタ州を始めとする全米各地の友人や親戚の皆様には、私を応援してくれたことと家から連れ出してくれたことに。そして、教師や教授の皆様には、大いに価値あることをしているとは知らず、本書で紹介した数多くの逸話を初めて聞かせてくれたことに。

次の方々にもお礼申し上げたい。私の代理人であるリック・ブロードヘッドには、このプロジェクトが優れたアイデアで、私がその適任だと思ってくれたことに。もう一人ずいぶんお世話になったリトル・ブラウン社の担当編集者ジョン・パースリーには、この本の可能性を見抜き、それを形にしてくれたことに。そして、ひとかたならぬお世話になったカーラ・アイゼンプレス、サラ・マーフィー、ペギー・フロイデンタール、バーバラ・ジャトコラほか、名前を挙げられなかったリトル・ブラウン社と関連会社の大勢の皆様には、この本のデザインと改善に対する支援に。

また、ステファン・ファヤンス、www.periodictable.com のセオドア・グレイ、アルコア社のバーバラ・スチュアート、ノーステキサス大学のジム・マーシャル、カリフォルニア大学ロサンゼルス校のエリック・シェリー、カリフォルニア大学リバーサイド校のクリス・リード、ナディア・イザクソン、ケミカル・アブストラクツ・サービス社のコミュニケーションチームの皆様、米国議会図書館のスタッフと科学リファレンス学芸員の皆様など、個々の章やエピソードに貢献してくださった本当に多くの方々には、ストーリーに肉付けしてくださったこと、情報を追い詰めるのを手助けしてくださったこと、または時間を割いていろいろと説明してくださったことに謝意を表したい。ここに挙がっていない方がいらしたらお詫び申し上げる。お恥ずかしい話ではあるが、感謝の念は忘れていない。

最後に、ドミートリー・メンデレーエフ、ユリウス・ロタール・マイヤー、ジョン・ニューランズ、アレクサンドル＝エミール・ベギエ・ド・シャンクルトワ、ウイリアム・オドリング、グスタフス・ヒンリックスを筆頭とする周期表をつくりあげた科学者と、元素にまつわる興味深い物語にかかわった何千という科学者たちには、いくら感謝してもし切れない。

訳者あとがき

Hg 80 Nd 60 Sm 62 Co 27

著者が「はじめに」で触れているように、訳者が子どもの頃も体温計と言えば水銀体温計だった。あのくだりを訳していてなんだか水銀体温計を割ってみたくなったが、実際に割ったことはない。我が家では一貫して腋（わき）に挟んでいたので、しゃべって落としたこともないが、子どもの常としてやはり落とす。しかし畳部屋に敷かれた布団で寝ていたので、落としても割れることはなかった。それでも、体温計のなかで水銀が散り散りになり、やっきになって振って戻したという経験は何度もある。

というわけで訳者は何も学ばなかったが、著者は水銀一つから歴史、語源、錬金術、神話、文学、毒の科学捜査、心理学を学んだという。さらに、周期表からは詐欺、爆弾、通貨、錬金術、料簡の狭い政治、歴史、毒、犯罪、愛が読み取れるというのだ（もちろん科学についても）。どんな話が飛び出すか少しばかり紹介すると、第1部では学校で習わないような周期表の見方、いちばん長い英単語、ケイ素系生物の可能性、ノーベル賞を横取りしようとした物理学者、七つの元素名の由来になった場所……、第2部では私たちが星くずであるわけ、地球の年齢、恐竜の絶滅、毒ガス戦、コンゴ紛争、原子爆弾……、第3部では何度も「新発見」された元素、元KGBエージェントの毒殺、放射性ボーイスカウト、スペースシャトルの空中爆発ではない死亡事故、インドの塩事情……、第4部では万年筆のデザイン、トウェインのSF、マッドサイエンティスト、裏切られた女性科学者……、第5部ではビールが科学に果たす役割、国際キログラム原器、地球外生命の存在確率、天然の原子炉……。これでもずいぶん端折ったつもりだ。そうそう、原注ではカルシウムの味、すさまじいアナグラム……もうやめておく。

すでに読まれた方はご同意いただけると思うが、本書には元素や周期表を切り口に「こんなことまで読み取れるのか」と驚かされる。特に、人間臭い話が多い。著者も指摘しているとおり、周期表は科学の成果であると同時に人間の営みの結果なのだ。たとえば、新元素の発見は偉業なのでノーベル賞を取った、取り損ねた、邪魔された、横取りしたという話や優先権争いに事欠かない。よく知られた技術や製品もたくさん登場する。お楽しみあれ。

著者はアメリカの方なので、「水兵リーベ……」や「貸そうかな……」は出てこないが、それよりなにより、周期表ではおなじみの「～族～周期」という言い回しがどこにも出てこない。「周期」と「族」を使わずに通した著者の意を汲み、邦訳でもささやかながら援護射撃を試みている。理科や化学にアレルギーがあるという方にとって少しばかりでも読みやすくなっているといいのだが。

折しも今年は、マリー・キュリー（第12章を参照）のノーベル化学賞受賞から一〇〇年目、また国際純正・応用化学連合（IUPAC、第7章を参照）の設立一〇〇年にも当たっていることもあり、国連によって「世界化学年」に制定されている。公式サイト（日本委員会のサイトは http://www.

iyc2011.jp/）によるとその目的は「化学に対する社会の理解増進、若い世代の化学への興味の喚起、創造的未来への化学者の熱意の支援など」、統一テーマとして“Chemistry-our life, our future”が掲げられている。日本でも関連行事がいくつも予定されているので、興味のある方はぜひサイトにアクセスしてみていただきたい。

もう一つ、文部科学省が発行している図版入りのカラフルな周期表、「一家に1枚周期表」を紹介したい。PDFファイルをダウンロードして自由にプリントアウトしていいほか、印刷済みバージョンの実費頒布も行っている。現時点の表は第六版（http://www.mext.go.jp/a_menu/kagaku/week/1298266.htm）で、コペルニシウムも載っている。

「元素」や「周期表」を取り上げた書籍やムックは、本書のような一般向けのほかにも、図版のきれいな大判本から萌え系イラスト満載の本まで本当にたくさんある。これを機にあらためて科学書のコーナーに足を運んでみてはどうだろう。それから、自分も他人も、生物も無生物も、地球でも宇宙でも、ものは元素でできているということに思いを馳せてみるのもいいかもしれない。

著者は、第14章でゲーテとトウェインを取り上げているが、元素絡みの文芸作品なら日本にもある。たとえばこれ、というわけで締めに元素で短歌を味わってみよう。

ひところは「世界で一番強かった」父の磁石がうずくまる棚

『サラダ記念日』俵万智著、河出書房新社所収

第16章で取り上げられているネオジムからは、現時点で最強の永久磁石ができる。これが登場して世界最強の地位を追われたのがサマリウム・コバルト磁石で、ご存じの方が多いかもしれないが、歌人のご尊父はサマリウム・コバルト磁石の第一人者だそうである。ちなみに歌人は

稀土類元素（レア・アース）とともに息して来し父はモジリアーニの女を愛す

同右所収

という歌も詠んでおり、これによって日本希土類学会の名誉会員に選ばれていたりする。

最後に、まず、質問に丁寧に答えてくださった著者のサム・キーン氏に感謝する。そして、いつものことながら、早川書房編集部の伊藤浩氏にはひとかたならぬお世話になった。訳案と原文をつきあわせてチェックし、数多くの指摘や助言をいただいたおかげで、本書は一段と読みやすいものに仕上がった。心から感謝申し上げたい。また、校正の労をおとりいただいた二タ村発生氏ほか、お世話になった皆様方にお礼申し上げる。

二〇一一年六月　一日も早い復興を祈りつつ

松井信彦

参考文献

以下は私が下調べに際して参照した文献のそのまた一部に過ぎず、さらなる情報をお求めであれば「原注」をあたっていただきたい。どれも例外なく、もっと周期表についてお知りになりたい一般読者にとって最適の文献である。

Patrick Cioffey. *Cathedrals of Science: The Personalities and Rivalties That Made Modern Chemistry*. Oxford University Press, 2008.

John Emsley. *Nature's Building Blocks: An A-Z Guide to the Elements*. Oxford University Press, 2003.（『周期表──成り立ちと思索』馬淵久夫・冨田功・古川路明・菅野等訳、朝倉書店）

Sheila Jones. *The Quantum Ten*. Oxford University Press, 2008.

T. R. Leid. *The Chip: How Two Americans Invented the Microchip and Launched a Revolution*. Random House, 2001.

Richard Rhodes. *The Making of the Atomic Bomb*. Simon & Schuster, 1995.（『原子爆弾の誕生』神沼二真・渋谷泰一訳、紀伊國屋書店）

Oliver Sacks. *Awakenings*. Vintage, 1999.（『レナードの朝』春日井晶子訳、ハヤカワ・ノンフィクション文庫）

Glen Seaborg and Eric Seaborg. *Adventures in the Atomic Age: From Watts to Washington*. Farrar, Straus and Giroux, 2001

Tom Zoellner. *Uranium:war, energy, and the rock that shaped the world*. Viking, 2009.

由はひとえに、強い核力と弱い核力の届く範囲があまりに狭いから、そして私たちの身のまわりで陽子と電子のバランスが十分にとれているため電磁気力がほとんど相殺されているからだ。

397 ページ　「ウンビビウム」：科学者が超重元素を苦労して原子1個ずつつくらなければならない時期が数十年続いたのち、2008年、イスラエルの科学者らが122番元素を昔ながらの化学に回帰して発見したと発表した。どういうことかと言うと、アムノン・マリノフ率いるチームが、122番元素の化学上のいとこ分であるトリウムの天然試料を数カ月かけて精錬したのち、この超重元素の原子をいくつか見つけたと主張したのである。この仕事のありえないところは、こんな古風な方法で新しい元素が見つかったことだけではない。彼らは122番元素の半減期が1億年以上あると言うのだ！　あまりにありえなくて、実は多くの科学者が疑っている。彼らの主張はどんどん怪しくなっているが、2009年の暮れも押し迫った時点で彼らは主張を取り下げていない。

397 ページ　「科学をかつて席捲していたラテン語」：ラテン語の衰退の話だが、周期表は例外だ。理由はともあれ、西ドイツのチームが1984年に108番元素を仕留めたとき、彼らはドイツのある地方（ヘッセン）のラテン語名にちなんでハッシウムと名付けることにし、ドイチランディウムのような名前にはしなかった［訳注　ドイツ語でドイツはDeutschland（ドイチラント）］。

402 ページ　「四角に限定する理由は何もない」：これは周期表の新バージョンではないが、新しい提示方法であることは確かだ。イギリスのオックスフォードでは、周期表をあしらったバスとタクシーが人びとを乗せて街中を走り回っている。さまざまな元素の枠が総じてパステル調で車体の上から下まで縦横に並んでいる。これらの車両を運用しているのはOxford Science Parkだ。http://www.oxfordinspires.org/newsfromImageWorks.htm で写真が見られる。

また、周期表を200以上の言語で見られるサイトもあって、コプト語やエジプトのヒエログリフといった死に絶えた言語によるものも用意されている。http://www.jergym.hiedu.cz/~canovm/vyhledav/chemici2.html を参照。

ミが式を一部上下ひっくり返していることだ。本当の式は $\alpha = e^2/\hbar c$ で、e= 電子の電荷、$\hbar$= プランク定数（h）を２πで割ったもの、c= 光速だ。写真の式は $\alpha = \hbar^2/ec$ になっている。フェルミが本当に間違えたのか、写真家を少々おちょくったのかは明らかではない。

386ページ　「ドレイクの当初の計算」：ドレイクの式をじっくり眺めてみたい方は、以下をご覧あれ。私たちとの交信を試みている銀河系内の文明の数Nは、次の式で表される。

$$N = R^* \times f_p \times n_e \times f_l \times f_i \times f_c \times L$$

ここで、R^* は銀河系で恒星がつくられる速さ、f_p は惑星ができる恒星の割合、n_e はできた惑星のうち生命の棲み処に適した星の数の平均、f_l、f_i、f_c はそれぞれ生命、知的生命、社交的で交信熱心な生命の棲み処に適した星の割合、Lは異星人の種族が宇宙へ向けて信号を発信し始めてからみずからを滅ぼすまでの期間だ。

ドレイクが考えた当初の数は次のとおり：銀河系は毎年10個の恒星を生み（R^*=10）、うち半分が惑星をつくり（f_p=1/2）、惑星をもつ恒星はそれぞれ生命に適した惑星や衛星を２個持ち（n_e=2、ただし、太陽系には７個ある。金星、火星、地球、そして木星と土星の衛星がいくつか）、そうした星のうち１個が生命を生み（f_l=1）、そのうち１パーセントが知的生命の誕生にこぎつけ（f_i=1/100）、そのまた１パーセントが石器時代人より進化して宇宙へ信号を発信できる生命を育み（f_c=1/100）、信号を１万年発信し続ける（L=10000）。計算すると、地球と交信しようとしている文明の数として10が得られる。

個々の値にかんする意見はさまざまで、時に大きく違う。近ごろエジンバラ大学の宇宙物理学者ダンカン・フォーガンが、モンテカルロ法を用いてドレイクの式のシミュレーションを行った。ランダムな値を各変数に指定して計算すること数千回、彼は最もありえそうな値を割り出した。私たちと接触しようとする文明の数をドレイクは10とはじき出したが、フォーガンは銀河系だけで合計31574あると計算した。彼の論文は http://arxiv.org/abs/0810.2222 で読むことができる。

第19章　周期表を重ねる（延ばす）

393ページ　「優勢な力が入れ替わるのに合わせて」：４つの基本的な力の３つめは弱い核力で、原子のベータ崩壊をつかさどる。興味をそそる事実として、フランシウムが苦労しているのは強い核力と電磁気力がなかでせめぎあうからなのに、この元素は争いを仲裁するのに弱い核力に訴えるのである。

４つめの基本的な力は重力だ。強い核力は電磁気力より100倍強く、電磁気力は弱い核力より1000億倍強い。その弱い核力は重力よりなんと1000万の10億倍の10億倍強い（この数はアスタチンの希少性を計算したときに用いたのと同じ数字だと言えば、スケールの違いがわかるだろうか）。重力が私たちの日常生活を支配している理期の説明を難しくすると、定数の変化を持ち出して言い逃れをしようとする。
382 ページ　「オーストラリアの天文学者ら」：オーストラリアの天文学者らによる仕事について詳しくは、そのうちの１人、ジョン・ウェッブが書いて *Physics World* 誌の 2003 年 8 月号に掲載された“Are the Laws of Nature Changing with Time? ”を参照されたい。私はまた、ウェッブの同僚であるマイク・マーフィーに 2008 年 6 月にインタビューをしている。
383 ページ　「基礎定数が変化する」：α が絡む別の話として、なぜ世界中の物理学者のあいだで特定の放射性原子核の崩壊速度が一致しないのか、科学者は長いこと悩んでいる。実験は単純なので、グループによって答えが違う理由はないのだが、ケイ素、ラジウム、マグネシウム、チタン、セシウムなど、不一致が解消されない元素が相次いでいる。
　この難題を解決しようとするなかで、イギリスの科学者らが、各グループが異なる崩壊速度を１年のうちの異なる時期に報告していることに気がついた。そこで、このイギリスの科学者らは独創的な発想で、地球には毎年太陽に近づく期間があるのだから、ひょっとすると地球が太陽の周りを回るにつれて微細構造定数が変わっているのではないかと言い出した。崩壊速度が時期によってばらつく理由にはほかにも説明が考えられるが、α が変わるというのは最も興味をそそる部類に入る。α が太陽系のなかでさえ本当にそれだけ変わっているとしたらものすごいことだ！
384 ページ　「のっけから成り立っていなかった」：一見矛盾するような話だが、α が変わる証拠を発見しそうな科学者を本気になって探しているグループの１つはキリスト教原理主義者だ。基盤となっている数式はいろいろな見方ができるが、α は光速に対して定義されていると見ることができる。やや思弁的だが、α が変わったというなら、光速も変わった可能性が高い。ここで、創造説支持者も含めて誰もが認めるとおり、遠い恒星からの光は何十億年も前の出来事の記録をもたらしている。あるいは、少なくともそう見える。この記録と「創世記」に基づく年表との歴然たる矛盾を説明するため、一部の創造説支持者は、神は光がすでに「こちらに向かっている途中で」宇宙をつくり、信者を試して神か科学を選ばせているのだと主張する（彼らは恐竜の骨の場合も同じような議論を展開する）。そこまで厳格ではない創造説支持者はこのアイデアに戸惑う。この説では神が人をだますかのように、さらには邪険であるかのように描かれているからだ。それでも、光速がかつて何十億倍も速かったとしたら、問題は解消される。神はやはり地球を 6000 年前につくっているのに、光と α にかんする私たちの無知が真実を覆い隠してきたということになるのだ。言うまでもないが、定数の変化に取り組んでいる科学者の多くが、自分の仕事がこんな形で利用されることにぞっとしているが、「原理主義者物理学」とでも言えそうなものに携（たずさ）わっているごく少数のあいだで、定数の変化にかんする研究はきわめてホットな分野となっている。
385 ページ　「いたずらっぽい」：黒板の前に立つエンリコ・フェルミの有名な写真には、微細構造定数 α の定義式が背景に写っている。この写真で奇妙なのは、フェル

K20を急いでパリへ送り出そうとしない理由がわかる。最近校正されたばかりのステンレス鋼円柱と比べるのでほぼ十分というわけだ。

BIPMは前世紀に3回、世界中に散らばる各国の公式キログラム原器をすべてパリに集めて大規模校正を行っているが、近い将来再び行う予定はない。

375ページ 「そうした微調整」：厳密に言うと、セシウム時計は電子の超微細構造分裂に基づいている。電子の微細構造分裂による差を2分音符とするなら、超微細構造分裂による差は4分音符、さらには8分音符だ。

今日(こんにち)でも世界標準の座はセシウム時計が守っているが、運用の現場ではたいていルビジウム時計が取って代わっている。ルビジウム時計のほうが小さくて持ち運びやすいからだ。もっと言うと、ルビジウム時計は、世界各地の時刻標準と比較したり合わせたりするのによく世界中を引っ張り回されており、ほとんど国際キログラム原器のような役割を果たしている。

378ページ 「数秘学」：エディントンがαに取り組んでいたのとほぼ同じ頃、偉大な物理学者ポール・ディラックが定数の変化というアイデアを初めて広めた。原子レベルでは、陽子と電子のあいだの電気的な引力が、この2つのあいだに働く重力による引力を凌駕している。それも、強さの比には10^{40}、すなわち1万の1兆倍の1兆倍の1兆倍という想像もつかない違いがある。ディラックはまた、電子が原子をどれくらい速く横切るかもたまたま調べ、1ナノ秒より短かったその結果を光が宇宙を横切るのにかかる時間との比をとってみた。なんと、その値は10^{40}だった。

予想されるように、ディラックが調べるほどこの比は繰り返し顔を出した。宇宙の大きさと電子の大きさ、宇宙の質量と陽子の質量、などなど（エディントンもかつて、宇宙には陽子と電子がおよそ10^{40}掛ける10^{40}個あると証言したことがある――ここにも出現）。総じて、ディラックなどの科学者は、これらの比が何らかの未知の物理法則に強制されて同じになっていると確信するようになった。唯一の問題は、一部の比が変化する数、たとえば膨張を続ける宇宙の大きさに基づいていることだった。自分が出した数々の比を同じにするため、ディラックは斬新なアイデアを打ち出す――重力が時間と共に弱くなることにしたのだ。こんなことが起こる可能性があるのは、重力の基本定数Gが小さくなる場合だけだった。

ディラックのアイデアはすぐに崩壊した。科学者が指摘したいくつかの欠陥の1つは、恒星の明るさはGに大きく左右されるので、Gが過去にもっと大きかったなら、地球には海がないはずということである。もっと明るく輝いたであろう太陽によってすっかり蒸発するからだ。だが、ディラックの研究はほかの科学者を刺激した。この研究の最盛期だった1950年代、ある科学者などは、すべての基本定数は絶えず小さくなりつつあるのではないかとまで言っている――つまり、一般に思われているように宇宙が膨らみ続けているのではなく、地球や人間が縮み続けているというのだ！

全体として、定数の変化にかんする研究の歴史は錬金術の歴史に似ている。まっとうな科学が営まれていても、それをふるいにかけて神秘主義と区別するのは難しい。科学者はえてして、何かしらの宇宙論的な謎――加速膨張する宇宙など――が特定の時の境をさまよった末、医師らの努力のかいあってようやく容体が落ち着いた。その後完治して、職場復帰を果たしている。

第17章　究極の球体

365ページ　「またたく泡の研究に専念することにした」：パターマンは、彼がソノルミネッセンスにほれ込んだ経緯と自分の専門的な仕事について、*Scientific American* 誌の1995年2月号と、*Physics World* 誌の1998年5月号および1999年8月号に寄稿している。

367ページ　「強固な基盤を持っていた」：泡研究の理論的突破口の1つが、中国で開催された2008年オリンピックで興味深い役割を演じている。1993年、ダブリンのトリニティ大学で2人の物理学者ロバート・フィランとデニス・ウェアラが、「ケルヴィン問題」の新しい解を突き止めた。ケルヴィン問題とは表面積が最小のフォーム構造のつくり方で、ケルヴィン卿は14面体の泡によるフォームをつくればいいと示唆していたのだが、アイルランドのデュオは12面体と14面体を組み合わせて表面積を0.3%ほど小さくしてケルヴィン卿を出し抜いた。2008年のオリンピックでは、設計事務所がフェランとウェアラの仕事に基づき図面を引いて、有名な水泳会場である「泡の箱」（ウォーターキューブの名で知られている）が北京に建てられ、プールではマイケル・フェルプスが素晴らしい活躍を見せた。

それから、浮くものばかりだとお叱りを受けないよう紹介すると、近ごろ活発に研究されているもう1つの分野が「アンチバブル」だ。アンチバブルとは、空気を閉じ込める液体による球面状の薄膜（たとえば泡）とは逆の、液体を閉じ込める空気による球面状の薄膜で、当然のことながら浮かない。アンチバブルは沈む。

第18章　あきれる精度を持つ道具

373ページ　「校正に使う原器を校正する」：各国の公式キログラム原器を新たに校正してもらうためには、最初の手続きとして(1)キログラム原器を空港のセキュリティとフランスの税関を通過させる方法の詳細と(2)BIPMに対して測定の前後に洗浄を依頼するかどうかを、所定の用紙に記入してファックスする必要がある。公式原器は、マニキュア除光液の基本成分であるアセトンにつけて洗浄されたのち、糸くずの出ないチーズクロスでそっとはたいて乾かされる。最初の洗浄後、そして何らかの扱いをするたび、BIPMのチームは原器を数日かけて安定させてから再び触る。こうした洗浄と測定のサイクルを経ることから、校正には軽く数カ月かかる。

アメリカは実は白金‐イリジウム原器をK20とK4の2つ持っている。K20が主原器なのだが、その理由はアメリカがこちらを昔から持っているというだけのことである。アメリカはまた、ステンレス鋼でできた公式に限りなく近い複製を持っており、そのうちの2つはNISTがここ数年で入手したものだ（ステンレス鋼製なので、密度の高い白金‐イリジウム円柱より大きい）。これらが手に入ったことを考えると、あの円柱を空輸する際に生じるセキュリティ上の困難と相まって、ザイナ・ジャバーが彼はハンドルを握ったまま居眠りし、ワンボックスカーに111mph（177km/h）で激突したのである。郡刑務所での禁固8カ月になりそうだったところを、遺族の証言を聞いた裁判官が、シュリーファーには「州刑務所の経験が必要」だと言った。AP通信によると、かつての同僚レオン・クーパーは信じられないといった様子でこう口にしたという。「これは私が一緒に仕事をしたボブではない。……私が知っているボブではない」

340ページ　「(ほぼ)」：ここで、厳密さを求める姿勢を少し緩(ゆる)めよう。不確定性原理を、何かを測定するとその測定対象を変化させる――いわゆる観察者効果――というアイデアと一体化させる人が多いが、このことにはいくつかそれなりの理由がある。光子という軽い粒子は科学者にとっては物事に探りを入れるための最小の道具と言っていいが、その光子も比較の対象が電子や陽子などの粒子となれば格段に小さいわけではない。そのため、光子をぶつけて粒子の大きさや速さを測るというのは、ダンプカーのスピードを測るのにピックアップトラックを衝突させるようなものとなる。もちろん情報は得られるが、代償としてダンプカーの進路が逸れる。そして、発展途上の量子物理学実験の多くで、粒子のスピンや速さや位置を観測することが、実験の現実を気味の悪い形で本当に変える。その意味で、発生する変化を理解するために不確定性原理の理解が必要だとは言っていいだろう。しかし、変化そのものの原因は観察者効果というまったく別の現象である。

結局のところ、この2つを一体化させる人が多い本当の理由は、観察という行為によって何かが変わるということの比喩を私たちが社会として必要としており、不確定性原理がそのニーズを満たしているからのようである。

343ページ　「『正しい』理論よりはるかによく」：ボースの間違いは統計にかんするものだった。コインを2回投げて表（H）1回、裏（T）1回の順に出る確率を計算する場合、4つある可能性――HH、TT、TH、HT――をすべて挙げることで正しい答え（1/4）を導ける。ボーズは基本的にHTとTHを同一の事象として扱い、1/3という答えを得ていたのだった。

346ページ　「ノーベル賞を受賞している」：コロラド大学はボース＝アインシュタイン凝縮を解説する優れたWebサイトを開いており、そこにはコンピューターアニメーションや対話的なツールなどが豊富に用意されている。http://www.colorado.edu/physics/2000/bec/

コーネルとワイマンはノーベル賞をヴォルフガング・ケテレと分けあった。ドイツ人物理学者のケテレもコーネルとワイマンからわずかに遅れてBECをつくっており、その奇妙な性質の探求に貢献している。

不幸なことに、コーネルはノーベル賞受賞者としての人生を楽しむ機会を失いかけた。2004年のハロウィーンの数日前、彼は「流感」と肩の痛みで入院したのち、昏睡状態に陥った。単なる連鎖球菌の感染だったのが悪化して、壊死性筋膜炎という、人食いバクテリアなどとも呼ばれる重篤な軟組織感染症になったのだ。感染を食い止めるために左腕と左肩が切断されたが、症状は治まらなかった。それから3週間生死

10.8トン)。人間とゾウは水という同じ基本物質でできているので、密度は同じだ。したがって、人間にパラジウムと同じ食欲があるとして相対的な体積を求めるには、単純に男性の体重である250ポンドに900を掛け、その結果(225000)をゾウの体重で割ればよく、飲み込まれるゾウは9.4頭分だと算出される。ただし、これは肩までの高さが13フィート(約4メートル)という史上最大のゾウの場合だ。一般的なアフリカゾウの雄の体重は18000ポンド程度なので12頭ほどということになる。

318ページ 「病的科学の説明」:デイヴィッド・グッドスタインによる常温核融合にかんする記事のタイトルは"Whatever Happend to Cold Fusion?"で、*American Scholar*誌の1994年秋号に掲載されている。

第16章 零下はるかでの化学

331ページ 「責めやすい事実」:スズペストがロバート・ファルコン・スコットに悲しい運命をもたらしたという説の出どころは*New York Times*紙の記事のようだが、その記事が採っているのは、スコット隊が食料などの補給物資を貯蔵していたスズそのもの(つまり容器)が破損したとする説だ。世間がスズはんだのせいにし始めたのはもっとあとのことである。スコットがはんだに使ったものが何かについても、革製シール、純粋なスズ、スズと鉛の合金など、歴史家のあいだでもかなりいろいろな説が飛び交っている。

331ページ 「核の束縛を逃れて自由に飛び回る」:実をいうと、プラズマは恒星の主たる状態であることから、物質の形態として宇宙で最もありふれている。地球の大気圏上層部にも(かなり低温だが)プラズマが存在して、そこでは太陽からの宇宙線が、まばらな気体分子をイオン化している。この宇宙線が、極地で見られるオーロラという、この世のものとも思えない自然の光のショーの発生に寄与している。

331ページ 「二つの状態のブレンドだからだ」:コロイドにはゼリーのほかにも霧、ホイップクリーム、ある種の色ガラスなどがある。第17章で触れる固体泡(フォーム)もコロイドで、この場合は気体が固体のなかに散在している。

333ページ 「一九六二年にキセノンを使って」:バートレットはキセノンにかんする重要な実験を金曜日に行ったのだが、その準備にまる1日かかった。ガラスのシールを壊して反応が起こるのを見たのが午後7:00過ぎ。彼はあまりの興奮に研究所の廊下へ飛び出して、大声を張り上げて同僚を呼んだ。しかし誰もが週末を控えてすでに帰宅しており、彼はひとりで祝う羽目になった。

336ページ 「シュリーファー」:背筋の凍るような晩年の危機がBCSトリオの1人に訪れている。シュリーファーがカリフォルニア州の幹線道路でひどい交通事故を起こし、2人を死なせ、1人をまひさせ、5人に怪我を負わせたのだ。スピード違反の切符をすでに9枚切られて免停になっていたのに、74歳のシュリーファーはかまわず、新しいメルセデスのスポーツカーでサンフランシスコからサンタバーバラまでドライブすることにし、3桁をゆうに超えるスピード[訳注 キロ単位では時速160キロ以上]で飛ばした。これほどのスピードでどうして可能だったのかわからないが、

第15章　狂気と元素

303ページ　「病的科学」：「病的科学」という言葉の生みの親は科学者のアーヴィング・ラングミュアで、彼は1950年代にこのテーマで講演を行っている。ラングミュアにかんする興味深い逸話を2つ。昼食を共にした相手のノーベル賞と無礼が引き金となって、ギルバート・ルイスが自殺したのかもしれないと言われている、「より若くてカリスマがあるライバル化学者」とは彼のことだ（第1章を参照）。晩年のラングミュアは、雲の種を蒔いて天気をコントロールするというアイデアに取り憑かれていった——この定義のあいまいなプロセスも一歩間違えば病的科学になりかねなかった。偉大な科学者さえ気を抜くと危ないということだ。

この章を書いているうち、私はラングミュアの言う病的科学からなんとなく離れた。彼の定義は範囲が狭いし形式的すぎる。病的科学の定義にはほかにデニス・ルソーのものがあり、彼は1992年に*American Scientist*誌に"Case Studies in Pathological Science"という優れた記事を書いている。だが、私はルソーの定義からも離れつつある。その主たる理由は、病的科学のもっと有名なほかの例ほどデータ主導ではない、古生物学のような科学を含めるためだ。

304ページ　「弟のフィリップが海難事故で亡くなった」：ウイリアムの弟だったフィリップ・クルックスが亡くなった船は、初めての電信回線用大陸間ケーブルの一部を敷設していた。

305ページ　「超自然的な力が本当に存在すること」：ウイリアム・クルックスは、神秘主義的かつ汎神論的かつスピノザ主義的な自然観を持っており、万物が「唯一存在する種類の物質」を分かちあっていると考えていた。あるいはこのことが、なぜ彼が幽霊や霊魂と対話できると思ったのかを説明しているのかもしれない。なにしろ彼も同じ物質の一部なのだから。だが、考えてみればこの見方はどうにもおかしい。なにしろクルックスは新元素の発見で名を上げている——新元素とは違う形態の物質のことではないか！

310ページ　「マンガンとメガロドンの話」：メガロドンとマンガンのつながりについて詳しくは、ベン・S・ロシュが、メガロドンが生き延びたと考えることにいかに無理があるかを評価する記事を発表しており、*The Cryptozoology Review*（"cryptozoology"〔未確認動物学〕なんていう言葉があるのか！）の1998年秋号に掲載されている。彼はこの話題を2002年に再び取り上げている。

310ページ　「病気はマンガンから始まった」：元素と心理学の奇妙なつながりをもう1つ。オリヴァー・サックスが『レナードの朝』（春日井晶子訳、早川書房など）に記しているところによると、マンガンの過剰摂取は人間の脳に害を及ぼし、彼が病院で治療に当たっていたパーキンソン病のような症状を引き起こす。パーキンソン病の発症原因としてまれだとはいえ、なぜこの元素がたいていの毒性元素とは違って、ほかの重要な器官には目もくれずに脳を攻撃するのかについてはよくわかっていない。

313ページ　「アフリカゾウの雄」：アフリカゾウの雄の換算は次のとおり。サンディエゴ動物園によると、記録が残っている最大のゾウの体重は約24000ポンド（約と大きな理論の一部として捉えていたからだ――この化学的親和性という用語が、ゲーテ（イェーナでよくデーベライナーの講義を聴講していた）に『選択的親和性』という表題の着想を与えた。

290 ページ　「荘厳の域に迫るデザイン」：元素から着想を得た荘厳なデザインには、セオドア・グレイ作のコーヒーテーブル、木製の Periodic Table Table（周期表テーブル）というものもある。上面には 100 を超える枠が用意されており、人工的にしかつくれない多くも含めて、グレイは実在するすべての元素の試料を揃えてきた。もちろん、微量しかないものもある。フランシウムとアスタチンという最も希少な天然元素の場合、彼の試料は実はウランの塊（かたまり）だ。塊の内部のどこかにそれらの原子が少なくともいくつかはある、というグレイの言い分は正しく、正直言って今でも誰もがその程度のことしかできない。それに、周期表に挙げられているほとんどの元素は灰色の金属なので、どのみち区別は難しい。

293 ページ　「すべてのパーカー 51 でペンポイントに使われ始めた」：パーカー 51 の冶金学については、Daniel A. Zazove と L. Michael Fultz による“Who Was That Man? I'd Like To Shake His Hand”を参照されたい。Pen Collectors Of America の機関誌 *Pennant* の 2000 年秋号に掲載されている。この記事は、熱心な愛好家の――アメリカの知られざる魅力的な一面を存続させる――歴史を象徴する素晴らしい実例だ。パーカーのペンにかんするその他の情報源としては、Parker51.com や Vintagepens.com などがある。

パーカー 51 の名高いペンポイントは、実際にはルテニウムが 96 パーセントとイリジウムが 4 パーセントだった。同社はこのニブを超長持ちの“plathenium”の名で宣伝したのだが、思うに、同業他社に高価な platinum（白金）が鍵だと誤解させようとしたのではないだろうか。

295 ページ　「それを逆手に取ってそのまま公表した」：トウェインがレミントン社に送った手紙の文面は次のとおり（同社はそっくりそのまま掲載した）［訳注　クレメンズはトウェインの本名］。

> 拝啓　当方の名前をいかなる形でも使用しないでいただきたい。1 台所持しているという事実からして公表を差し控えいただきたく。タイプライターの使用はすっかり止（や）めております。その理由は、あれを用いて誰かに手紙を書こうものなら、あの機械についてばかりか、当方がどの程度使い慣れてきたかを初めとする雑多な説明まで求める返信を必ず受け取るはめになるからです。当方は手紙を書くことが好きではなく、従いまして、好奇心をあおるあの小さな難物を所持していることを人様に知られたくないのです。
>
> 敬具
>
> サミュエル・L・クレメンズ

原　注

この「2重に正しいアナグラム」はこの千年紀最高の単語パズルだ。まずは、周期表の元素30種がまた別の30種と等しい。

hydrogen + zirconium + tin + oxygen + rhenium + platinum + tellurium + terbium + nobelium + chromium + iron + cobalt + carbon + aluminum + ruthenium + silicon + ytterbium + hafnium + sodium + selenium + cerium + manganese + osmium + uranium + nickel + praseodymium + erbium + vanadium + thallium + plutonium
=
nitrogen + zinc + rhodium + helium + argon + neptunium + beryllium + bromine + lutetium + boron + calcium + thorium + niobium + lanthanum + mercury + fluorine + bismuth + actinium + silver + cesium + neodymium + magnesium + xenon + samarium + scandium + europium + berkelium + palladium + antimony + thulium

-iumという語尾がそれなりの数あって難しさがやや緩和されているとはいえ、なんともすさまじい。ところがさらにすさまじいことに、各元素を原子番号に置き換えても、このアナグラムの等式が成り立つのだ。

1 + 40 + 50 + 8 + 75 + 78 + 52 + 65 + 102 + 24 + 26 + 27 + 6 + 13 + 44 +14 + 70 + 72 + 11 + 34 + 58 + 25 + 76 + 92 + 28 + 59 + 68 + 23 + 81 + 94
=
7 + 30 + 45 + 2 + 18 + 93 + 4 + 35 + 71 + 5 + 20 + 90 + 41 + 57 + 80 + 9 +83 + 89 + 47 + 55 + 60 + 12 + 54 + 62 + 21 + 63 + 97 + 46 + 51 + 69
=
1416

アナグラム作家のマイク・キースが言うとおり、「これはこれまでつくられた2重の意味で正しいアナグラムのなかで最長だ（化学元素を使ったものとして――というか、私が知る限り、どのような決まった種類の単語にかんしても）」

同じ路線で、トム・レーラーによる“The Elements”というたぐいまれな歌がある。ギルバートとサリヴァンの喜歌劇 *The Pirates of Penzance* の早口な歌“I Am the Very Model of a Modern Major-General”のメロディーに乗せて、周期表に載っている全元素の名前をさくさくと86秒で挙げきる。YouTubeで観てみよう。“There's antimony, arsenic, aluminum, selenium...”

286ページ　「『プルトニスト』」：プルトニストは、火の神ウルカーヌスにちなんでヴァルカニストと呼ばれることもあった。この呼び名は、岩石の形成における火山の役割を強調したものである。

288ページ　「この縦の列から出発したのだ」：デーベライナーは自分の手による元素のグループ分けを3つ組ではなく親和性と呼んだ。化学的親和性という自分のもっム」ではボロン（臭素）やバリウムと音が似ているということで、107番元素を発見した西ドイツのチームはこの決定を喜ばなかった。

第13章　貨幣と元素

271ページ　「コロラド州で初めて見つかっていた」：金とテルルの化合物がコロラド州の山中で発見されたという事実は、コロラド州テルライド（テルル化物）という、その地にできた鉱業の街の名に反映されている。

275ページ　「蛍光」：混同されやすい（そして実際に混同されていることが多い）用語の違いを整理しておこう。「冷光（ルミネセンス）」（luminescence）とは、光を吸収して放出する現象を指す包括的な用語。「蛍光」（fluorescence）はこの章で説明したプロセスで、短時間で終わる。「燐（りん）光」（phosphorescence）は蛍光——周波数の高い光を吸収して周波数の低い光を発する——と似ているが、燐光を発する分子はバッテリー付きであるかのように光を吸収し、光を消したあともしばらく光り続ける。つづりからお察しの方もいるかもしれないが、蛍光と燐光を意味する英単語の由来は周期表に載っているフッ素（fluorine）とリン（phosphorus）、こうした性質を科学者に初めて見せた分子を何より特徴付けていた2つの元素である。

281ページ　「八〇年後のシリコン半導体革命」：ムーアの法則によるとマイクロチップ上のシリコントランジスターの数は2年ごとに倍増する——驚くべきことに、1960年代からずっとその通りだ。この法則がアルミニウムにも成り立つとすると、アルコア社の創業20年後の生産高は88000ポンドではなく51200ポンドとなる。アルミニウムはずいぶんがんばり、少なくとも当初は周期表で隣りあう元素のケイ素に勝っていた。

282ページ　「株を三〇〇〇万ドル相当持っていた」：チャールズ・ホールが亡くなった時の資産額には諸説ある。幅があって、3000万ドルは最も高い額だ。この混乱の元は、ホールが亡くなったのが1914年であるところへ、遺産処理が14年後まで終わらなかったことかもしれない。遺産の3分の1の行き先はオーバーリン大学だった。

282ページ　「この不一致」：言語間の違いはともかく、言語内でのつづりの違いということでは、cesium（セシウム）をイギリス人はcaesiumとつづりがちで、sulfur（硫黄）を多くの人がsulphurとつづる。ほかにも、110番元素（メンデレビウム）はmendeleviumではなくmendel*ee*viumとすべきだとか、111番元素（レントゲニウム）はroentgeniumではなくröntgeniumとすべきだとかいう話もある。

第14章　芸術と元素

283ページ　「書き記すほどになっていた」：シビル・ベッドフォードの引用は彼女の小説*A Legacy*より。

284ページ　「趣味」：変わった趣味と言えば、元素にまつわる奇抜な物語満載の本書で、これを紹介しないわけにはいかない。次のアナグラムはAnagrammy.comというWebサイトで1999年5月にSpecial Category賞をとったもので、私が知る限り、を数時間ですっかり飲み干した末に死んでしまった。マウスを殺すというのはノーベル賞ものの行為とはとても言えず、貴重な重水を汚い齧歯類が尿としてすっかり流したと知って、ローレンスは激怒した。

258 ページ　「個人的な理由で受賞を阻んだと絶えず口にしていた」：カジミェシュ・ファヤンスのご子息で、現ミシガン大学医学部内科名誉教授のステファン・ファヤンス氏から、電子メールで情報をお寄せいただいた。ご厚意に感謝する。

> 1924 年、私は 6 歳でしたが、その年か、あるいは後年には間違いなく、ノーベル賞にかんする話を父からある程度は聞いていました。ストックホルムのある新聞が「K・ファヤンスがノーベル賞受賞へ」という見出しを掲げたのは（化学賞か物理学賞かはわかりません）、噂ではなく事実です。その新聞を見た記憶がありますし、載っていた父の写真も覚えています。ストックホルムのある建物の前を歩いていて（それ以前に撮影されたものでしょう）、改まった感じの服を着ていました。〔当時としての〕正装ではありませんでしたが。……委員会の有力メンバーが個人的な理由で受賞を阻んだというのが私が聞いたところです。噂なのか本当なのか、誰かが当時の議事録を見ない限り知る由もありません。でも議事録は極秘扱いだと思います。私が確実に知っているのは、父がノーベル賞を受賞するはずだったこと。父は内情に通じている誰かから知らされていましたから。その後もいずれ自分は受賞すると思っていました……しかしそうならなかったのはご存じのとおりです。

259 ページ　「『プロトアクチニウム』」：マイトナーとハーンによる命名のつづりは protoactinium だったが、1949 年になって科学者が o を 1 つ省いて短くした。

263 ページ　「『学問分野間の偏見、政治への鈍さ、無知、そして性急さ』」：マイトナーとハーンとノーベル賞授与にかんする素晴らしい分析が *Physics Today* 誌の 1997 年 9 月号に掲載されている（Elisabeth Crawford, Ruth Lewin Sime, Mark Walker による "A Nobel Tale of Postwar Injustice"）。マイトナーが「学問分野間の偏見、政治への鈍さ、無知、そして性急さ」のせいで賞を逃したという引用の元はこの記事だ。

264 ページ　「元素の命名にかんする風変わりなルール」：1 度でも元素名として提案された名前は、周期表に載るチャンスを二度と与えられない。証拠が崩れた元素の名前、あるいは化学を国際的に管理する団体（IUPAC）に却下された名前はブラックリストに載る。オットー・ハーンのケースはこれで納得かもしれないとして、これはイレーヌ・ジョリオ＝キュリーにちなんで元素を「ジョリオチウム」と名付けることが今後一切できないことも意味している。「ジョリオチウム」は 105 番元素の名前の公式候補になったことがあるからだ。「ギオルシウム」にチャンスがもう 1 度与えられるかどうかははっきりしない。ひょっとすると「アルギオルシウム」なら行けるかもしれないが、IUPAC は姓名を使うことを嫌がり、107 番元素にかんして簡素な「ボーリウム」を採って「ニールスボーリウム」を却下した実績がある――「ボーリウ

248 ページ　「苦難だらけの私生活」：キュリー夫妻について特に詳しく知りたい方は、シーラ・ジョーンズの素晴らしい著作 *The Quantum Ten* を参照されたい。驚くばかりに議論百出で手に負えない状態だった初期の量子力学（1925 年前後）について詳しく語られている。
248 ページ　「ボトル売りした」：ラジウム大流行の誰よりも有名な犠牲者と言えば、鉄鋼界の大物エベン・バイアズだ。彼はラディトール社がボトル売りしていたラジウム水を 4 年にわたって毎日飲み続けた。ラジウム水が不老不死のような力を与えてくれると信じてのことだ。だがやがて痩せ衰え、ガンで亡くなっている。バイアズがほかの多くの人より飛び抜けてラジウムに熱心だったというわけではない。ラジウム水を飲みたいだけ飲める財力があっただけのことだ。*Wall Street Journal* 紙は彼の死を「ラジウム水はよく効いた、顎が落ちるほど」という見出しで追悼している［訳注　バイアズの没年は 1932 年。当時のアメリカでは、夜光時計文字盤工場の職工に発生した職業病として、ラジウム顎と呼ばれた顎の骨髄炎が知られていた］。
255 ページ　「正当化した、ということのようである」：ハフニウム発見の本当の物語については、エリック・シェリー著の *The Periodic Table*（『周期表――成り立ちと思索』馬淵久夫・冨田功・古川路明・菅野等訳、朝倉書店、2009）を参照されたい。この本には周期的な体系が姿を現すに至った経緯が、その土台を築いた科学者たちの往々にして奇妙な哲学や世界観も含めて、綿密に、そして見事につづられている。
256 ページ　「特別な『重』水」：ド・ヘヴェシーは重水実験を自分のほかに金魚に対しても行い、何匹も死なせている。

ギルバート・ルイスも、1930 年代前半にノーベル賞受賞を目指した最後の最後となる努力のなかで、重水を使った。ルイスは、ハロルド・ユーリーによる重水素――中性子が 1 個多い重い水素――の発見がノーベル賞ものだとわかっていた。それは世界中の科学者も、ユーリー本人も同じだった（彼は概して精彩を欠くキャリアを送っており、妻の親族からあざけりを受けるなどしていたが、重水素を発見した直後に家へ帰って妻にこう告げている。「ハニー、おれたちの苦労は終わった」）。

ルイスは、逃し続けていたあの賞に手をかけるため、重水素でできた水の生物への影響を調べることにした。同じアイデアを持っていた科学者はほかにもいたが、アーネスト・O・ローレンス率いるバークレー校物理学科は、まったくの偶然から、世界で最も多量の重水を保持していた。研究チームは放射能実験に何年も使われていた水のタンクを持っており、そのなかに重水が比較的たくさん（といっても数オンス［100 ～ 200 グラム前後］）含まれていたのだ。ルイスは重水を純化させてもらえるようローレンスに頼み込み、ローレンスは承諾した――ただし、ローレンスの研究にも重要かもしれないため、実験が終わったらルイスが水を返すことを条件に付けた。

ルイスは約束を破った。重水を分離したのち、彼はそれをマウスに与えて様子を観察したのである。奇妙な性質の 1 つとして、重水は海水と同じく、飲めば飲むほどかきむしりたくなるほど喉が渇く。身体が代謝できないからだ。ド・ヘヴェシーは重水をわずかしか飲まなかったので彼の身体は気づかなかったが、ルイスのマウスは重水ことをやらかしたのだ〔具体的には、不活性ガスを抜いて酸素入りのガスを戻し入れるのを忘れたのである〕。私は不活性ガスが充満した圧力容器のなかに入った。……だがすっかり入りはしなかった。〔というのも、〕肩を穴に入れた段階ですでにずいぶん息苦しくなっており、呼吸中枢からの『もっと息をしろ！』という命令によってぜいぜいしていたからだ」。空気中の二酸化炭素濃度はふつう 0.03 パーセントなので、混合ガスを 1 回吸うごとに 167 倍効いていたのである。

232 ページ　「急に毒になる」：なんとも恥ずべきことに、アメリカ政府はわかっていながら、26000 人の科学者や技師を、うち数百名が慢性ベリリウム中毒か関連病にかかるほど高濃度の粉末ベリリウムにさらしていたことを、1999 年に認めている。中毒者のほとんどが航空宇宙、防衛、原子力に携わっていた――こうした産業はあまりに重要で、摘発したり妨げになることをしたりできないと政府は判断し、安全基準を引き上げず、ベリリウムの代替品開発もしなかったのである。*Pittsburg Post-Gazette* 紙は 1999 年 3 月 30 日火曜日付の 1 面にのっぴきならぬ長い暴露記事を掲載した。タイトルは「数十年にわたる危険性」だったが、小見出しの一つの「死の提携：業界と政府が労働者より兵器を選んだ経緯」がこの話の核心をもっとよく突いている。

235 ページ　「カルシウム」：だが、フィラデルフィアにあるモネル化学感覚センターの科学者は、甘味、酸味、塩味、苦味、うま味のほかに、人間はカルシウムに対しても独立した味覚を持っていると考えている。ネズミでははっきり見つかっており、人間にもカルシウムが豊富な水に反応できる人がいる。それで、カルシウムはどんな味か？　発見にかんする発表から。「『カルシウムはカルシウム味がします』と語るのは〔主席科学者のマイケル・〕トルドフだ。『これ以上の表現はないでしょう。苦くて、さらに少し酸っぱいかもしれません。でも、ほかの何かがあるのです。なにしろカルシウムの受容体が実際にあるのですから』」

235 ページ　「砂だらけとしか感じなくなるのだ」：酸味の味蕾（みらい）も当てにならないことがある。酸味の味蕾はたいてい水素イオン H^+ に反応するのだが、2009 年に科学者が発見したところによると、二酸化炭素も味わうことができる（CO_2 が H_2O と組み合わさると弱酸である H_2CO_3 ができるので、酸味の味蕾が刺激されるのかもしれない）。医師がこのことを発見したのは、一部の処方薬が副作用として二酸化炭素を味わう能力を抑制したからだった。どんな炭酸飲料を飲んでも気が抜けたように感じることから、この症状は「シャンパンブルース症」の名で知られている。

第 12 章　政治と元素

247 ページ　「ピエールをひき殺してしまった」：ピエールはどのみち長生きしなかったかもしれない。かつてラザフォードが痛ましい記憶をたぐって回想したところによると、ラジウムを使って暗闇で光る驚愕の実験をするピエール・キュリーを見ていたとき、観察眼鋭いラザフォードはおぼろげな青い光のなかで、ピエールの指が傷で覆われ、腫れ上がって炎症を起こしていたこと、そしてピエールが試験管を持って振るのに苦労していたことを見てとっていた。

220 ページ　「現時点で引ける明確な境界線』」：それにもかかわらず、この宇宙は素粒子レベルから銀河より大きいレベルまで、ほかのスケールでもキラルなようだ。コバルト 60 の放射性ベータ崩壊は非対称プロセスだし、宇宙論者は、銀河系の北極より上では銀河の渦の腕が反時計回りに回転しているものが、南極の下では時計回りに回転しているものが、それぞれ多そうだと示す予備的なデータを得ている。

221 ページ　「二〇世紀で最も悪名高い薬となった」：最近、数人の科学者がサリドマイドの破壊的な影響が臨床試験をすりぬけた経緯を解明した。重要な分子上の理由により、サリドマイドはネズミには出生異常を起こさず、サリドマイドを開発したドイツ企業であるグリュネンタール社は、ネズミによる試験のあとに、細心の注意を払った臨床試験による追跡調査を怠ったのだった。この薬はアメリカでは妊婦に対して承認されなかった。その理由は、食品医薬品局の医務官だったフランシス・オールダム・ケルシーが、認可圧力をかけるロビー活動に屈しなかったからである。歴史の奇妙な変転の一つと言えるが、サリドマイドは今、ほかの病気の治療薬としてカムバックを果たしつつある。たとえば、ハンセン病にきわめて有効とされているほか、抗ガン剤としても効果がある。なぜなら、新たな血管をつくることを阻んで腫瘍の成長を制限するからだ――このことから、あのような恐ろしい出生異常がなぜ引き起こされたかもわかる。受精卵の四肢が、成長に必要な栄養を受け取れなかったのである。サリドマイドが社会的地位を得るまで道のりはまだまだ長い。ほとんどの政府はきびしいルールを課し、万一妊娠してしまうことを考えて、妊娠しうる年齢の女性に医師がこの薬を処方しないようにしている。

222 ページ　「利き手の作り分け方を知らず」：ウイリアム・ノールズは、分子を展開するのに二重結合を切った。炭素が二重結合をつくると、原子から出る「腕」は単結合が 2 本と二重結合が 1 本の 3 本だけになる（それでも電子の数は 8 個だが、それらは 3 個の結合を通じて共有されている）。二重結合を持つ炭素の分子はたいてい 3 角形で、それは 3 角形の配置が電子どうしを最も遠ざけるからだ（120 度）。二重結合が切れると、炭素の 3 本の腕は 4 本になる。その場合、電子を互いに最も遠ざけるのは、平面的な正方形ではなく、3 次元の正四面体（正方形の頂角は 90 度離れているのに対し、正四面体の頂角は 109.5 度離れている）なのだが、分子の上か下へ別の腕を出すというのもありで、これによって分子に右利きや左利きができる。

第 11 章　元素のだましの手口

228 ページ　「地下の粒子加速器の作業員などを窒息させてきた」：大学時代にお世話になった教授の一人から聞いた、私の心をひところ捉えて離さなかった話がある。1960 年代にロスアラモスの粒子加速器で窒素による窒息で数人が亡くなっており、その状況は NASA の事故とよく似ていた。ロスアラモスでの事故死を受けて、教授は自分が作業をする加速器の安全対策として、混合ガスの二酸化炭素濃度を 5 パーセントに増やすことにした。のちに彼からもらった手紙によると、「図らずも、私は 1 年ほどしてそのテストをすることとなった。院生オペレーターの 1 人がまったく同じ

“Honorable Mentions: Near Misses in the Genius Department” によると、スタン・リンドバーグという実験的に過ぎる実験化学者は、「周期表の元素を一つ残らず摂取する」ことをみずからに課した。この記事によると、「水銀中毒の北米記録を保持しているのに加え、3週間にわたってイッテルビウムを飲んだことにかんするきわもの的な記録……〔「ランタニドをやっつけろ」〕は、ちょっとした古典になってきた」〔訳注　*Science* 誌 2001 年 12 月号所収の “Fear and Loathing in the Lanthanides” のことで、タイトルは映画化もされたハンター・S・トンプソンの小説 *Fear and Loathing in Las Vegas*（『ラスベガスをやっつけろ――アメリカン・ドリームを探すワイルドな旅の記録』室矢憲治訳、筑摩書房、1989）のもじり〕）

私は「ランタニドをやっつけろ」を読もうと 30 分ほど必死に探したあげく、かつがれたことに気がついた。これは純然たる作り話である（とはいえ、本当のところは謎。元素が奇妙なやつらなのは本当だし、イッテルビウムを飲んだらハイになったりして）。

208 ページ　「自己投与に走らせている」：*Wired* 誌は 2003 年に、「銀の悪徳健康商法」がオンラインに再び出没していることにかんする短いニュースを載せている。重要な引用。「一方、全国の医師が銀沈着症の急増を目の当たりにしている。『私はここ 1 年半で、いわゆる健康サプリメントが原因の銀沈着症を 6 例診ています』と語るのは、シアトルにあるポイズンセンターの医長、ビル・ロバートソンだ。『50 年医者をやっていて初めてのことでした』」

212 ページ　「『キラリティー』」：人間がみな分子レベルで左利きというのは少々言い過ぎかもしれない。私たちの場合、タンパク質は確かにすべて左手系だが、糖質と DNA は右手系だ。それでも、パスツールの主たる論点は生きている。状況が違えば、私たちの身体は決まった利き手の分子を予期し、それだけを処理できるようになる。私たちの細胞は左手系の DNA を解読できないし、左手系の糖を与えられても身体は飢えを解消できない。

215 ページ　「男の子は命を取り留めたのだった」：パスツールが狂犬病から救った男の子、ジョセフ・マイスターは、やがてパスツール研究所の管理員になった。悲劇的で胸の痛む話だが、彼は 1940 年にドイツ兵がフランスを踏みにじったときもまだ管理員だった。ある将校がパスツールの骨を見ようと、鍵を預かっていたマイスターにパスツールの霊廟（れいびょう）の鍵を要求したとき、マイスターはこの行いに加担するよりはと自殺したのだった。

218 ページ　「IG ファルベンインドゥストリーによって」：ドマークが働いていた会社である IG ファルベンインドゥストリー（IGF）はのちに、ナチが強制収容所の囚人に対して使ったツィクロン B（ベー）という殺虫剤の製造で世界に悪名をとどろかせることになる（第5章を参照）。同社は第2次大戦後まもなく解散させられ、役員の多くが、ナチ政府による侵略的な戦争と囚人や捕虜の虐待を可能にしたとして、ニュルンベルクで戦犯として有罪判決を受けた（IG ファルベン裁判）。今日（こんにち）、IGF の末裔（まつえい）にはバイエルや BASF などがある。

んしてよく聞くのは膀胱破裂で死んだという逸話だ。ある夜、下級貴族を招いたある晩餐会でブラーエは飲み過ぎたのだが、席を外してトイレに行くことを拒んだ。社会的地位が上の者より先にテーブルを離れるのは無礼だと考えていたからだった。数時間後に帰宅した頃には、小便を出せなくなっており、彼は11日苦しんだ末に亡くなった。この話は伝説になっていたのだが、かの天文学者の死には水銀中毒も同じくらい、あるいはもっと、効いていた可能性がある。

205ページ　「銅でコーティングされているわけである」：アメリカの硬貨の元素組成を紹介しよう。新しいペニー（1セント、1982年以降）は97.5パーセントが亜鉛だが、あなたが触るところを滅菌処理するのに銅で薄くコーティングしてある（古いペニーは95パーセントが銅だった）。ニッケル（5セント）は75パーセントが銅で、残りはニッケル。ダイム（10セント）、クォーター（25セント）、ハーフダラー（50セント）は、91.67パーセントが銅で、残りはニッケル。1ドル硬貨（特別に発行される金貨を除く）は88.5パーセントが銅、6パーセントが亜鉛、3.5パーセントがマンガンで、2パーセントがニッケルである。

205ページ　「ぐるぐる回り続けるしかなくなる」：バナジウムにかんする事実をもう少し。ある生き物は（誰も理由を知らないが）血液中で鉄の代わりにバナジウムを使っており、生き物によって血の色は赤だったり、青リンゴ色だったり、青だったりする。バナジウムを鋼に振りまくと、ほとんど重さを変えずに合金の強度を上げることができる（モリブデンやタングステンと同様。第5章を参照）。なにしろ、ヘンリー・フォードもかつてこうなった。「これだったのか、バナジウムなしじゃ自動車はできん！」

206ページ　「軌道に一人掛けですわるのである」：「誰か」に2人掛けを強要されるまで電子が軌道を1つずつ埋めていくというバスの比喩は、卑近という意味でも正確さの点でも化学で最高の部類に入る。このアイデアのおおもとはヴォルフガング・パウリで、1925年にパウリの「排他原理」を発見している。

207ページ　「外科的な爆撃を仕掛けられるようになるかもしれない」：ガドリニウムのほかにガンの治療に最も期待されるものとしては、金がよく取り上げられる。金は、ふつうなら体内を通過してしまう赤外光を吸収し、温度が大きく上がる。金でコーティングされた粒子をガン細胞内に送り込めれば、医師は周りの組織に害を与えずにガンを焼くことができる。この手法を考案した実業家であり放射線技師のジョン・カンジウスは、2003年から白血病の化学療法を36ラウンドやり抜いた。彼は化学療法で猛烈な吐き気を催し、身体がぼろぼろになったことから――また、同じ病院で出会ったガンの子どもたちを見て絶望感でいっぱいになり――、もっといい方法があるはずだと意を決した。彼は真夜中に金属粒子を熱するというアイデアを思いつき、妻の焼き型を使って試作機を作った。その試験では、ホットドッグの半分に溶解性金属の溶液を注入し、それを強い電磁波を発する装置のなかに入れた。注入した側のホットドッグは焼けたが、あとの半分は冷たいままだった。

208ページ　「代替（だいたい）医療サイトが見つかる」：*Smithonian*誌の2009年5月号の記事

セグレとその同僚だったオーウェン・チェンバレンは、磁石を使って粒子ビームを集めてガイドする方法について、好戦的な物理学者オレステ・ピッチョーニといっしょに仕事をしたことを認めているが、ピッチョーニのアイデアはほとんど使い物にならなかったとして評価しておらず、重要な論文の執筆者にその名前を挙げなかった。ピッチョーニはのちに反中性子の発見に貢献している。セグレとチェンバレンが1959年にノーベル賞を受賞すると、自分の役割が軽視されたことを根に持ち続け、ついには1972年に2人を相手取って12万5000ドルの損害賠償を求めて提訴した——判事は、科学的な根拠がないからではなく、その事実から10年以上過ぎてからの提訴だったことを理由に却下した。

2002年4月27日の*New York Times*紙に掲載されたピッチョーニの死亡記事を一部紹介する。「『彼は部屋の扉をたたき壊すように入ってきて、世界でいちばんのアイデアを思いついたと告げる』。自身も反中性子にかんする実験に携わったローレンス・バークレー国立研究所の名誉上級研究員ウイリアム・A・ウェンツェル博士はこう語っている。『オレステを知る者として言うと、彼はアイデアをたくさん持っていて、それこそ1分間に10個以上は挙げていた。なかにはいいアイデアもあったし、よくないものもあった。それでも、彼は優れた物理学者で、われわれの実験に貢献していると私は感じていた』」

第9章　毒の回廊

191ページ　「ぞっとするような前科」：最近になってもまだタリウム中毒で人が死んでいる。たとえば、1994年、冷戦時代の古い兵器庫で働いていたロシア軍の兵士が、この元素が混じった白い粉の入った容器を見つけた。それが何であるかを知らなかったのに、兵士たちはそれを脚にはたいたり、タバコに混ぜたりした。報道によると、何人かは鼻から吸い込みまでしている。その全員がまったく予見できなかった謎の病に倒れ、そのうちの何人かが命を落とした。もっと悲しい話もある。イラク軍の戦闘機パイロットの子ども2人が、2008年初めに、タリウムがまぶされた誕生日ケーキを食べて亡くなった。この毒殺の動機は不明だが、サダム・フセインは独裁時代にタリウムを使っている。

196ページ　「納屋に核反応炉をつくったのである」：デトロイトの新聞が何紙か、デイヴィッド・ハーンのその後を何年にもわたって追ってきたが、最も詳しいハーンの物語としてはKen Silversteinが*Harper's*誌に書いた“The Radioactive Boy Scout”（1998年11月）を参照されたい。Silversteinはのちにこの記事を膨らませて同名の本を刊行している。

第10章　元素を二種類服(の)んで、しばらく様子を見ましょう

204ページ　「銅の鼻をつけていたのだ」：ブラーエの義鼻の周りの皮膚を調べたのに加えて、彼の墓を掘り起こした考古学者は、彼の口ひげから水銀中毒の徴候を発見した——おそらく彼が錬金術を熱心に研究していた結果だろう。ブラーエの最期にか

物学者はゆっくり回帰している。遺伝子は科学者の心を何十年と独占しており、今後も消え去ることもないだろう。だが今の科学者は、遺伝子では生物の驚異的な複雑さを説明できず、もっとほかに何かあると考えている。遺伝子解析は重要で基礎的な仕事だったが、金(カネ)になるのは「プロテオーム解析」や「プロテオミクス」などと呼ばれているタンパク質の研究だ。

178 ページ　「ＤＮＡだったのである」：厳密なことを言うと、DNA が遺伝情報を持っていることを初めて証明したのは、アルフレッド・ハーシーとマーサ・チェイスによる硫黄とリンを使った 1952 年のウイルス実験ではない。この栄冠に輝くのは、1944 年に発表されたオズワルド・エイヴリーによる細菌を用いた仕事だ。エイヴリーが DNA の真の役割を解明したにもかかわらず、彼の仕事は当初あまり信用されなかった。1952 年になってようやく受け入れられ始めたのも、ハーシーとチェイスによる実験がライナス・ポーリングのような科学者を DNA にかんする仕事に巻き込んだからだった。

世の中ではよくエイヴリー――そして、DNA が 2 重らせんであることをワトソンとクリックにうっかり教えたロザリンド・フランクリン――を、ノーベル賞から閉め出された主な例として挙げるが、この主張は正確さを欠いている。2 人とも確かにノーベル賞を受賞しなかったが、2 人が亡くなったのは 1958 年であり、1962 年までは誰も DNA でノーベル賞をもらっていない。2 人がこの年まで生きていたら、少なくともどちらかが共同受賞したかもしれないが。

180 ページ　「同じ研究所で仕事をしており」：ポーリングについて、そして彼のワトソンとクリックとの競争にかんしては、オレゴン州立大学が素晴らしいサイトを設けており、そこにはポーリングの何百という論文や手紙が集められて掲載されているほか、“Linus Pauling and the Race for DNA” というドキュメンタリー形式の個人史が用意されている。URL は http://osulibrary.oregonstate.edu/specialcollections/coll/pauling/dna/index.html。

182 ページ　「ポーリングが気がつく前に」：DNA を巡る大失態のあと、妻のエイヴァ・ポーリングが夫を叱りつけたのは有名な話だ。DNA の謎は自分が解くものだとたかをくくっていた彼は、当初は懸命になって計算したわけではなく、エイヴァはそのことを厳しく責めた。「〔DNA が〕そんなに大事な問題なら、なんでもっと必死に取り組まなかったのよ？」。こういうことを言われても、ライナスは彼女を深く愛していた。そして、彼がカリフォルニア工科大学に長きにわたってとどまり続け、当時はカリフォルニア大学バークレー校のほうがずっと勢いがあったのにそちらへ心変わりしなかった理由の一つは、名だたるバークレー校教授陣の一人で、のちにマンハッタン計画を率いることになるロバート・オッペンハイマーが、エイヴァを誘惑しようとしたことがあって、それをライナスが怒っていたからだ。

183 ページ　「ノーベル物理学賞を受賞したのだ」：最後にもう一つひどい仕打ちを。セグレのノーベル賞さえ、反陽子の発見を目指した実験を考案しているときにアイデアを盗んだとして、のちに（おそらく根拠なく）非難されて汚点を付けられている。

走る。「ウイリアム・ショックレー（50）は、科学者には珍しく、自分の仕事の実用化に強い好奇心を持っていることを隠さない理論家である。『研究のどこまでが純粋でどこからが応用かを尋ねるのは、ラルフ・バンチがどれくらい黒人でどれくらい白人の血が流れているかを尋ねるようなもの。大事なのはラルフ・バンチが偉大な人物だということだ』」

この記事は、ショックレーがトランジスターの主たる発見者であるという話がすでにしっかり定着していたことも示している。

> 1936年にMITを卒業してすぐさまベル研究所に採用された理論物理学者ショックレーは、ケイ素とゲルマニウムの新たな用途を発見したチームの一員だった。かつてこの2つには光電素子という科学的な隠し芸のような用途しかなかったのを、ショックレーはゲルマニウムの塊を初のトランジスターに変えたことにより、実験パートナーらとともにノーベル賞を受賞した。知識が集約されたこの小さな結晶は、発展著しいわが国の電子産業で瞬く間に真空管に取って代わっている。

173ページ　「よりによって、イーダ・ノダックだった」：全体として、イーダ・ノダックの化学者としての業績にはむらがある。彼女は75番元素の発見に貢献したが、43番元素にかんする彼女のグループの仕事は間違いだらけだった。彼女は誰よりも早く核分裂を予想していた一方、同じ時期に、周期表は無用の長物だと主張し始めた。新たな同位体が増殖して表が手に負えなくなってきたというのである。なぜノダックが個々の同位体を独立した元素だと考えたのかははっきりしないが、彼女はそのように考え、周期表を捨て去るべきだと周囲を説いて回った。

173ページ　「われわれが無理解だった理由はよくわからない」：ノダックと核分裂にかんするセグレの引用は、彼が記した伝記 *Enrico Fermi: Physicist*（『エンリコ・フェルミ伝——原子の火を点じた人』久保亮五・久保千鶴子訳、みすず書房、1976）より。

176ページ　「初めて分子の機能不全に求めたものとして際立っており」：ポーリング（と同僚のハーヴェイ・イタノ、S・ジョナサン・シンガー、アイバート・ウェルズ）は、欠陥のある細胞を電場中のゲルのなかで移動させることで、欠陥のあるヘモグロビンによって鎌状赤血球貧血症が起きることを突き止めた。健全なヘモグロビンを持つ細胞が電場中である方向へ移動するなら、鎌状の細胞はその逆方向へ移動するのである。これは2種類の分子が逆の電荷を持っていることを意味しているのだが、この違いは分子における原子1個レベルでしか起きえない。

妙なことに、フランシス・クリックがのちに語ったところによると、鎌状赤血球性貧血症の原因が分子レベルの話だという説をポーリングが展開した論文は、クリックに大きな影響を与えた。というのも、これこそまさにクリックが関心を抱いていた類の分子生物学だったからだ。

178ページ　「分子的なおまけだと見なされた」：興味深いことだが、タンパク質が遺伝生物学の肝心要、というミーシャーの頃になされていた当初の見方に、今日の生

Galison の *Image and Logic* より。

第7章　表の拡張、冷戦の拡大

142 ページ　「一風変わった記事が掲載された」：*New Yorker* 誌にこの記事が掲載されたのは 1950 年 4 月 8 日号、ライターは E. J. Kahn Jr. である。

149 ページ　「最後にもう一度警報ベルを鳴らしたのである」：94 ～ 110 番元素へと導いた実験、そしてグレン・シーボーグ本人にかんする個人的な話について詳しくは、何冊かある彼の自伝、特に *Adventure in the Atomic Age*（息子 Eric との共著）をお勧めしておく。この本は本質的に面白い。というのも、シーボーグはひじょうに重要な科学の中心にいたとともに、政界で数十年にわたって大きな役割を担っていたからだ。ただ正直言うと、本書はシーボーグの慎重な筆致によって、ときおりそっけなく感じるときがある。

153 ページ　「今なお樹木が一本たりとも生えていない」：ノリリスク周辺に樹木が生えないことにかんする情報は Time.com に掲載されている。*Time* 誌は 2007 年にノリリスクを世界の 10 大汚染都市の 1 つに選んだ。http://www.time.com/time/specials/2007/article/0,28804,1661031_1661028_1661022,00.html を参照。

160 ページ　「相次いでつくり出した」：内容は一部重複するが、私が 2009 年 6 月に Slate.com のために書いた記事（"Periodic Discussions", http://www.slate.com/id/2220300/）では、コペルニシウムを暫定的な元素から周期表の正会員に昇格させるのになぜ 13 年もかかったかについて検証している。

第8章　物理学から生物学へ

166 ページ　「四二人が受賞している」：セグレとショックレーとポーリングのほかに、*Time* 誌の表紙に掲載された 12 人の科学者は次のとおり。ジョージ・ビードル（遺伝子による細胞内の生化学過程の制御、ノーベル生理学・医学賞）、チャールズ・ドレイパー(慣性航法の父)、ジョン・エンダース（小児麻痺の病原ウイルスの研究、ノーベル生理学・医学賞)、ドナルド・グレーザー（泡箱の発明、ノーベル物理学賞、第 17 章を参照)、ジョシュア・レーダーバーグ（微生物の遺伝子の構造と機能の研究、ノーベル生理学・医学賞)、ウィラード・リビー（炭素 14 を用いた年代測定法、ノーベル化学賞)、エドワード・パーセル（核磁気共鳴、ノーベル物理学賞)、イジドール・ラービ（原子核の磁気モーメントの測定法、ノーベル物理学賞)、エドワード・テラー（アメリカの水爆の父)、チャールズ・タウンズ（メーザーとレーザーの発明、ノーベル物理学賞、第 16 章を参照)、ジェイムズ・ヴァン・アレン（ヴァン・アレン帯の発見)、ロバート・ウッドワード（有機合成法、ノーベル化学賞)。

Time 誌の「メン・オブ・ザ・イヤー」の記事には、ショックレーによる次のような人種絡みの発言が掲載されている。もちろん補足として持ち出しただけではあるのだが、ラルフ・バンチ［訳注　国連の創設・発展に尽力、ノーベル平和賞、黒人初のノーベル賞受賞者］に対する彼の見方は当時でさえ奇異に響き、今振り返ると虫酸が

［訳注　第8章を参照］とタンパク質のように、科学においてさえどんなアイデアも巡り巡って戻ってくるという一例である。

第5章　戦時の元素

102ページ　「最終的にこの戦いに勝利している」：化学戦、特に米軍の経験にかんして詳しくは、Charles E. Heller による "Chemical Warfare in World War I: The American Experience, 1917-1918" を参照されたい。これはカンザス州レヴンワースのフォートレヴンワース内にあるアメリカ陸軍指揮幕僚大学戦闘研究所が発行した Levenworth Papers の一つである。http://www.cgsc.edu/carl/resources/csi/heller/heller.asp

105ページ　「彼のおかげと言える」：フリッツ・ハーバーのアンモニアのおかげというものは数々あるが、なかでもチャールズ・タウンズがアンモニアを動作物質に用いて、レーザーの先駆けであるメーザーを初めて実現している。

第6章　表の仕上げ……と爆発

125ページ　「ユルバンのもとへ戻ってきたという」：モーズリーにばつの悪い思いをさせられたのはユルバンだけではない。モーズリーの装置により小川正孝による43番元素ニッポニウムの発見も退けられている（第8章を参照）。

126ページ　「最も取り返しのつかない犯罪の一つ」：モーズリーを死に至らしめた愚かな命令と戦闘については、リチャード・ローズの *The Making of the Atomic Bomb*（『原子爆弾の誕生』神沼二真・渋谷泰一訳、紀伊國屋書店、1995）に詳しい。ちなみに、この本はこれまでに書かれたなかでも最高の20世紀科学史なので、できれば通して読んでみてほしい。

127ページ　「鼻であしらっている」：61番元素の発見を伝えた *Time* 誌の記事には、この元素に何という名前を付けるかという問題に絡むこんな噂も載っている。「ある野次馬などは、原爆計画で陸軍側の責任者だった口うるさい少将レズリー・グローヴスにちなんでグロヴェシウム（化学記号 Grr）〔と名付けること〕を提案している」

129ページ　「非現実的なアイデアを考えたりした」：電子を飲み込む核のパックマン模型のほかに、当時の科学者は「プラムプディング」模型も考案している。この模型では、電子は正電荷の「プディング」のなかのレーズンのように埋め込まれていた（ラザフォードは小さな核が存在することを示してこの説を退けている）。核分裂の発見後、科学者は液滴模型を考案した。それよると、面上の水滴が2個の水滴にきれいに分かれるように、大きな核が2個に分裂する。液滴模型の考案にはリーゼ・マイトナーの仕事が重要だった。

134ページ　「計算不可能な問題に答えを出した」：ジョージ・ダイソンのこの引用は、彼の著書 *Project Orion: The True Story of the Atomic Spaceship* より。

135ページ　「擬似現実」：モンテカルロ法を「ふつうの方法論による地図上のどこでもないと同時にいたるところでもある第三の領域」とする引用は、Peter Louis

賄賂にして、自分の母親と、妙な話だが、母親の家具をドイツから出国させている。
84ページ　「『化学特異星』」：面白い事実を一つ。天文学者は不明なプロセスを経てプロメチウムをつくる奇妙な種類の恒星を見つけた。最も有名なものはプシビルスキ星と呼ばれている。何より奇妙なのは、たいていの核融合は恒星の内部奥深くで起きているのに、プロメチウムは表層でつくられているとしか考えられないことだ。そうでもなければ、あの高い放射性と短い寿命から言って、核融合が盛んな恒星のコアからかきまぜられて表層へ出てくるまでの100万年を生き延びられるはずがない。
84ページ　「相反する不吉なシェイクスピアの引用二つ」：B2FH論文の冒頭を飾る、シェイクスピア作品からの不吉な引用は次のとおり。

> 星のせいだ、天の星がわれわれ人間の性質を支配するのだ。
> 『リア王』第4幕第3場（小田島雄志訳、白水社より引用）
> だから、ブルータス、……運勢の星が悪いのではない、罪はおれたち自身にある。
> 『ジュリアス・シーザー』第1幕第2場（小田島雄志訳、白水社より引用）

86ページ　「鉄から先の核融合」：厳密に言うと、恒星は鉄をいきなりつくるわけではない。まずは、14番元素であるケイ素を2個核融合して、28番元素であるニッケルをつくるのだ。このニッケルが不安定で、ほとんどが数カ月以内に崩壊して鉄になるのである。
89ページ　「恒星になっていたかもしれない」：木星の質量が今の13倍あったら、重水素——陽子1個と中性子1個を持つ「重い」水素——で核融合を起こすことができただろう。重水素がめったにないことを考えると（分子にして6500個につき1個）、ずいぶん弱々しい恒星になると思われるが、それでも恒星は恒星だ。ふつうの水素の核融合を起こすには、木星の質量が今の75倍ないといけない。
91ページ　「微小な立方体だ」：そして、木星や水星の奇妙な天気の向こうを張って、火星でもときどき過酸化水素の「雪」が降る。
95ページ　「親鉄性の元素で」：親鉄性をもつオスミウムとレニウムは、月がきわめて原始の地球と小惑星か彗星との激しい衝突で形成された仕組みを再現するうえでも、科学者に手がかりを与えてきた。月はこのとき飛び散った破片が合体してできたというのである。
98ページ　「ネメシス」：女神ネメシスは傲慢を罰した。ネメシスは、神々より強くなりそうになったら倒すことで、地上の生き物が決して思い上がらないようにしたのだ。太陽の伴星との類推は、地球の生き物（恐竜とか）が真の知性に向けて進化していたなら、影響力を持つ前にネメシスが一掃しただろうということである。
99ページ　「回転木馬のような動きをしている」：皮肉なことに、太陽の全体的な動きを遠くから見ると、コペルニクス以前の地球中心の宇宙観で惑星の運行をなんとか説明しようと古代の天文学者が持ち出した、円のなかで円が回る従円や周転円が見えてきそうだ（このケースでは地球が中心だとはとうてい言えないが）。ミーシャーしていた。地質学者だったシャンクルトワは、彼の周期的な体系を、ネジの溝のようならせん円柱として描いた。周期表が彼の功績となる可能性を消し去ったのは、元素が残らず挙げられていたこの重要な図版の印刷方法を出版社が思いつかなかったからだ。出版社は結局降参して、論文を図版なしで掲載した。実物を見ないで周期表を理解しようとするなど想像もつかない！　それでもなお、周期的な体系の発案者をシャンクルトワだとする主張は、ひょっとするとメンデレーエフを怒らせるためか、同時代のフランス人のボアボードランによって取り上げられている。

高名なイギリス人化学者ウイリアム・オドリングは、不運の犠牲者だったようだ。彼は周期表にかんする数多くの点で正しかったのだが、今では事実上忘れ去られている。もしかすると、彼はほかにも化学や管理業務にかんして興味の対象が多かったので、周期表に取り憑かれていたメンデレーエフに追い越されただけなのかもしれない。オドリングは1点、周期の長さ（同じような性質が再び見られるまでの元素の数）を間違えていた。彼は、どの周期も長さは8だと考えていたが、それが当てはまるのは表の上のほうだけだ。3行めと4行めに登場するd軌道の周期は18だし、5行めと6行めに登場するf軌道の周期は32である。

グスタフス・ヒンリックスは共同考案者に名を連ねるただ一人のアメリカ人であり（しかしアメリカ生まれではない）、後世の人から奇人とも孤高の天才とも評された唯一の人物である。彼は3000もの科学論文を4言語で記し、ブンゼンが発見した発光現象を駆使して元素の研究と分類の先駆者となった。また、数秘学にも勤しみ、らせん状の腕を持つ周期表を考案して、判断に悩む多くの元素を正しいグループに配置した。シェリーが総括しているように、「ヒンリックスの仕事はきわめて特異で、迷路のように入り組んでいることから、もっと徹底して研究されないことには、その真価について誰も勇を奮って見解を表明できないであろう」

70ページ　「客がのけぞる様子を楽しむことである」：ガリウムを使ったこの悪ふざけが実際にはどんなものかをぜひご覧になりたいという方は、ガリウム製のスプーンが溶けてなくなる様子をYouTubeで見ることができる。オリヴァー・サックスも、自身の少年時代を回想した*Unckle Tungsten*（『タングステンおじさん』斉藤隆央訳、早川書房、2003）のなかで、この手のいたずらについて語っている。

76ページ　「鉱物や元素の名が付けられている」：イッテルビーの歴史と地質の一部、そして今の町の様子にかんして、ノーステキサス大学の化学者で歴史学者のジム・マーシャルに相談したところ、彼はきわめて寛大に時間を割いて私に助力してくれた。また、素晴らしい写真を送ってもくれた。ジムは現在、各元素が初めて見つかった場所の再訪中で、イッテルビーに行ったことがあるのもそのためだ（一石四鳥だし）。幸運を祈る、ジム！

第4章　原子はどこでつくられるのか

84ページ　「一九三九年までに」：恒星での核融合サイクルの解明に貢献した一人であるハンス・ベーテは、そのことで500ドルの賞金を勝ち取ると、ナチの役人への

Times New Roman フォントを 12 ポイントで使ったシングルスペースの Microsoft Word 文書にして 47 ページ。アミノ酸の数は 34000 個を超えており、l が 43781 個、y が 30710 個、yl が 27120 組、e はわずか 9229 個だった。

52 ページ　「もう白黒ついているようなものだ」：アメリカの公共放送 PBS のテレビ番組 Frontline の "Breast Implant on Trial" より：「生物に含まれるケイ素の割合は生物の複雑さが増すにつれて減少する。ケイ素と炭素の比は、地殻で 250:1、腐植土〔有機物でできた土〕で 15:1、プランクトンで 1:1、シダ類で 1:100、哺乳動物で 1:5000 だ」

54 ページ　「まるでバーディーンが共生体の脳でブラッテンが手であるかのようだった」：バーディーンとブラッテンが共生体だとするこの引用は、PBS のドキュメンタリー *Transistorized!* より。

55 ページ　「『天才精子バンク』に精子を提供したり」：カリフォルニアに本拠を置いていたショックレーの「天才精子バンク」は、正式名称を Repository for Germinal Choice といった。精子の提供を公に認めたノーベル賞受賞者は彼だけだが、この精子バンクの創設者であるロバート・K・グラハムはほかにも複数いると主張した。

59 ページ　「遅まきながらノーベル賞を受賞した」：キルビーと数の横暴について詳しくは、T・R・リード著の素晴らしい本、*The Chip: How Two Americans Invented the Microchip and Launched a Revolution*（『チップに組み込め！――マイクロエレクトロニクス革命をもたらした男たち』鈴木主税・石川渉訳、草思社、1986）を参照されたい。

　どうしたわけか、あるクラブ DJ が Jack Kilby の名義で 2006 年に *Microchip EP* というアルバムをリリースしている。盤面には晩年の老キルビーの写真、楽曲として "Neutronium"、"Byte My Scarf"、"Integrated Circuit"、"Transistor" の 4 曲が収められている。

第 3 章　周期表のガラパゴス諸島

66 ページ　「原子の存在を認めなかった」：メンデレーエフが原子の存在を信じなかったことは、今の私たちには信じられないことに思えるかもしれないが、当時の化学者のあいだでは珍しいことではなかった。彼らはその目で確かめられないことは何であっても信じることを拒み、原子を抽象概念として扱った――定量的な説明には便利だが、あくまで人為的なものと考えていたのである。

66 ページ　「隔てたのは何だったのか？」：元素の初となる体系的な配列をつくろうと競った 6 人の科学者にかんしては、エリック・シェリー著の *The Periodic Table*（『周期表――成り立ちと思索』馬淵久夫・冨田功・古川路明・菅野等訳、朝倉書店、2009）の記述が最高だ。周期的な体系の共同考案者として、あるいは少なくとも貢献者として、一般に名が挙がる科学者があと 3 人いる。

　アレクサンドル＝エミール・ベギエ・ド・シャンクルトワは、シェリーによると、周期表の考案における「最も重要な一段階」、すなわち「元素の性質が原子量の周期的な関数になっていることを、メンデレーエフが同じ結論に達する 7 年も前に」発見著者らはアミノ酸シーケンスを略記することを選んでいた。というわけで、私が知る限り、フルネームが活字として世に出たことはなく、ギネスがのちにあれを最も長い単語として掲載するのをやめた理由もこれで説明できよう。

モザイクウイルスのほうの掲載は確認できて、略さず綴られたことが2回ある——*Chemical Abstracts Formula Index, Jan.-June 1964* という茶色いやつの967Fページと、*Chemical Abstracts 7th Coll. Formulas,* $C_{23}H_{32}$*-Z, 56-65, 1962-1966* の6717Fページである。どちらも、表紙に記載された期間中に発行された、化学にかんする全学術論文のデータを集めた抄録誌だ。つまり、世界で最も長い単語を挙げているほかの記述（特にWeb上の）に反して、モザイクウイルスが略さず掲載されたのは、あの分厚い抄録誌に掲載されている1964年と1966年だけであって、1972年ではない。

まだある。件（くだん）のトリプトファンの論文が発表されたのは1964年なのだが、前出の1962-1966年の *Chemical Abstracts* には、タバコモザイクウイルスよりCもHもNもOもSも多い分子がほかにも載っている。では、どうしてそれらは略さず綴られなかったのか？　該当する論文は1965年以降に発表されているのだが、この年は、こうしたデータをあまねく集めているオハイオ州の企業Chemical Abstracts Service社が新しい化合物の命名規則を見直して、過度に目がちかちかしそうな名前を控え始めた年であり、それが理由だろう。ならば同社はなぜ、1966年の抄録誌でタバコモザイクウイルスタンパク質をあえて略さず掲載したのか？　ばっさり切られてもおかしくなかったが、新規則の適用が免除されたのだろう。もう一つ意外な事情がある。タバコモザイクウイルスにかんする1964年の原論文はドイツ語で書かれているのだ。しかし、*Chemical Abstracts* は、サミュエル・ジョンソンやOEDによる優れた参考文献の伝統に則った英語の文献であり、論文を抄訳してあの名前を活字にしたのは、ひけらかすためではなく知識を伝達するためなので、文句なしに認めてよかろう。

ふう。

ちなみに、Chemical Abstracts Service社のエリック・シャイブリー、クリスタル・プール・ブラッドリー、そしてジム・コーニングには特に、こうした一切を繙（ひもと）くうえでひとかたならぬお世話になった。彼らは私の混乱した質問（「どうも。当方は英語で最も長い単語を探しているのですが、それがどれなのか確信が持てないでおりまして……」）に答える義務はなかったのに対応してくれた。

ところで、タバコモザイクウイルスは初めて発見されたウイルスであると同時に、その形状と構造が初めて徹底的に分析されたウイルスでもある。この分野における最高の仕事のいくつかは、寛大だとは言えるが、考えなしにワトソンとクリックの2人に自分のデータを見せたロザリンド・フランクリン（第8章を参照）という結晶学の専門家によってなされた。そうそう、トリプトファン合成酵素αタンパク質の「α」の元をたどると、タンパク質がどのようにして正しい折りたたみ方を知るかにかんするライナス・ポーリング（やはり第8章を参照）の仕事に行き着く。

47ページ　「タイチンの名で知られている」：何人かのきわめて忍耐強い人たちが、タイチンのアミノ酸配列全体をインターネットに掲載した。統計情報は次のとおり：

代化学のとりわけ重要な時期を、こうした個性的な人物を軸に描いている。
31ページ　「とりわけ多彩な歴史を持つ元素と言ってよさそうだ」：アンチモンについてもう少々。
1　錬金術とアンチモンにかんする私たちの知識のほとんどは、1604年にヨハン・テルデによって記された *The Triumphal Chariot of Antimony* に拠っている。テルデはその売り口上として、自分はバシリウス・ヴァレンティヌスという修道士によって1450年に書かれた手稿を翻訳しただけだと主張した。みずからの信ずるところを理由に処刑されるのを恐れたヴァレンティヌスが、書き付けた手稿を修道院の柱のなかに隠し、そのまま見つからずにいたところへ、テルデの時代になって「奇跡の稲妻」がその柱を割り、自分はそのおかげで手稿を見つけたというのである。
2　アンチモンは両性具有のような言われ方をすることが多いが、なかにはこれぞ女性らしさの本質——だからこそ、錬金術でアンチモンを意味する記号♀が「女性」を意味する一般的な記号になった——と主張する向きもいる。
3　1930年代の中国でのこと、ある貧しかった地域が、手に入るものでなんとかしようと、地元で採れる事実上唯一の資源であるアンチモンで硬貨を造ることにした。だが、アンチモンは柔らかく、簡単にすり減り、わずかながら毒性があるなど、硬貨向きの性質とは言えず、当局はまもなく諦めた。当時の価値は1セントにも満たなかったが、今なら収集家から数千ドルをせしめられる。

第2章　双子もどきと一族の厄介者

43ページ　「という趣旨のアナグラムともなる」：honorificabilitudinitatibusは、「名誉ある」と単純でやや味気なく定義されていることもある。この単語がベーコンのアナグラムだというのは、しかるべく文字を並び変えると"Hi ludi, F. Baconis nati, tuiti orbi"となるからで、「これらの戯曲はF.［フランシス・］ベーコンの手により世に留められし」と訳される。
45ページ　「一一八五文字もある」：*Chemical Abstracts* 誌に掲載された最長の単語にかんしては混乱が見受けられる。多くの人がタバコモザイクウイルスタンパク質$C_{785}H_{1220}N_{212}O_{248}S_2$のことを挙げるが、この化学物質の類縁で、七面鳥を食べたときに眠気を誘うと（誤って）思われている（都市伝説というやつだ）「トリプトファン合成酵素αタンパク質」を結構な数の人が挙げる。このトリプトファンタンパク質$C_{1289}H_{2051}N_{343}O_{375}S_8$は1913文字と、モザイクウイルスタンパク質より60パーセント以上長く、かなりの数の情報源——ギネスブックの何年か分、Urban Distionary（www.urbandictionary.com）、*Mrs. Byrne's Dictionary of Unusual, Obscure, and Preposterous Words* ——が、トリプトファンのほうを王者に挙げている。しかし、アメリカ議会図書館の薄暗い書庫で何時間も過ごした私は、トリプトファン分子を *Chemical Abstracts* に見つけられなかった。少なくともまったく略さず綴られた形では載っていないようだ。念には念を入れるため、トリプトファンタンパク質の解読を発表した学術論文を（*Chemical Abstracts* での掲載分とは別に）探し出して読んでみたところ、その論文で

原　注

はじめに

13ページ　「文学、毒の科学捜査、心理学を学んだわけだが」：私が水銀を通じてもう一つ学んだのが気象学だ。錬金術を弔う最後の鐘が鳴ったのは1759年のクリスマスの翌日のこと、2人のロシア人科学者が、雪と酸を混ぜたものをどこまで冷やせるか試していたとき、偶然にも温度計のなかの水銀を凍らせたのだった。これは初めて記録された固体のHgの事例で、これをもって錬金術師が言う不老不死の液体は普通の物質の世界に追いやられた。

近年では、アメリカの活動家がワクチンに含まれる水銀の（まったく根拠のない類(たぐい)の）危険性にかんする運動を精力的に行い、水銀が政治の色合いを帯びている。

第1章　位置こそさだめ

24ページ　「いまだに単体としての存在しか知られていない」：2人の科学者がヘリウムの最初の証拠（黄色域に見られた不明な輝線）を観測したのは1868年の日食のときだった——元素名がギリシャ語で「太陽」を意味するheliosに由来しているのはこういうわけだったのだ。ヘリウムが人の手で単離されたのは1895年、岩石から苦心して取り出されてのことだった（詳しくは第17章を参照）。それから8年間、ヘリウムは地球上にわずかしか存在しないと考えられていたが、1903年にカンザスで鉱員たちが巨大な地下貯蔵庫を見つけた。地中にいた彼らが、とある穴から噴き出る気体に火をつけようとしたところ、点火しなかったのだった。

27ページ　「電子だけが反応にかかわる」：原子がほとんどスカスカだという点を繰り返し強調するため、ニュージーランドのオタゴ大学の化学者アラン・ブラックマンが2008年1月28日付の*Otago Daily Times*紙に書いたこんな記事を紹介しよう。「密度が最も高いことが知られている元素であるイリジウムについて考えてみたい。テニスボール大の試料の重さは3キロを超える……では、何らかの方法でイリジウム核を可能な限り圧縮して、何も存在しない空間のほとんどをなくしてみよう……この圧縮試料のテニスボール大の重さは、なんと7兆トンになる」

註の註だが、イリジウムがいちばん密度が高い元素なのかどうか、本当のところは誰も知らない。イリジウムとオスミウムは密度があまりに近くて、化学者はその差を確定できないでおり、ここ数十年はお山の大将を交互に務めている。いまはオスミウムが大将だ。

29ページ　「取り憑かれたように発表し続けた」：ルイスとネルンスト（さらにはライナス・ポーリングやフリッツ・ハーバーといった多くの人物）の活写ということでは、パトリック・コフィー著の*Cathedrals of Science: The Personalities and Rivalries That Made Modern Chemistry*を大いにお勧めする。この本は1890～1930年という近

マ行

ヤ行

ラ行

タ行

ナ行

ハ行

元素名索引

スプーンと元素周期表（げんそしゅうきひょう）
「最も簡潔な人類史」への手引き
2011年6月20日　初版印刷
2011年6月25日　初版発行
*
著　者　サム・キーン
訳　者　松井信彦（まついのぶひこ）
発行者　早川　浩
*
印刷所　中央精版印刷株式会社
製本所　中央精版印刷株式会社
*
発行所　株式会社　早川書房
東京都千代田区神田多町2−2
電話　03-3252-3111（大代表）
振替　00160-3-47799
http://www.hayakawa-online.co.jp
定価はカバーに表示してあります
ISBN978-4-15-209221-2　C0043
Printed and bound in Japan
乱丁・落丁本は小社制作部宛お送り下さい。
送料小社負担にてお取りかえいたします。